人工智能基础

主　编　魏倩茹
副主编　庞晓晨　唐　箭　关玉梅　范晨晨

电子科技大学出版社
University of Electronic Science and Technology of China Press
·成都·

图书在版编目(CIP)数据

人工智能基础 / 魏倩茹主编. -- 成都 : 成都电子科大出版社, 2024. 11. -- ISBN 978-7-5770-1253-7

Ⅰ. TP18

中国国家版本馆CIP数据核字第2024H8J437号

人工智能基础
RENGONG ZHINENG JICHU

魏倩茹　主编

策划编辑　罗　雅
责任编辑　雷晓丽
责任校对　杨仪玮
责任印制　段晓静

出版发行　电子科技大学出版社
　　　　　成都市一环路东一段159号电子信息产业大厦九楼　邮编 610051
主　　页　www.uestcp.com.cn
服务电话　028-83203399
邮购电话　028-83201495

印　　刷　成都市火炬印务有限公司
成品尺寸　185 mm×260 mm
印　　张　12
字　　数　307千字
版　　次　2024年11月第1版
印　　次　2024年11月第1次印刷
书　　号　ISBN 978-7-5770-1253-7
定　　价　58.00元

前　言

人工智能是计算机科学与技术的一个重要研究与应用领域，其发展历程经历了多次起伏，如今已迎来高速发展的时期。

人工智能是一门技术科学，它研究、开发用于模拟、延伸和扩展人类智能的理论、方法、技术及应用系统。它是计算机科学的一个分支，旨在了解智能的实质，并生产出能以与人类智能相似的方式做出反应的智能机器。人工智能的研究范畴包括专家系统、机器人学、图像识别与处理、自然语言处理等。可以预见，未来人工智能催生的科技产品将成为人类智慧的“容器”。

本书系统而全面地介绍了人工智能的相关概念与理论，既简明扼要地阐述了这一学科的基础知识与应用技术，又深入探讨了神经网络深度学习及自然语言处理等内容，为读者提供了丰富的人工智能知识和技术。全书共分9章，涵盖人工智能概述、人工智能数据处理、机器学习、神经网络、深度学习、强化学习、自然语言处理、知识图谱和人工智能的应用等内容。本书注重科学性和实用性，内容由浅入深、条理清晰，能够使读者快速掌握人工智能的基本原理、方法和应用技术。

由于编者水平有限，书中不足之处在所难免，恳请广大读者批评指正。

编　者

2024年6月

目　录

第1章

人工智能概述

过去，人工智能（artificial intelligence， AI）在人们心中的形象主要源自文学和影视作品，其中展现的是由人类创造并具备人类智慧的机器。在这些作品里，人工智能或成为人类的盟友，或成为人类的敌人，甚至严重威胁人类生存。在享受这类娱乐作品，日常讨论相关话题时，多数人认为人工智能距离现实非常遥远，甚至认为其是无法实现的梦想。然而，2016年，人工智能机器人AlphaGo（阿尔法狗）以4：1击败世界围棋冠军李世石，并在2017年以3：0战胜当时排名世界围棋第一的柯洁。这一成就引起了全球的关注，使得人工智能迅速成为公众关注的焦点。

如今，人工智能已深刻融入人们的日常生活，其身影无处不在，已成为席卷全球的科技浪潮。在赞叹人工智能功能卓越、享受其赋予的诸多便利之际，人类亦不免陷入深思：人工智能的本质为何？其未来又将如何发展？人类与这一新兴力量之间的关系又将如何定义？带着这些问题，让我们共同探索人工智能的世界。

第一节　人工智能的基本概念

一、体验人工智能

在现今的日常生活与工作中，人工智能的身影无处不在，各类以其为核心的技术应用层出不穷，极大地革新了人们长期以来的工作模式与生活方式，带来了前所未有的便捷。

（一）人脸识别

人脸识别技术作为依托人脸特征实现快速身份认证的先进生物识别手段，主要是通过摄像头捕捉含有人脸的图像或视频流，随后在画面中自动侦测与追踪人脸，进而执行详尽的脸部识别流程。该技术又被称为“人像识别”或“面部识别”。其应用范围广泛，涵盖身份验证、公共安全等关键领域。以高铁站检票口的人脸识别技术为例，该技术利用检票区域的摄像头高效采集乘客面部图像，执行即时检测与建模，实现对乘客身份的迅速验证与实时监测，从而确保进站流程既便捷又高效。

美颜拍照技术革新了传统摄影体验，其以自动优化为核心，涵盖磨皮、美白、瘦脸、眼部美化、五官立体塑造等多元功能，深受广大用户青睐。该技术凭借高精度的人脸五官识别技术，不仅提供基础美颜效果，而且模拟美妆效果，精准满足用户对于美的追求。结合人脸识别中的特征检测技术，美颜拍照技术在拍照及直播场景中融入了实时美妆、换脸等趣味动态特效，极大地增强了与用户的互动性，提升了用户的娱乐体验。同时，该技术还能智能分析用户的性别、年龄、肤色及环境信息，定制化推送适合用户的美颜方案。此外，人脸识别技术还赋能相册管理，自动检测并分类人脸照片，让用户能轻松检索与管理海量照片，享受科技带来的便捷与高效。

（二）车牌识别

车牌识别技术作为计算机视频图像识别在车辆牌照识别领域的具体应用，展现出强大功能。以智能停车场的车辆识别技术为例，该技术借助摄像头捕捉图像，能够迅速识别车辆进出时的车牌号码、颜色，并准确判断车辆类型，同时自动记录车辆的出入时间等关键信息。通过与自动门控及栏杆机设备的无缝对接，该技术实现了对车辆出入的智能化管理。在停车场场景中，该技术不仅简化了计时收费流程，实现了自动化操作，而且能够动态计算并显示空闲车位数量，为用户提供即时的停车指引，从而构建了一个高效、便捷的停车收费管理体系。这一创新应用极大地节省了人力资源，并显著提升了管理效率。

（三）机器翻译

机器翻译，亦称“自动翻译”，是指通过计算机技术实现自然语言间的无缝转换，隶属于计算语言学领域，并被视为人工智能追求的核心目标之一，兼具深远的科学研究价值与广泛的实用价值。此类技术如同语言桥梁，帮助用户跨越沟通障碍，迅速便捷地享受信息与服务的广阔天地。以百度翻译为例，其支持全球范围内多达200种语言的互译功能，语言列表涵盖了中文（简体）、英语、日语、韩语、西班牙语、泰语、法语及阿拉伯语等多种语言，构建起一个覆盖约4万种翻译方向的庞大网络，极大地扩展了语言交流的边界。

（四）语音识别

语音识别，亦称“自动语音识别技术”，是指将人类语音中的词汇内容精准转化为计算机可直接处理的输入信息，如按键指令、二进制代码或字符序列等。该技术聚焦于语音分析，运用先进的语音信号处理技术与模式识别算法，使机器能够自动辨识并理解人类口头表达的语言内容。在日常生活中，语音识别的应用广泛且便捷，涵盖了语音输入、搜索、控制、歌曲识别乃至语音遥控等多个领域，提升了人机交互的流畅度与效率。在国内，科大讯飞、百度、腾讯、阿里巴巴等科技公司均积极投身于语音识别技术的研发与应用，为用户提供高质量的语音识别服务，推动了该领域的持续创新与发展。

（五）兴趣推荐

互联网以其海量信息满足了信息时代人们对各类信息的迫切需求，但同时也带来了信息过载的挑战，令用户在纷繁复杂的资讯中难以快速筛选出真正所需的内容，从而影响了信息的有效利用。为应对此问题，个性化的兴趣推荐系统应运而生，成为提升信息筛选效率的有效手段。该系统不仅助力用户迅速锁定感兴趣且质量上乘的信息内容，还显著降低了重复或不受欢迎信息带来的负面体验。以国内信息服务提供商字节跳动旗下的今日头条为例，该平台通过创新的推荐算法，构建了一个连接用户与信息的高效桥梁。用户在注册或登录过程中，系统即运用数据挖掘技术深度剖析用户偏好，量身定制个性化信息推送方案。随着用户与平台的持续互动，如阅读时长、评论反馈等，系统能够精准捕捉用户需求变化，动态调整推送策略，确保每位用户都能实时接收到符合自身兴趣的信息流，提升了用户获取信息的针对性和满意度。

二、人工智能的定义

人工智能作为一门前沿技术科学，专注于探索、设计与实施模拟、拓展及增强人类智能的理论框架、方法论、技术手段及其应用体系。其核心聚焦于智能、模拟与机器三大基石，即创造能够模拟乃至超越人类智慧的机械实体。人工智能领域的核心追求，在于赋予机器执行传统上需要人类智慧方能完成的复杂任务的能力。值得注意的是，随着时代的变迁与个体认知的差异，对“复杂任务”的定义亦在不断演进。鉴于此，人们提炼出了一个新的界定：人工智能是致力于模拟、拓展与深化人类智能，涵盖理论探索、方法创新、技术实现及应用部署的综合性新兴科技领域。

人工智能旨在深入探究智能的本质，力求打造出能以类似于人类智能的方式响应的智能机器。涉足此领域的研究者，需兼备计算机科学、心理学与哲学的深厚底蕴。其研究范畴广泛，涵盖机器人技术、语言识别、图像分析、自然语言处理及专家系统等多元化方向。

自人工智能诞生以来，其理论框架与技术实现均取得了长足的进步，应用领域亦不断拓展，预示着未来人工智能将成为承载人类智慧的强大载体。它不仅能够模拟人类意识与思维的信息处理流程，而且能在特定情境下展现出类似于甚至超越人类的思考能力。值得注意的是，人工智能虽非人类智能本身，却具备模仿人类思维甚至实现超越的潜力。

三、人工智能的三种形态

基于人工智能发展历程与水平的差异，可将其划分为弱人工智能、强人工智能及超人工智能三种形态。这些形态的不断演进，不仅驱动了人工智能技术的飞跃性发展，还深刻地触发了关于人机关系、伦理道德等议题的广泛探讨与深刻反思。

弱人工智能（artificial narrow intelligence， ANI）专注于特定任务领域，如语音识别、图像识别及翻译等，展现了在单一领域的高超能力。此类智能体系主要聚焦于解决具体而微的任务问题，通过大量数据分析与模型构建来实现其目标。鉴于其处理范围相对狭窄且尚未触及模拟人脑复杂思维的高度，弱人工智能仍被视为一种高效的工具，在本质上与传统产品并无根本性差异。以IBM的Watson与谷歌的AlphaGo为例，它们作为信息处理领域的佼佼者，虽技术卓越，但仍受限于弱人工智能的框架之内，体现了技术在特定应用上的精湛与局限。

强人工智能（artificial general intelligence，AGI）作为一种近似于人类智能的存在，其能力涉及范围广泛，能全面媲美人类在各项智力活动上的表现。它不仅是解决问题的多面手，更拥有深度思考、精细规划、抽象推理、复杂理念领悟等能力，以及从理论与实践中快速学习成长的综合能力。在执行高阶任务时，强人工智能展现出与人类相媲美的自然流畅与高效能。然而，相较于弱人工智能，实现强人工智能的技术挑战与难度显著增加。在人工智能领域，强人工智能成果莫过于史上首位被授予公民身份的机器人——索菲亚，其标志着强人工智能探索的新高度。

目前，对于强人工智能最具科学依据的评估标准，源自图灵测试。该测试由人工智能先驱艾伦·麦席森·图灵于1950年提出，旨在评估机器智能达到的程度。图灵测试设计精妙，要求一名测试者在未知对方身份的情况下，与计算机进行隔离的问答交流。若测试者在限定时间内无法准确区分问答内容的来源——是人类还是计算机生成，则该计算机即可被视为达到了强人工智能的层次。

然而，值得注意的是，部分学者对图灵测试的有效性提出了质疑，认为其仅能衡量弱人工智能的层次，因测试的核心在于表象上的相似度，而非深入剖析机器与人类智能的内在逻辑差异。以俄罗斯团队（包括弗拉基米尔·维西罗夫等）开发的尤金·古特曼智能软件为例，尽管它于2014年以33%的通过率成功完成图灵测试，但其展现的能力仅限于模仿人类智能的片段，远未触及智能的全面性。同样，备受瞩目的AlphaGo虽在围棋领域超越了人类冠军，但这一壮举实则建立在海量数据分析、多CPU（中央处理器）与GPU（图形处理单元）高速运算的坚实基础上，是对6 000万局棋谱深度学习的成果。然而，相较于人类，AlphaGo缺乏主观体验与自我意识，其能力仅限于特定领域的卓越表现，而非智能的全面体现。基于此，不少学者断言，当前人工智能的发展依旧徘徊于弱人工智能的范畴之内。

超人工智能（artificial super intelligence，ASI），亦被称作“超级AI”或“超强人工智能”，是设想中超越人类智能边界的存在，能够卓越地执行任何任务。这类人工智能拥有独立思考、攻克难题、精准判断与制定决策的能力。相较于弱人工智能与强人工智能，对超人工智能的界定最为模糊，因其所涉及的是超越人类智力的巅峰之境，其具体能力和形态尚属未知领域。牛津大学哲学及未来学学者尼克·波斯特洛姆在其著作《超级智能》中，将超人工智能构想为在科研创新、智慧深度及社交技能等各个维度均远超顶尖人类大脑的超级智能体。对于当代人而言，这一构想犹如科幻电影中的奇幻场景，遥不可及。超级智能的载体可能是独立的数字计算机、错综复杂的计算机网络，也可能是高度仿生的人工神经组织。从理论上讲，超人工智能不仅能够深刻领悟人类的情感与经历，更能自主孕育并体验自身的情感、信念与渴望，展现出与人类相似的情感智慧。

第二节　人工智能的发展简史

探索人工智能的未来走向，首要之务在于追溯其起源与发展轨迹。1956年夏，以麦卡锡（McCarthy）、明斯基（Minsky）为代表的一众科学家于美国达特茅斯学院聚首，共议

“机器模拟人类智能”的宏图，首次赋予人工智能明确定义，从而拉开了这一新兴学科的历史帷幕。然而，人工智能的征途并非坦途，其间历经数次寒冬期的考验，方才迎来今日的蓬勃兴盛。自1956年起，人工智能领域历经六十余载的沧桑巨变，其发展历程在学术界内引发了广泛而深入的探讨，不同学者基于各自视角提出了多元化的见解。鉴于此，我们将人工智能的演进历程概括为以下几个标志性阶段，以期为读者呈现一个更为清晰、系统的历史脉络。

（一）机器与智能时代（1956年之前）

围绕着机器和智能，人类经历了较长时间的哲学思考、数学抽象和工程突破。

在哲学领域，亚里士多德堪称形式逻辑之奠基者，他详细阐述了形式逻辑的核心定律，并构建了演绎推理的基础原则。随后，英国杰出哲学家培根开启了归纳推理的新纪元，他独到地指出，民族的思维习惯乃是归纳过程的生动体现。而英国另一位哲学家托马斯·霍布斯则进一步将思维类比为数学中的基本运算——加与减，断言思维活动同样具备可计算性与逻辑性。

在数学领域，英国数学家乔治·布尔开创了布尔代数的先河。他巧妙地将数学运算融入逻辑推理之中，首次运用符号语言精准刻画了思维活动的基本推理法则。到了19世纪末，德国数学家弗雷格以机械推理的远见卓识，构筑了符号系统的新范式，从而翻开了现代数理逻辑的辉煌篇章。时间跳转至1936年，英国一位才华横溢的青年学者艾伦·麦席森·图灵凭借其深邃的洞察力，提出了一种理想化的计算机数学模型——通用图灵机，这一创举为计算机科学乃至整个信息时代的发展奠定了基石。与此同时，大洋彼岸的美国数学家阿隆佐·邱奇则运用λ演算这一工具，为可计算函数提供了清晰而严谨的定义，进一步丰富了计算理论的内涵。值得注意的是，通用图灵机、可计算函数、λ演算、递归论等理论体系在本质上是相互贯通的，它们共同构筑了人工智能领域的理论基石。至此，人工智能的理论基础已然奠定，为后续的研究与发展开辟了广阔的前景。

在工程领域，法国物理学家兼数学家帕斯卡匠心独运，设计并制造了机械计算器，这一机器被后世称为“帕斯卡机”。该机器精妙地运用了连串机轮，每个机轮均镌刻有0～9的十进制数字。其独特之处在于，当任意一个机轮完成360°的旋转后，其左侧相邻机轮便会相应旋转1/10周，这一机制巧妙地实现了“进位1”的操作，标志着帕斯卡成功地将机轮与齿轮系统融入十进制位值体系之中。帕斯卡机不仅能执行十进制整数的加减运算，还能对十进制分数与整数进行加法运算，展现了其在数值计算领域的广泛适用性。这一发明不仅是对计算工具的一次重大革新，更对后世计算科学发展产生了深远影响。

德国自然科学家、数学家、哲学家莱布尼茨在帕斯卡机的基础上进一步创新，成功研制出能够进行乘法运算的机械装置。他巧妙地将乘法运算机械地转化为一系列加法操作的序列，使两个数的相乘过程得以通过旋转曲柄把手这一直观方式实现，极大地丰富了计算机械的功能性。此外，莱布尼茨还前瞻性地提出了逻辑机的设计构想，这一构想的核心在于利用符号体系与推理对象的特征进行推理计算。这一构想不仅预示着计算方式的深刻变革，更在无形中孕育了人工智能的最初萌芽，为后世智能技术的发展奠定了重要的思想基础。

1937年，正值盛年的美国数学家香农发表了开创性论文——《继电器与开关电路的符号解析》，深刻探讨了开关电路与逻辑之间的本质共通性。香农不仅洞察了二者之间的紧密联系，更创造性地将开关的连接模式转化为逻辑表达式，实现了从布尔代数对数学问题的逻辑化诠释到电气开关连接对逻辑问题的直接映射的飞跃。这一创举预示着，通过设计专用的电子机械设备，人类已能够驾驭任何可计算的数学函数，开启了计算技术的新纪元。

1943年，神经学家沃伦·麦卡洛克携手数学家沃尔特·皮茨，共同发表了里程碑式的论文——《神经活动中固有观念的逻辑演算》。该论文论证了在理论上，特定类型的神经网络完全具备执行特定逻辑函数计算的能力。这一发现不仅深化了我们对神经活动本质的理解，也为后续人工智能与神经网络的发展奠定了坚实的理论基础。

1946年，美国制造出了世界上第一台电子数字计算机ENIAC（埃尼阿克）。

1950年，图灵发表《计算机和智能》，文中提出了著名的图灵测试。

（二）人工智能形成和发展时代（1956年至20世纪末）

在人工智能的发展浪潮中，两大核心思想源泉——符号主义与联结主义交相辉映，共同推动着该领域的蓬勃发展。随着两者的竞相演进，行为主义以其独特视角与路径异军突起，成功在这股科技洪流中占据了一席之地，汇聚成一股不容忽视的新生力量。

1. 符号主义

被誉为“人工智能之父”的麦卡锡，作为符号主义的领军人物，坚信逻辑推理是引领计算机迈向智能化的康庄大道。其团队的核心成就概述如下。

（1）自动定理证明。1956年，艾伦·纽危尔与赫白特·西蒙携手合作，研发的Logic Tors程序率先证明了《数学原理》第二章的38条定理；随后于1963年全面攻克了该章全部52条定理的验证难关。1958年，美籍数理逻辑领域的学者王浩，在IBM 704计算机强大算力的支持下，完成了对《数学原理》中命题演算部分全部220条定理的验证。而到了1965年，鲁滨孙提出的消解法更是如同一股清风，再度激发了学术界对于计算机定理证明研究的浓厚兴趣，掀起了该领域的新一轮研究高潮。

（2）棋类博弈。1952年，阿瑟·塞缪尔匠心独运，研发出一款跳棋程序。该程序不仅能够从棋谱中汲取智慧，更能在实战中自我磨砺，不断提升棋艺。短短三年后，这一突破性成果便展现出非凡实力，成功击败了其创造者阿瑟·塞缪尔本人，成为当时的一大佳话。时光流转至1997年，IBM公司凭借其尖端技术，推出了计算机Deep Blue（深蓝）。这一里程碑式的发明在国际象棋领域掀起了惊涛骇浪。Deep Blue以卓越的计算能力与策略分析，战胜了国际象棋界的大师加里·卡斯帕罗夫。这一结果不仅彰显了人工智能技术的飞速发展，更在人工智能研究史上留下了浓墨重彩的一笔，成为该领域标志性的成就之一。

（3）专家系统和知识工程。作为一类依托特定规则集解答特定领域难题的程序系统，专家系统的发展历程闪耀着智慧的火花。在“专家系统之父”爱德华·费根鲍姆的领导下，首个化学领域的专家系统——DENDRAL，于1968年横空出世并被迅速应用于实践。它凭借对质谱仪试验数据的洞察，精准推断未知化合物的分子结构，其分析能力水平已达到甚至超越部分化学专家的水平。随后，医疗领域的MYCIN专家系统及多领域的XCON专家系统相继问世，均取得了一定成效，不仅拓宽了专家系统的应用领域，也深刻影响了软件产业的发展轨迹，催生出一个崭新的分支——知识产业。费根鲍姆将这一新兴领域精练地概括为"知识工程"，并在1977年的第五届国际人工智能大会上正式提出。此举促进了以知识工程为核心基础的智能系统研究热潮的兴起，使知识工程成为人工智能领域内颇具成就与活力的分支之一。

（4）编程语言。1959年，麦卡锡创新性地推出了表处理语言LISP。该语言迅速崛起，成为人工智能程序设计领域的主流编程语言。1962年，法国的考尔麦劳厄发明了高效逻辑型语言PROLOG。该语言独树一帜，以规则为基础，将程序构建为一系列定义对象间关系的规则集。LISP与PROLOG作为逻辑型编程语言的杰出代表，曾在人工智能领域占据重要地位。时至今日，随着技术的发展，Python已悄然崛起，成为人工智能领域的第三代标志性语言，开启了智能编程的新篇章。

（5）第五代计算机。1982年，日本通商产业省（现称经济产业省）启动了"第五代计算机"研发计划，旨在通过PROLOG语言这一前沿技术，在计算机科学与人工智能领域占据领先地位。然而，尽管初衷宏大，该项目最终未能全面实现既定目标。

2. 联结主义

联结主义在沃伦·麦卡洛克与沃尔特·皮茨的引领下，深耕神经网络领域，持续创新，稳步前行，现已稳固占据人工智能的核心阵地。

1949年，加拿大心理学家唐纳德·赫布独辟蹊径，提出了"突触联系效率可变"的假说。该假说指出，当两个神经元同步激活时，它们之间的连接将得到加强，此即"调整权值"理论之滥觞。

1951年，明斯基又树里程碑，成功构建了全球首个神经网络机器SNARC。在这一过程中，明斯基巧妙运用仅含40个神经元的简约网络，模拟了神经信号传递的复杂机制。

1957年，罗森布拉特提出了感知机模型，标志着神经网络研究首次跨越理论界限，迈向工程实践。他创新性地引入了学习规则，使神经网络能够自主学习以解决模式识别问题，并证明了只要问题存在有效权值，该学习规则便能自然收敛至正确网络权值，学习过程既简洁又高效。

1982年，霍普菲尔德提出了一种全互联神经网络模型，并巧妙引入能量函数作为分析工具，为判断网络稳定性提供了理论基础。

1986年，鲁姆哈特、辛顿与威廉斯共同发表了具有里程碑意义的论文《借助误差反向传播学习表征》。其中，他们成功设计并展示了多层前馈网络的核心技术——误差反向传播算法（简称BP算法）。此算法的创新之处在于，它能自动地将误差信息从输出层逆向逐层传递至各隐藏层，以此动态调整网络各层间的权重与阈值，从而实现优化。实验结果表明，反向传播算法有效地在神经网络的隐藏层中捕捉并学习到了输入数据的深层次表达，标志着神经网络学习与表示能力的一大飞跃。

3. 行为主义

行为主义囊括反馈控制及遗传算法等多元方法，虽在符号主义与联结主义遭遇挑战之际应运而生，却凭借其坚实的工程根基与广泛的现实应用场景而独树一帜。1952年，香农设计并展示了一只会走迷宫的机器老鼠，这只老鼠不仅能够灵活运用试错策略破解迷宫，更具备从过往经验中学习的能力，进一步彰显了行为主义在实际应用中的巨大潜力与广阔前景。

1991年，在悉尼召开的国际人工智能联合盛会上，麻省理工学院的杰出青年学者布鲁克斯荣获了旨在表彰青年才俊的“计算机与思维奖”。布鲁克斯独树一帜，力推“无表示智能”理念，强调行为导向而非思维解析。他创造性地运用“感知-动作”范式，设计并制造出一款六足智能机器人。该机器人能够灵活穿梭于船体表面，精准执行清除牡蛎的复杂任务，展现了其实用价值与创新能力。

1975年，霍兰德发表了具有里程碑意义的著作《自然与人工系统中的适应性演化》，其中提出的遗传算法迅速崭露头角，不仅渗透多个科学领域，更引领了进化计算这一新兴领域的蓬勃发展，奠定了其作为计算智能基石的地位。

（三）“人工智能+”时代（进入21世纪）

步入21世纪，人工智能的核心构成要素——数据、通信与计算，均经历了翻天覆地的变革。在数据维度，人类社会全面迈入大数据时代，海量文本、图像、视频及语音等多模态数据呈现井喷式增长。在通信领域，互联网与智能终端的深度融合，不仅重构了人们的生活版图，更极大提升了信息交换的广度与深度。在计算层面，云计算的崛起引领了一场技术革命，多样化算法与复杂数学模型层出不穷，计算能力更是以惊人的速度攀升。我国“神威·太湖之光”超级计算机便是最佳例证，其持续浮点运算速率高达每秒9.3亿亿次。

2012年，在全球瞩目的图像识别算法竞赛ILSVRC中，加拿大多伦多大学的研究团队突破性地引入了深度神经网络技术，成功将图片分类的错误率降低了十个百分点。这一成果标志着人工智能领域的一大进步。3年后，机器在图片识别领域的准确率竟超越了人类。这一进展迅速推动了该技术向产业化应用的转型。自此，深度学习技术成为各行业竞相探索与应用的热点，引领着新一轮的技术革新与产业升级。

2016年，谷歌研发的AlphaGo程序凭借深度学习技术的卓越训练成果，树立了人工智能在围棋领域的又一座里程碑。2018年，谷歌继续引领技术前沿，推出了AlphaStar，标志着其在人工智能领域的持续探索与深化。

2022年，美国OpenAI公司发布了参数规模庞大的语言模型GPT-3，其参数量达1 750亿。GPT-3不仅验证了深度学习的无限潜力，更证实了高水平复杂结构与海量参数相结合的人工智能大模型（或称基础模型）的强大能力。此举之后，大模型概念迅速成为科技界热议的焦点。

历经多年的发展，人工智能领域在算法创新、算力飞跃及数据累积方面取得了较大成就。当前，人工智能已再度成为推动人类创新浪潮的核心引擎。

第三节　人工智能技术栈与应用开发

随着人工智能的蓬勃兴起，其影响力日益深远，吸引了众多研究者投身其中，并广泛渗透、交叉融合于各学科之间，催生了智能制造、智慧物流等新兴领域。人工智能的价值真谛，在于其能否在真实场景中有效解决具体问题，从而释放其潜在能量。因此，推动人工智能技术的有效落地与应用，成为整个研发链条中的核心要义。这一过程要求数据资源、应用场景与工程技术能力的深度融合，需从多个维度综合考量：既要挖掘场景应用的深层次价值，又要构建坚实的技术标准体系；既要追求产品的良好综合性能，又要确保系统的安全可靠与隐私保护。唯有如此，方能推动人工智能技术迈向更加广阔的应用前景。

一、人工智能领域的技术分支

在当今科技日新月异的时代，人工智能作为一股不可忽视的技术潮流，其触角已延伸至生活的每一个角落，融合了多元化的子领域与技术分支。人工智能的四大核心支柱——模式识别、机器学习、数据挖掘与智能算法，正携手并进，描绘着技术发展的新图景。模式识别可用于文字和语音识别、遥感和医学诊断等方面；机器学习以其预测精准与决策智能，成为众多领域不可或缺的工具；数据挖掘擅长在浩瀚的数据海洋中挖掘隐藏的模式与关联，揭示数据的深层价值；智能算法因具有卓越的优化与求解能力，应对复杂问题游刃有余。这些技术分支相互交织，彼此促进，共同构筑起人工智能技术的坚实基石与完整体系，推动着社会各行各业的创新与变革。

模式识别聚焦于对多样化信息（涵盖数值、文字、逻辑关系等）的深度处理与分析，旨在精准描述、分析及分类各种事物或现象。其核心任务在于高效地从输入数据中获取关键信息，涉及特征选择与数据降维等策略，进而利用这些信息优化模型，确保模型能够准确地对新数据进行分类或识别。该技术的普适性极强，广泛应用于多个前沿领域。在语音识别领域，模式识别技术能够精准捕捉并解析语音指令，赋能智能控制系统，实现人机交互的无缝对接。在图像识别领域，模式识别技术则擅长从图像中精准识别各类对象，助力自动化检测系统，提升检测效率与准确性。对于手写体识别，模式识别技术更是发挥了关键作用，它能够准确识别手写文字，促进文档处理的电子化。在生物特征识别领域，模式识别技术同样展现出非凡的潜力，能够高效识别指纹、虹膜等生物特征，为身份验证与安全控制提供强有力的技术支撑。

机器学习作为人工智能的心脏，是赋予计算机智能的基石。它通过让计算机从数据中自动学习并优化其性能，实现了无须复杂编程即可提升能力的飞跃。机器学习聚焦于模拟与实现人类学习行为，旨在不断汲取新知、精进技能、重构知识结构，乃至满足特定操作需求。其影响力已触及人工智能的广袤领域，包括专家系统、自动推理、自然语言处理、模式识别、计算机视觉、智能机器人等。在专家系统中，机器学习成为破解知识获取与处理瓶颈的关键钥匙。在自然语言处理领域内，机器学习则助力语音识别与文本分类等任务迈上新台阶。于计算机视觉之中，机器学习大放异彩，精准执行图像分类与目标检测等任务。智能机器人之所以能够灵活适应环境与任务变迁，机器学习功不可没。机器学习的研究与发展，根植于对生理学、认知科学中人类学习机制的深刻理解，旨在构建模拟人类学习过程的计算与认知模型。这一进程不仅推动了学习理论与方法的多元化发展，还促进了学习算法的演进与理论分析的深化。最终，这些努力汇聚成面向特定任务、高效实用的学习系统，为人工智能的广泛应用奠定了坚实基础。

数据挖掘作为一个从海量、杂乱、含噪、模糊且随机的实际数据中提炼潜在有价值信息的复杂过程，其核心技术紧密关联计算机科学，并依托统计方法、在线分析处理、情报检索、机器学习、专家系统（基于过往经验规则）及模式识别等多种策略。数据挖掘作为一种先进的决策支持手段，深度融合了人工智能、机器学习、模式识别、统计学、数据库管理、数据可视化技术，通过高度自动化的方式深度剖析企业数据，归纳推理，发掘隐藏模式，助力决策者精准调整市场策略，有效规避风险，做出更加明智的决策。该技术跨领域应用广泛，覆盖商业智能、医疗健康、金融分析、安全监控等多个关键领域。在商业智能领域，数据挖掘助力客户细分与市场趋势的精准预测；在医疗健康领域，数据挖掘则辅助疾病诊断与治疗方案的优化制定；在金融分析领域，数据挖掘是股票价格预测与经济趋势分析的有力工具；在安全监控领域，数据挖掘技术则有效支持异常检测与威胁预警，保障安全无虞。随着技术的持续进步，数据挖掘技术的应用边界将不断拓展，为企业和组织提供更加精准、迅速的数据洞察与决策支持，推动各行各业向智能化、高效化方向迈进。

智能算法作为一类依托于数据分析与学习理论的先进工具，旨在从海量数据中提炼关键信息与知识，进而执行决策与预测任务。其代表了解决特定问题的高效模式集，涵盖机器学习、深度学习、强化学习等核心分支。智能算法具备自动学习能力，能从庞杂数据中洞悉潜在规律与模式，随后利用这些规律与模式对新数据进行精准分类、前瞻性预测及深入剖析。以决策树为例，这一普及的机器学习算法依据特定特征构建分类体系，在每个节点上提出一个分类问题，通过逻辑判断将数据一分为二，逐步细化分类直至叶节点。这些问题均源自对历史数据的深度学习，因此面对新数据时，算法能依据决策树结构，准确地将数据分配至对应类别。随机森林则是另一种颇具影响力的机器学习算法。它采用集成学习策略，通过随机抽样生成多个数据集子集，并基于这些子集分别构建决策树，形成“森林”。对新数据进行分类时，每棵决策树独立输出预测结果，最终选取出现频率最高的类别作为集体智慧的预测。此外，智能算法还广泛涉及如Dijkstra算法（迪杰斯特拉算法）与Bellman-Ford（贝尔曼-福特）算法等经典方法，有效解决了包括最短路径在内的复杂优化问题。作为人工智能领域的关键组成部分，智能算法已深入渗透各行各业，成为推动数据分析与决策智能化变革的强大引擎。

人工智能领域的全面技术架构广泛涵盖了根基性技术（如机器学习与深度学习等）、多元化应用技术（如自然语言处理、计算机视觉及机器人技术等），以及一系列相关技术（如专家系统、模糊逻辑、数据挖掘及机器翻译等），形成了错综复杂的交互与融合网络。这一综合体系不仅促进了人工智能领域的蓬勃发展，还深刻影响着各行各业的变革与演进。

二、人工智能技术栈

随着科技发展的日新月异，人工智能已悄然渗透我们生活的每一个角落。其蓬勃发展的背后，离不开庞大而复杂的基础设施支撑。作为一个精心设计的分层架构，人工智能技术栈融合了硬件与软件的精髓，清晰地分为了基础层、技术层及应用层三层结构。下面深入探讨这三层结构的核心功能，并阐明它们在推动人工智能开发与实施进程中的独特贡献。

（1）基础层：主要包括计算硬件、计算系统技术和数据。

①计算硬件：智能芯片构成了人工智能运算的基石，涵盖GPU、DSP、FPGA、ASIC及前沿的类脑芯片等，这些高精尖芯片为AI赋予了强大的计算能力。

②计算系统技术：云计算技术以其弹性和可扩展性，为人工智能构建起计算平台；大数据技术则精通于海量数据的驾驭，助力AI深入洞察；5G通信技术的赋能，为物联网时代的高速数据流通铺设了信息高速公路，共同构筑了AI数据处理与传输的强大支撑体系。

③数据：数据乃人工智能之根本，缺之则学习无以为继。从数据采集的源头抓起，经由精细标注至深入分析，每一步都是构建AI智慧大厦的基石。尤为关键的是，数据集的质量直接关乎AI系统的表现优劣，是提升AI性能的不可或缺之要素。

（2）技术层：主要包括算法理论、开发平台和应用技术。

①算法理论：人工智能的心脏由机器学习算法与类脑算法共同构筑。作为数据驱动的自学机制，机器学习赋予了计算机从海量数据中提炼知识的能力；类脑算法则通过模拟人脑神经网络的复杂运作，推动AI向人类思维模式靠拢，实现更深层次的认知模拟。

②开发平台：基础开源框架与技术开放平台携手，为开发者铺设了快车道，不仅简化了开发流程，还加速了高效人工智能应用的孵化，促进了创新与实践的深度融合。

③应用技术：人工智能的实用价值在多个维度上得到彰显，计算机视觉技术让AI拥有解读世界的“眼睛”，能够精准分析图像信息；自然语言理解则赋予AI以人类语言进行沟通的能力，无论是理解还是生成都游刃有余；而人机交互的持续优化，则搭建起AI与人类之间无缝对接的桥梁，实现了更加自然、流畅的交互体验。

（3）应用层：该层将人工智能技术与具体行业应用相结合，包括行业解决方案和典型产品等。

为了充分挖掘人工智能的潜力，我们必须在多维度上不懈探索与创新，聚焦于计算硬件的增强、算法效率的提升及行业洞察的深化。在此过程中，我们亦须审慎考量伦理道德与隐私保护等问题，确保人工智能技术的演进能够稳健前行，切实为人类社会带来福祉与繁荣。

人工智能架构是一个多层次、跨领域的精密体系，深究其架构与运作机理，方能洞悉其能力与潜力之全貌，进而精准把握未来挑战与机遇的脉搏。在实战部署中，此三层架构非孤立存在，而是相互依存、紧密协作，共同构筑起一个高效运转的完整系统。基础层作为基石，提供不可或缺的计算力量与数据基石；技术层则担负智能处理之重任，编织出精密的逻辑网络；应用层则充当桥梁，将先进技术精准对接具体需求，催生出一系列丰富多元、创新无限的应用场景。

三、人工智能应用开发

目前，人工智能在应对计算密集型与搜索型任务上已展现出显著优势，然而，在语义深层理解、归纳推理、智能决策等层面，其与人脑智能相比仍存在显著差距。鉴于此，人工智能亟须通过持续的训练锤炼三大核心能力：学习新知、运用所学及在不确定情境下的决策智慧。这些在无数次迭代中磨砺出的能力，将被深度融合于计算机系统之中，以赋能解决生产生活中的诸多难题，推动社会进步与发展。

人工智能的系统化旨在实现用户仅需界定目标“做什么”，而无须详述实现路径“怎么做”，计算机即可自主完成程序设计的愿景。为实现此愿景，亟须构建一套严谨的理论体系与方法论，以此作为验证程序正确性的基石。人工智能应用开发流程，依据设计、开发与实施的周期逻辑，可精练地划分为数据、人工、智能处理及系统化集成四个层级，如图1-1所示。

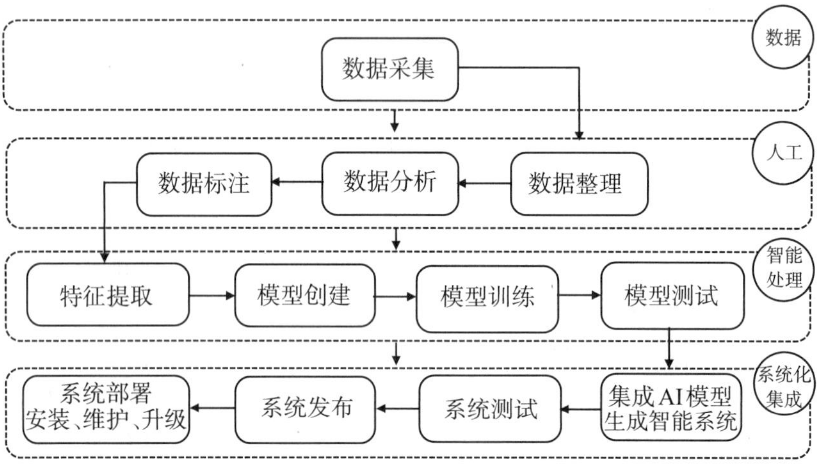

图1-1　人工智能应用开发流程

人工智能应用开发流程的核心在于精准定位目标与问题、高效收集并处理数据、精心选择并训练模型、严谨评估与优化模型性能，以及最终顺利部署与广泛应用。各环节间需要紧密衔接，确保每一个步骤都经过深思熟虑并有效执行。

第四节　人工智能与大数据、云计算、5G

一、人工智能与大数据、云计算、5G概述

在当今科技浪潮中，人工智能、大数据、云计算与5G（第五代移动通信技术）构成了几大核心支柱，它们各展所长，广泛渗透社会各领域，同时交织成一张错综复杂的相互促进网络，人工智能与大数据、云计算、5G等关系如图1-2所示。人工智能，或曰智能系统，凭借其强大的数据智能与自动化能力，实现了从数据采集、表示、存取到处理的全方位智能化革新，能在多元化的应用场景中精准达成预设功能。大数据的真正内涵，超越了数据量的单纯累积，它代表的是一种深度挖掘与分析海量数据，以提炼价值信息的先进技术。云计算作为互联网大厦的基石，其算力支撑为大数据的海量数据处理提供了后盾。5G则扮演了互联网高速公路的角色，确保了数据的极速、稳定、多样及低延迟传输，满足了数据密集型应用的需求。

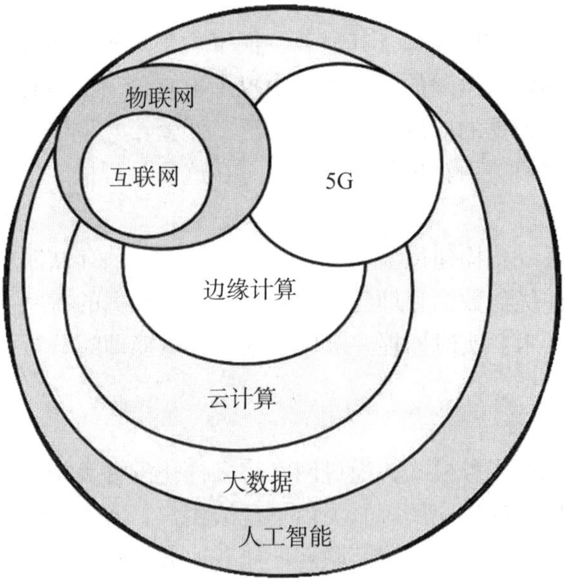

图1-2　人工智能与大数据、云计算、5G等关系

总体而言，人工智能、大数据、云计算、5G作为四大相辅相成、互为驱动的技术手段，正携手引领科技产业的前行与社会生活的重塑。

（一）人工智能

人工智能作为探究如何让机器具备智慧的科学技术，致力于构建智能系统，使机器能够模拟人类复杂的思维与行为，胜任那些传统上依赖人类智能的工作。其聚焦于模拟人类的认知与行为过程，涵盖语言理解、学习能力、逻辑推理及决策制定等多个维度。人工智能的主要研究与应用领域广泛而深入，具体包括以下几个方面。

（1）机器学习（machine learning，ML）：一种利用海量数据自动挖掘并理解隐藏模式的技术，赋予机器自我学习和优化的能力。

（2）深度学习（deep learning，DL）：作为机器学习的分支，通过构建深层神经网络，使计算机能更深层次地自动学习并解析复杂数据模式。

（3）自然语言处理（natural language processing，NLP）：一种让计算机能够解读、生成人类自然语言，实现人机之间有效沟通的技术。

（4）计算机视觉（computer vision）：致力于让机器能够从图像和视频资料中自动提取信息，深入理解并识别视觉场景中的内容与情境。

（5）机器人技术（robotics）：结合计算机科学、控制论、机械工程等多学科知识，实现在计算机控制下的物理实体在环境中自主感知、决策与行动的技术。

（二）大数据

大数据作为现代科技飞速发展的产物，指的是规模空前、高速增长且类型繁多的数据集。面对这一挑战，分布式存储与计算技术应运而生。大数据不仅体量庞大、结构复杂，且仅凭传统数据处理手段难以处理，其显著特征聚焦于规模、速度及多样性三个维度。通过大数据分析，我们得以从浩瀚的数据海洋中提炼出有价值的信息，为企业决策与预测提供更为精准的支撑。大数据的应用领域极为广泛，涵盖市场调研、金融风险管理、医疗诊断、企业战略决策、客户关系管理等多元场景。在这一过程中，下列关键技术扮演了不可或缺的角色。

（1）分布式文件系统：构建稳固基石，支撑海量数据的存储需求。

（2）数据库技术：优化数据管理与查询效率，确保数据的有序流动与快速响应。

（3）数据流处理技术：实时捕捉并解析数据流，赋能即时分析与决策能力。

（三）云计算

云计算作为一种创新服务模式，通过网络将多样化的计算资源（涵盖服务器、存储系统、数据库、网络架构及软件应用等）灵活呈现给用户，实现了计算能力与存储空间的远程访问与利用。该模式赋予用户通过互联网便捷获取并操作计算资源的能力，其核心优势在于其灵活性和可扩展性，用户能够依据实际需求动态调配计算资源，同时免除了对物理硬件及基础设施运维的烦琐关注。云计算的普适性广泛渗透于各行各业，成为企业IT（信息技术）架构升级、移动应用开发、在线媒体运营及社交网络构建等场景的关键支撑。其服务形态丰富多样，具体包括以下三点。

（1）基础设施即服务（IaaS）：虚拟化技术赋能，提供灵活的硬件资源租赁。

（2）平台即服务（PaaS）：构建一站式软件开发与部署环境，加速创新应用孵化。

（3）软件即服务（SaaS）：直接交付应用程序使用权，简化软件采购与管理流程。

（四）5G

5G以其高速率、超低时延与大连接能力，承继并超越了2G、3G及4G系统。5G不仅显著提升了数据传输、检索与运算的效率，更为人工智能构筑了坚实的技术基石与运作平台，极大地拓宽了人工智能应用的广度与深度，促使人工智能技术深入渗透社会各领域的实践之中。“5G+人工智能”这一协作体系相辅相成，对推动经济社会全面发展具有重要作用。在具体实践层面，5G与人工智能的深度融合正引领着一场跨行业的变革，覆盖医疗、教育、交通、智能家居、港口运营及环境保护等多个关键领域。5G的应用场景丰富多元，主要包括以下几个方面。

（1）增强移动宽带（eMBB）：致力于为移动互联网用户带来前所未有的极致体验，加速信息社会的深度发展。

（2）超高可靠低时延通信（uRLLC）：精准服务于工业控制、远程医疗、自动驾驶等对时间敏感性与可靠性要求极高的行业，推动这些领域向智能化、自动化迈进。

（3）机器类通信（mMTC）：聚焦于智慧城市、智能家居及环境监测等以海量传感器与数据采集为核心的应用场景，促进物联网技术的广泛普及与深度融合。

二、人工智能与大数据之间的关系

（一）人工智能和大数据之间的联系

一方面，人工智能，尤其在机器学习领域，高度依赖于数据进行智能构建。例如，机器学习在图像识别任务中，通过分析成千上万的飞机图像，深入学习飞机的特征，从而实现精准识别。随着数据量的增加，人工智能的输出精度亦显著提升。回顾往昔，受限于处理器性能与数据稀缺，人工智能的表现往往不尽如人意。如今，大数据技术为人工智能提供了海量的数据，极大地推动了人工智能技术的飞速发展。

另一方面，大数据技术不仅丰富了人工智能的数据资源，还通过其强大的分布式存储与计算能力，彻底革新了人工智能的运算模式。传统上，人工智能算法受限于单机环境，难以应对大规模数据处理的挑战。然而，在大数据技术的加持下，特别是分布式存储与计算技术的应用，人工智能拥有了前所未有的数据处理能力，能够轻松处理海量数据，为更高级别的智能应用奠定了基础。

（二）人工智能和大数据的区别

人工智能与大数据之间存在着显著的区别。人工智能作为一种计算形式，赋予机器类似于人类认知功能的能力，使其能对输入进行处理或做出反应；而大数据则侧重于数据的处理与分析，它并不直接基于结果采取行动，而是致力于挖掘并呈现数据中的深层信息。

两者在目标与实现路径上亦大相径庭。大数据旨在通过详尽的数据对比分析，洞察趋势，优化决策路径，为用户量身定制更优方案。以视频推送为例，大数据能够精准捕捉用户的观看偏好，依据其历史行为，智能推荐个性化的内容，提升用户体验。

相比之下，人工智能的发展则聚焦于辅助乃至替代人类高效、精准地完成复杂任务与决策。从自动驾驶汽车的精准导航到医学样本的细致检查，人工智能与人工操作虽目标一致，但前者往往以更高的效率与更低的错误率脱颖而出。其核心在于，人工智能借助机器学习技术，能够快速掌握并自动化执行人类日常的重复性任务，充分利用计算机的强大处理能力，快速实现目标。

三、人工智能与云计算之间的关系

人工智能与云计算之间有着复杂而紧密的联系，二者相辅相成，共同驱动着信息技术的革新与演进。这种紧密联系具体体现在以下几个方面。

（1）云计算为人工智能构筑了坚实的基础设施支柱。鉴于人工智能算法对海量数据处理与复杂计算能力的高度需求，云计算平台以其可扩展的计算资源、高效的存储解决方案及高速网络连接，为开发者提供了便捷的资源访问途径，加速了算法训练、模型优化及推理计算进程，成为人工智能发展的坚实后盾。

（2）云计算平台还促进了人工智能领域的创新与跨界协作。它作为资源共享与知识交流的枢纽，促进了不同行业、领域间的紧密合作，不仅加速了人工智能技术的迭代更新，还催生了众多新颖技术与应用，拓宽了人工智能的应用边界。

（3）面对日益加快的终端应用迭代节奏，人工智能的融入成为实现快速稳定升级的关键。云计算在此过程中发挥了关键作用，特别是通过提供全方位的数据安全与隐私保护服务，有效应对了人工智能广泛应用下的数据安全隐患，确保了用户信息的安全，保护了用户权益。

（4）人工智能的融入不仅丰富了云计算服务的内涵，还提升了其适应业务场景的能力，实现了人力成本的进一步优化。特别是当云计算与人工智能深度融合时，云计算平台的资源整合效能将获得较大提升，降低了开发人员的工作负担与技术门槛，推动了信息技术的普惠化进程。

四、人工智能与5G之间的关系

人工智能与5G之间呈现出一种相辅相成、共同进步的紧密关系。首先，5G凭借其大带宽、低时延、高可靠性的优势，为人工智能的广泛应用铺设了更为广阔的道路，提供了更为高效的网络连接。这使人工智能的应用体验更为流畅，能够更加精准地贴合用户需求。在车联网领域，5G不仅实现了高精地图的实时下载与精准定位管理，还促进了车队管理的智能化，为UBI（基于使用量而定保费的保险）数据业务及自动驾驶的实现奠定了基础。

同时，人工智能也为5G的进一步发展注入了新的活力。通过对网络数据的深度分析与优化，人工智能提升了5G网络的运行效能与效率。此外，人工智能在智能家居、智能制造等领域的广泛应用，进一步拓宽了5G的应用范畴。例如，在无人驾驶领域，5G确保了车辆间及车辆与基础设施间的实时通信，而人工智能则赋予无人驾驶汽车自主学习与决策的能力，在两者的协同作用下，车辆能够更加安全、高效地应对复杂多变的道路环境。在智能制造方面，5G、人工智能、物联网与云计算等技术的深度融合，推动了制造业向数字化、网络化、智能化方向转型升级，实现了生产流程的自动化、优化、协同与创新，提升了生产效率与产品质量，降低了成本风险，增强了企业的竞争力与创新力。

然而，值得注意的是，随着人工智能与5G的深度融合，数据安全与隐私保护问题日益凸显，技术标准的统一与互操作性也成为亟待解决的难题。尽管如此，两者的结合仍为众多行业带来了新的发展机遇。在医疗领域，人工智能对医疗影像的精准分析使疾病诊断更加高效准确；在交通领域，人工智能对交通数据的深度挖掘促进了交通规划的科学性与合理性；在工业领域，人工智能对生产数据的实时分析则有效提升了生产效率。

第五节　人工智能发展现状、面临风险与未来趋势

一、人工智能的发展现状

针对人工智能领域的当前发展态势，社会上流传着一些言论。如断言人工智能系统的智能能力即将全面凌驾于人类之上；预言未来30年内机器人将主宰世界秩序，人类会沦为人工智能的附庸；等等。此类言论无论是出于何种动机，均可能对人工智能的健康发展

造成不利影响。鉴于此，在规划人工智能的发展战略、确立指导方针及制定相关政策时，首要且关键的一步在于深入且精准地理解当前人工智能技术及其产业发展的真实状况，确保决策建立在坚实、客观的基础之上。唯有如此，方能引导人工智能技术稳步前行，实现其对社会发展的积极贡献。

专用人工智能系统取得了显著突破，其特点在于针对特定任务（如下围棋）的高度专业化。这类系统凭借明确的任务导向、清晰的应用边界、丰富的领域知识积累，以及相对简化的建模过程，实现了人工智能领域内的局部性发展。近期，人工智能的发展焦点主要汇聚于专用智能的深化与拓展。AlphaGo在围棋赛事中击败人类顶尖棋手，便是其成果之一；在图像识别领域，尤其在大规模图像识别和人脸识别方面，人工智能程序也展现出了强大的能力；人工智能系统在皮肤癌诊断上已有较高精准度，进一步印证了其在专用智能领域的快速进展。

在人工智能尚处于萌芽探索阶段，人的大脑作为自然界的通用智能典范，展现了其无与伦比的适应性与综合能力，跨越视觉、听觉、判断、推理、学习、思考、规划、设计等广泛领域。理想的人工智能系统亦应追求这一通用性。尽管专用人工智能领域已迎来突破性发展，通用人工智能的研究与应用却依然面临诸多挑战。整体而言，人工智能的发展仍处于初级水平。当前的人工智能系统，在信息感知与机器学习等"浅表智能"层面取得了长足进步，然而，在概念抽象、推理决策等"深层智慧"领域的能力尚待提升。简而言之，这些系统虽具备智能，却缺乏真正的智慧；拥有处理信息的智商，却未拥有理解情感的情商；擅长计算，却难以"深谋远虑"；精通特定领域，却未能实现全面通才。因此，人工智能尚存诸多局限，距离人类智慧的高度仍差距很大。

总体而言，人工智能的社会影响力正日益显著。其作为科技革命与产业转型的核心引擎，正引领着传统产业的深度改造与升级，强力助推"无人经济"的蓬勃兴起，并在智能交通、智能家居、智能医疗等民生关键领域展示出积极的正面效应。然而，伴随其广泛应用的同时，一系列新挑战亦浮出水面，亟待我们正视与应对。个人信息与隐私的安全防线亟须加固，人工智能生成内容的知识产权归属问题亟待明确，以及人工智能系统中潜在的歧视与偏见风险不容忽视。此外，无人驾驶系统如何融入现行交通法规框架、脑机接口及人机共生技术背后的科技伦理边界，均成为亟须深入探讨与制定解决方案的议题。面对这些挑战，我们应积极作为，加快构建完善的法规体系与伦理准则，以确保人工智能技术的健康、可持续发展。

二、人工智能发展面临的风险

（一）数据争夺、数据安全风险

通用人工智能的深度与强化学习进程高度依赖于海量的数据资源。在数字时代，数据作为核心要素，其战略价值越来越凸显，成为国际竞争的关键领域之一。掌控全球性的流量入口，即意味着握有强大的数据采集利器。当前，ChatGPT等前沿人工智能应用已成为新的流量枢纽，若我国未能及时推出具备竞争力的同类产品，则国内大量宝贵流量或将外流，不仅加剧数据安全风险与违规跨境流动问题，更将使我国在国际数据竞技场中陷入不利境地。

（二）知识产权侵权风险

ChatGPT 等人工智能技术的崛起，正对知识产权法的基础架构构成潜在冲击。其一，生成式人工智能所创造的文字内容，其生成过程中若涉及未经授权地使用了他人的知识产权成果，则可能不经意间触及侵权雷区，对原有权利人的合法权益构成威胁；其二，围绕人工智能生成文本的著作权归属与保护问题，目前法律界尚存模糊地带，缺乏明确界定。若放任此趋势自由发展，则现有知识产权制度恐将面临严峻考验，不仅可能导致基于人工智能作品的不正当利用行为激增，即所谓的“搭便车”现象泛滥，更将动摇知识产权市场的稳定根基。长远来看，面对人工智能技术日新月异的创新浪潮，现行的知识产权法律体系亟须适应性调整乃至根本性的重构，以确保其在数字时代背景下的有效性与公正性。

（三）虚假信息或恶性内容风险

ChatGPT 等人工智能技术在带来便利的同时，也潜藏着生成虚假信息与恶性内容的风险。这些风险主要源于数据筛选、清洗过程中的复杂性，以及全球内容监管标准的差异性。具体而言，人工智能可能因数据集本身的错误或不足而生成误导性内容；更甚者，若训练数据中含有针对国家、种族或特定群体的偏见，则人工智能在回答中便可能无意中传递这些恶意信息。值得关注的是，ChatGPT 等人工智能产品的输出还可能深受训练者的价值观的影响，这源于标注者个人意识形态的多样性。鉴于数据本身往往承载着特定的意识形态倾向，当我国用户依赖以西方数据为主导的生成式人工智能时，可能面临意识形态霸权的潜在影响，威胁到数字时代的平等与文化多样性。因此，构建以中文为主要训练语言的人工智能模型显得尤为重要，这既是维护我国用户信息安全的需要，更是促进全球数字时代文化多样性与平等交流的关键举措。

三、人工智能发展趋势

人工智能技术的全面渗透，作为一股不可阻挡的时代洪流，正深刻塑造着社会各领域的面貌。新一代人工智能的全球崛起，标志着它已深度融合于众多行各业之中，与多学科交叉融合，共同驱动着科学技术的飞跃式进展，对人类社会的生产生活模式产生了深远影响。得益于计算成本的不断下探、机器学习算法的持续优化、大数据技术的迅猛发展，人工智能的颠覆性潜力正以前所未有的速度被挖掘与释放。更为显著的是，人工智能正逐步向人性化、情感化方向迈进，日益细腻地融入并改善着人们的日常生活，这预示着一个更加智能、和谐的人机共存时代的到来。

（一）人工智能在技术层面的发展

人工智能以其技术层面的灵活化、拟人化及综合化特性，广泛渗透社会诸多领域，持续推动社会进步。随着智能技术的纵深发展，人工智能在全球经济舞台上的应用越来越广泛，成为经济增长的强劲引擎。其性能的快速提升与效率的深度优化，预示着其在未来将扮演重要的角色。

首先，人工智能的灵活性得到增强。在智能时代的大背景下，服务机器人不仅拥有更高的精准度，还拥有了更加灵活的操作能力。它们一方面有效缓解了人类的劳动压力，另一方面则勇敢地承担起了那些对人类而言既困难又危险的工作任务。例如，5G与人工智能的深度融合，极大地加速了信息的处理与整合能力，能够在极短时间内完成对海量信息的传输、归纳与高效计算。展望未来，作为科技前沿的领军者，人工智能将持续突破现有界限，展现出更强的应变能力。

其次，人工智能正日益展现出拟人化特性，超越了传统计算机技术简单执行预设程序的范畴，而深入模拟人类的思维逻辑结构。展望未来，智能机器人将朝着更加敏锐、更贴近人类特性的方向演进。人工智能拟人化的趋势，可以说是科技进步的自然产物与必然方向，或将预示着一个智能与人类世界深度融合时代的到来。

最后，人工智能正朝向高度综合化的方向发展，引发无限遐想：未来的机器人或将成为现实中的“多面手”，如它们既能在家中娴熟处理家务，细心照看孩童，亦能在户外化身为忠诚的私人保镖，守护人类安全。展望未来，人工智能将以其综合化的能力，为人类打开一扇扇通往未知世界的大门，开启智能生活新篇章。

（二）人工智能在精神层面的发展

人类与动物的根本区别在于人类具有独有的意识、思维与语言能力，这些特质使人类能够积极主动地认知世界、改造环境，并将这一过程中的智慧结晶不断积累与传承。主观能动性作为人类独有的精神活动，是界定人类与其他存在物的根本标志，它守护着人类精神世界的净土。随着人工智能技术的飞速发展，从“微软小冰”等智能体能够创作现代诗歌，到独立绘制艺术作品、演绎歌曲，乃至模拟人类情感与情绪，这一系列成就引发了广泛思考：未来，人工智能在精神层面的探索与发展将触及何种高度？这一议题不仅挑战着我们对智能本质的理解，也深刻影响着我们对未来世界的想象与构建。

随着智能机器日益融入人性化与社会化的轨道，一种高效和谐的人机互动模式呼之欲出。展望未来，社会化的人工智能将不仅具备“是如何”的深刻洞察力，更将拥有“应如何”的明智决策力，以及“怎么办”的灵活调控力。三者相辅相成，共同塑造一个更加智能、协同的未来世界。

本章小结

随着互联网、大数据与高性能计算的蓬勃兴起，以及创新人工智能算法的广泛应用，以人工智能为核心动力的第四次工业革命浪潮已到来，深刻重塑着各行各业的生态，并释放出巨大的商业价值潜力。在我国，这一趋势尤为显著。2017年7月，国务院颁布的《新一代人工智能发展规划》标志着人工智能正式晋升为国家战略，为我国人工智能产业的发展奠定了基石。昔日仅存于科幻想象之中的诸多场景，现已逐步转化为触手可及的现实。

本章结构严谨，首先系统阐述了人工智能的基本概念及其发展历程，随后深入剖析了当前人工智能技术的多元化应用开发实践，最后从宏观视角探讨了人工智能与大数据、云计算及5G等前沿技术之间的紧密关联与互促共生关系。

本 章 习 题

1. 什么是人工智能？
2. 简述人工智能的主要应用领域。
3. 简述人工智能的发展史。
4. 人工智能发展将面临哪些风险？
5. 未来人工智能可能在哪些方面有所进展？
6. 人工智能的主要研究和应用领域是什么？哪些是目前研究热点问题？

第2章

人工智能数据处理

人工智能数据处理聚焦于数据的全面生命周期管理——从广泛搜集到精细清洗，再到深度处理与精准分析，旨在获取宝贵信息与知识精髓，为机器学习、深度学习等尖端算法构筑数据基石。人工智能领域的每一次革新，均植根于数据质量的持续优化与提升。以大型语言模型的革新为例，GPT-3相较于其前身GPT-2，虽在模型架构层面仅做微调，却通过倾注心力汇聚了更为庞大、质量更高的训练数据集，实现了性能的显著跃升。这充分印证了，在人工智能日新月异的发展浪潮中，无论算法如何创新迭代，其最终成效仍高度依赖于适配性强、质量上乘的数据集。因此，构建并维护高质量数据集，已成为推动人工智能持续进步不可或缺的关键要素。

第一节　数据集的选择与制作

人工智能数据处理作为人工智能领域中的关键一环，其核心在于深度剖析与提炼海量数据中有价值的信息与知识精髓，从而为机器学习、深度学习等前沿算法奠定数据基础，驱动人工智能技术不断前行与拓展应用。在此过程中，数据挖掘、数据清洗及数据预处理等一系列数据处理技术扮演着至关重要的角色。尤为值得一提的是，数据挖掘作为数据处理技术的核心引擎，通过其强大的分析能力，在海量数据中探寻隐藏的规律与模式，为机器学习算法精准提炼出富有洞察力的特征与标签，进而助力算法性能的优化与升级。

在数据处理的具体实践中，首要步骤是广泛搜集并有效整合数据资源。其次，通过细致的预处理环节，剔除噪声与异常值，显著提升数据的质量与纯度。然后，利用多样化的数据挖掘算法，深入剖析数据内涵，提炼出有价值的信息与知识精髓。最后，将这些经过精心处理的数据巧妙地融入机器学习、深度学习等先进算法的训练与预测流程中，推动人工智能应用的广泛落地与深化发展。

建立数据集的流程主要包括以下几点。

（1）数据采集：鉴于数据源的多样性，大数据采集策略亦呈现多元化趋势，主要包括以下几大类别。

①系统日志采集：聚焦于公司业务平台日常运作中产生的海量日志数据，旨在为离线和在线大数据分析系统提供丰富资源。Hadoop的Chukwa、Apache的Flume等工具凭借其分布式架构优势，轻松应对每秒数百兆级别的日志数据高速采集与传输挑战。

②数据库采集：随着大数据时代的深入发展，Redis、MongoDB、HBase等NoSQL数据库（非关系型数据库）及MySQL、Oracle等传统关系数据库，均成为数据采集的重要载体。企业可根据实际需求，在数据采集端灵活部署相应数据库系统，高效完成大数据的汇聚工作。

③网络数据采集：通过网络爬虫技术或利用网站公开API（应用程序接口）从网络上直接抓取数据信息。这一过程不仅能够有效提取网页中的非结构化数据，并将其转换为统一的本地结构化数据文件，还支持图片、音频、视频等多种媒体类型及附件的自动采集与关联处理。

④感知设备数据采集：依赖于传感器、摄像头等智能终端设备，自动捕获环境信号、图像或视频等数据。这种方式以其高度的自动化与实时性，在物联网、智慧城市等领域展现出巨大潜力与价值。

（2）数据清洗：作为数据预处理的核心步骤，数据清洗旨在识别并修正数据里集中的错误，包括剔除无实际价值的数据、调整非法数据格式、纠正不合理的数据范围等。此过程涉及数据的整理、合并、补充及替换等操作，旨在消除异常值、修正错误条目、完善缺失信息，进而确保数据在完整性、唯一性、合法性及一致性方面达到高标准，从而提升数据质量。当前，业界广泛采用的数据清洗工具包括Microsoft Excel、Kettle、OpenRefine及Data Wrangler等，它们各自具备独特的优势，能有效支持复杂的数据清洗任务。

（3）数据标注：一个至关重要的环节，旨在通过人工或自动化手段对多样化数据（图像、文本、音频、视频等）施加标记、分类或注释，进而赋予人工智能模型精准学习与预测能力。此过程在监督及半监督学习项目中尤为关键，其一般流程如图2-1所示。针对不同智能任务，确立详尽且统一的标注规则与标准至关重要，这涵盖了标签设定（如分类标签、边界框、关键点等）、标注格式规范及质量把控要求，确保标注工作的一致性与高效性。

数据标注的形式丰富多样，包括但不限于以下几点。

①分类标注：依据预设类别对数据进行归类，如图像分类中的“猫”“狗”等。

②边界框标注：在图像中精确绘制矩形框，以界定目标对象位置，常见于目标检测与图像分割任务。

③关键点标注：在图像或视频中精准标识对象的关键位置点，如人脸特征点（眼角、嘴角），服务于人脸识别与姿态估计等领域。

④文本标注：针对文本数据进行词性、命名实体、情感倾向等深度标注，是自然语言处理任务的基础。

⑤音频标注：对音频进行语音转写、情绪识别、事件检测等多维度标注，助力语音识别与音频分析能力的提升。

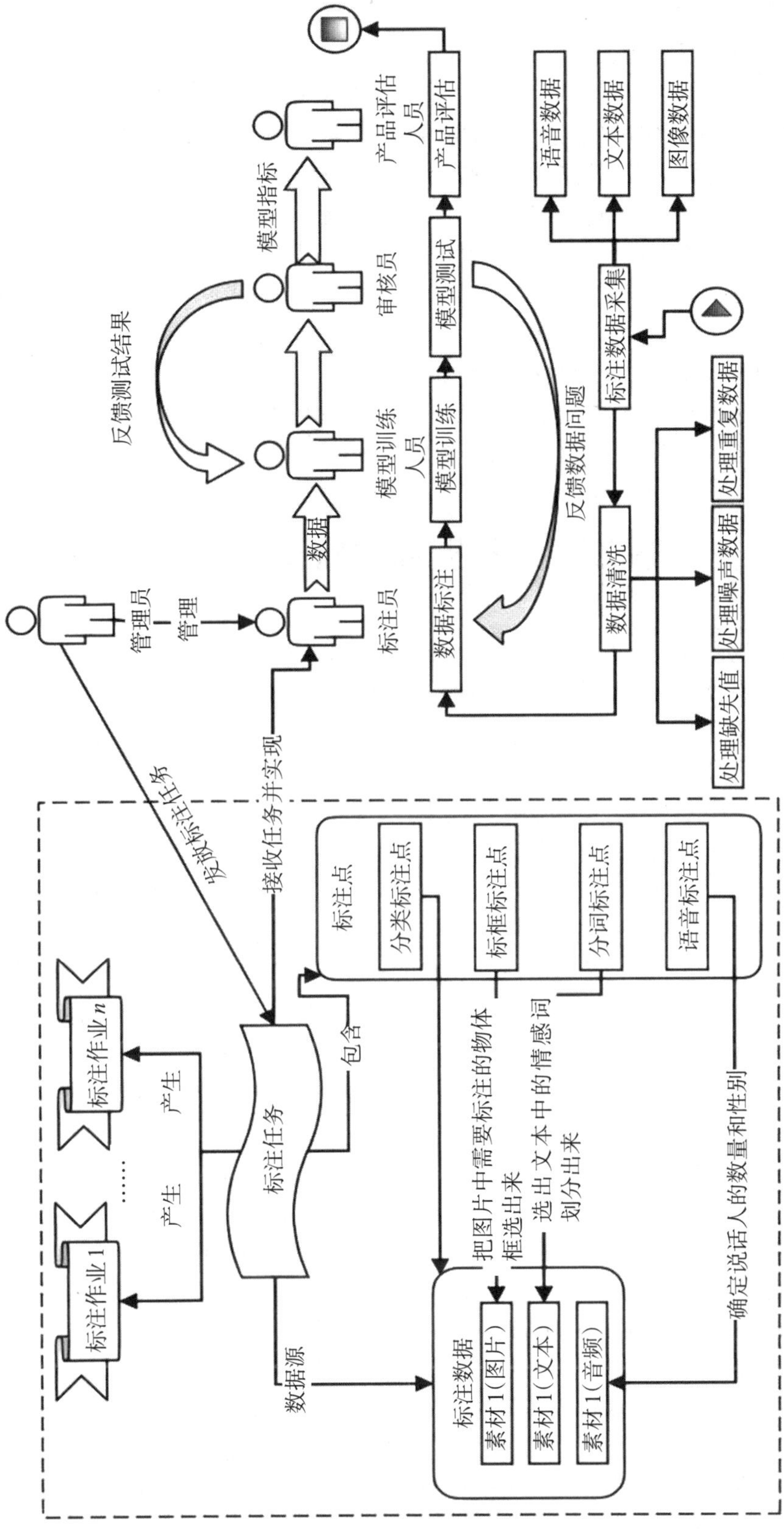

图 2-1　数据标注的一般流程

（4）数据分割：在常见的数据处理流程中，数据集的有效分割是至关重要的一环，通常将其细化为训练阶段与测试阶段。在训练阶段，利用精心准备的训练集数据，算法模型得以构建与优化。测试阶段则由专业人员执行，他们不仅负责模型的测试工作，还将测试结果及时反馈给模型训练团队。这一反馈机制促使训练人员能够根据测试结果不断调参，从而不断迭代以提升算法模型的性能表现。

数据作为人工智能算法进步的基石，“无免费午餐”原则在学术界已深入人心，强调了算法效果评价不可脱离具体数据与应用场景。对于深耕算法研究的学者而言，尽管创新算法是追求的核心，但数据集的选取与利用同样是不可忽视的研究领域。即便是最先进的算法，其效能也必须依托数据来验证与衡量。数据集的关键作用显而易见，但其获取路径、处理过程及分析维度却充满挑战。例如，数据隐私、数据偏见、数据不平衡问题等，均可能对模型性能与可靠性造成影响。然而，这些挑战也激发了研究者们的探索热情，开辟了数据科学与人工智能技术的新研究领域与机遇，持续推动着相关领域的发展。

第二节　数据标注常用工具

在计算机视觉领域，数据标注占据着举足轻重的地位，而其执行过程亦伴随着一系列挑战与严格要求。数据标注直接关乎模型训练成效与性能表现。因此，标注人员需凭借深厚的专业知识与丰富经验，精心操作，以保障标注结果的准确无误。数据标注任务往往规模庞大，尤其面对海量数据集时，图像标注工作量更是巨大。这要求标注人员不仅需具备坚忍不拔的毅力，还需能够长时间保持高度专注，以应对繁重的工作负担。此外，保持标注的一致性亦是不容忽视的一环。针对同一类别物体，标注人员应遵循统一的标注标准与方法，以确保标注结果既有一致性，又具可比性，为后续的数据分析与模型训练奠定基础。为了有效应对数据标注面临的挑战，我们可采取一系列策略来优化标注质量与效率。这包括确立详尽的标注准则与流程，辅以明晰的标注指引及示例；引入自动化工具辅助标注作业，以缓解标注人员的负担；实施定期的标注质量审查与评估机制，确保及时发现并修正标注中的谬误。当前市场上，多款主流标注工具以其丰富的功能与直观的操作界面脱颖而出，让用户能够轻松应对各种数据标注需求。用户可依据个人需求与偏好，灵活选择适宜的标注工具。这些工具包括但不限于以下几种。

（1）LabelImg：专为图像检测任务设计，适用于快速定位目标对象。

（2）LabelMe：擅长细致描绘物体轮廓，是图像分割任务的理想选择。

（3）VoTT（微软出品）：兼具视频与图片标注能力，支持集成现有模型，通过直观操作实现对象标记。

（4）YOLO_mark：专注于图像检测任务的数据集构建。

（5）Vatic：专注于视频标注，同样适用于图像检测任务。

（6）Sloth：一款针对图像检测任务的标注利器。

（7）Annotorious：提供API，便于数据集的直接修改与调用，满足图像检测需求。

（8）RectLabel（Mac平台）：专为图像标注打造，其直观界面让用户能轻松绘制矩形框以标注图像中的对象。

（9）IAT：支持多种基础形状选择，特别适用于图像分割任务的数据集准备。

采用数据标注工具能提升标注效率与准确性，覆盖多种数据类型与标注方式，促进团队协作与项目管理的高效进行，同时确保数据质量，保障数据的安全性与隐私性。此外，这些工具还具备良好的可定制性与扩展性，已成为机器学习、计算机视觉等领域不可或缺的辅助工具。在选择标注工具时，应综合考虑数据类型、标注任务特点及团队实际需求，从上述功能强大且广受欢迎的工具中挑选适合的选项。

第三节　数据质量评估与处理方法

在人工智能领域，数据质量直接关乎数据分析的成效，界定了智能任务效能的天花板，故数据质量的评估与优化构成了人工智能数据处理流程中至关重要的一环。随着互联网技术的日新月异，海量且多样化的数据正以前所未有的速度涌现。与此同时，机器学习领域的深入探索对数据的质与量均提出了更高要求，数据质量更是训练模型精准度与泛化能力的基石，其重要性已普遍为业界及学术界所共识。针对任务导向的可靠训练数据获取，传统上依赖于专家或外包团队，然而这一途径面临着严峻挑战。随着系统复杂度的提升，对训练数据规模的需求急剧增长，而大规模数据的标注与清理往往伴随着高昂的人力成本，成为发展的瓶颈。因此，探索高效、低成本的数据质量保障方案，对于推动人工智能技术的持续进步意义重大。

一、数据质量

在数据采集手段与形势日趋丰富的背景下，众多数据质量评估方法应运而生。构建统一的数据质量评估体系，成为满足多元化质量评估需求的首要任务。麻省理工学院Wang（汪）教授团队将这一复杂议题精练为多维度视角，界定了数据质量的5个指标：内在质量、上下文质量、表述质量、可访问性及可信赖性，为数据质量的全面评估提供了理论框架，见表2-1所列。

表2-1　数据质量指标

指标	描述
内在质量	内容本身在容量、准确性、完整性、唯一性、一致性、安全性、源可靠性等方面的质量
上下文质量	适用于目标应用场景，包括任务相关性、内容多样性、实效性、完整性等方面的质量
表述质量	与数据格式（表示简洁）和含义（易于解释）相关的方面
可访问性	数据在多大程度上可供买方使用或检索
可信赖性	卖方及数据采集源的信誉和可信度

Wang（汪）等人指出，高质量的数据应该是内在质量良好、数据表示清晰、数据消

费者可轻松访问，并且适用于具体的应用场景（任务）。

二、数据数量

在探讨数据对人工智能任务性能的影响时，除数据质量外，数据数量亦是一个不可忽视的关键因素。为解决数据稀缺难题，数据增强技术应运而生，成为一种高效的数据扩充策略，其在不直接增加数据集规模的前提下，赋予有限数据更多价值。该技术又被称为“数据扩增”，其核心理念在于通过创新手段挖掘数据的潜力。数据增强技术主要分为两大类：有监督数据增强与无监督数据增强。

（一）有监督数据增强

有监督数据增强，即在现有数据基础上，依据预设的变换规则实施数据扩增，主要分为单样本与多样本两大策略。

（1）单样本策略聚焦于个体样本的多样化处理，涵盖几何变换与颜色变换两大范畴。几何变换包括翻转、旋转、裁剪、变形及缩放等手法，旨在通过空间变换丰富样本形态；而颜色变换则涵盖噪声添加、模糊处理、颜色调整、擦除及填充等多种操作，旨在模拟不同光照、视角下的视觉效果。

（2）相较于单样本策略，多样本策略则着眼于样本间的融合与创造，通过整合多个样本信息来生成新样本。经典的多样本增强技术包括SMOTE（合成少数类过采样技术）、SamplePairing（样本配对）及Mixup（数据混合）等，这些方法有效扩展了数据集的多样性，提升了模型的泛化能力。

SMOTE、SamplePairing及Mixup在策略上虽各有千秋，却共享一个核心思路，即通过某种方式将离散的样本点“连续化”，以更贴近真实样本的分布。然而，它们所生成的新样本点往往仍局限于已知小样本点所构成的局部区域内。为进一步提升数据增强的效果，探索在给定范围之外进行适当插值的方法，或许能开辟出一条更为有效的路径，使生成的样本更能代表全局数据的特性。

（二）无监督数据增强

无监督数据增强是一种不依赖于预设变换规则的数据增强技术，其方法依据数据自身的分布特性而定。其核心策略可分为以下两大类别。

（1）依托生成模型学习数据分布，进而随机合成与训练集分布相匹配的图像。此类方法的典范是利用生成对抗网络（generative adversarial networks，GAN）进行分布学习，实现数据的有效增强。

（2）通过模型自动学习针对当前任务的最佳数据增强策略，典型代表为AutoAugment。

三、经典数据增强技术

（一）SMOTE

SMOTE，全称synthetic minority over-sampling technique（合成少数类过采样技术），

是一种旨在解决机器学习领域类别不平衡问题的数据增强策略。类别不平衡现象指的是在训练数据集中，某类样本的数量显著少于其他类别，此状况常导致模型在预测时偏向多数类样本，削弱了对少数类样本的识别能力。SMOTE通过智能地合成新的少数类样本来扩充其数量，进而提升模型对少数类样本的预测性能。SMOTE原理如图2-2所示。

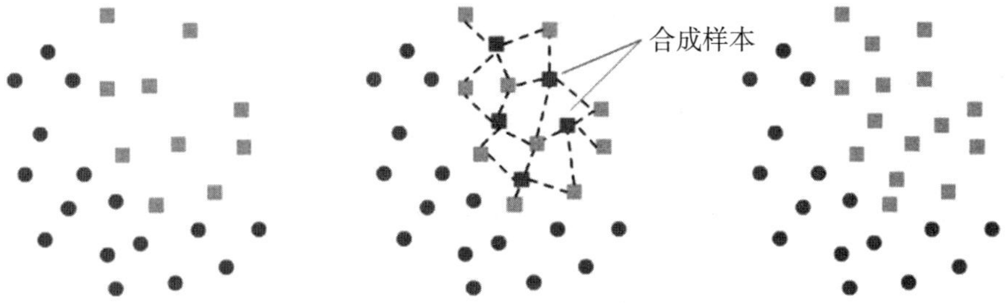

图2-2 SMOTE原理

SMOTE的核心思想在于深入分析少数类样本，并据此人工生成新样本，随后将这些新样本融入数据集中。此策略巧妙地规避了随机过采样方法中因简单复制样本而可能引发的过拟合问题。其具体实施步骤如下。

（1）确立特征空间框架，将各样本映射至特征空间内的特定点，同时依据样本不平衡的具体程度，设定合理的采样倍率N。

（2）针对每一个属于小数据集类别的样本（x，y），运用欧氏距离度量法筛选出K个最近邻样本，随后从这些样本中随机挑选一个样本点（x_n，y_n）。随后，在特征空间中，沿着原样本点与其最近邻样本点之间的连线，随机确定一个位置，生成新样本点，该点满足以下数学公式：

$$(x_{\text{new}},y_{\text{new}})=(x,y)+\text{rand}(0-1)\times[(x_n-x),(y_n-y)] \tag{2-1}$$

（3）重复以上的步骤，直到大、小样本数量平衡。

SMOTE显著提升了少数类样本的数量，有效缓解了类别不平衡问题，同时规避了随机过采样因样本简单复制而诱发的过拟合风险。然而，SMOTE在应用时，K值的选择需要依赖用户的主观判断，存在一定的随意性。此外，该方法还可能引发样本分布边缘化现象，即新合成的样本可能倾向聚集于原始样本的边缘地带，进而模糊分类边界。

为克服上述局限，学术界提出了Borderline-SMOTE、ADASYN等改进策略，这些方法旨在通过创新性的样本选择机制来优化新样本的合成过程，减轻边缘化问题并增强算法效能。

综上所述，SMOTE作为一种处理类别不平衡问题的数据增强手段，其效用不容小觑。在实际操作中，建议根据数据集的具体特性和需求，灵活选用合适的改进版本或将其与其他技术有机融合，以期达到更优的处理效果。

（二）AutoAugment

AutoAugment作为一种无监督且自动化的数据增强技术，运用强化学习算法为每个数据集量身定制最优的增强策略。此策略不仅应用于当前数据集，还能通过借鉴预训练模型的迁移学习能力，灵活应用于多样化的数据集。其核心流程如下。

（1）初始化阶段：确立一套由N种基础数据增强技术组成的候选集，涵盖旋转、平移、翻转等经典操作，每种技术均配备可调控的触发概率与操作参数（如旋转角度范围）。

（2）策略生成：随机组合这些基础技术，生成五个子策略集，每个子策略集包含两个精心挑选的数据增强操作。

（3）策略评估：将生成的策略应用于数据增强过程，随后训练模型，并在测试集上严格评估其性能表现。

（4）策略优化：基于评估结果，筛选出表现最优的数据增强方案进行记录，将其作为当前迭代的最优解。

（5）迭代循环：重复上述策略生成、评估与优化的过程，直至达到预设的迭代次数或满足特定的停止条件。

经上述流程，AutoAugment能够精准且高效地发掘并应用针对特定数据集的最优数据增强策略，进而优化模型性能。作为一项极具潜力的数据增强技术，AutoAugment凭借智能搜索算法，实现了数据增强策略的自动化探索与定制。其核心价值在于自动化与高效性，不仅促进了模型性能的提升，还增强了模型的泛化能力。然而，值得注意的是，AutoAugment在展现其优势的同时，也面临着计算资源消耗较大的局限，且在某些特定数据集上，可能遭遇有效增强策略难以觅得的困境。这些挑战为未来的研究指明了方向，即进一步优化算法效率与适应性，以更广泛地应用于各类数据集。

本 章 小 结

本章开篇即简单介绍了人工智能数据处理的核心流程，随后深入阐述了数据集构建过程中所使用的关键工具，并详尽讨论了数据质量评估与处理的策略与方法，旨在为后续研究奠定坚实基础。

本 章 习 题

1. 人工智能数据处理的基本流程有哪些？
2. 数据标注常用工具有哪些？
3. 如何进行数据质量的评估？
4. 经典数据增强技术有哪些？

第3章

机 器 学 习

知识表示与基于知识的推理算法构成了人工智能的基石，任何缺乏学习能力的信息处理系统均难以被冠以智能之名。模拟人类多样化的学习行为，赋予机器自我学习的能力，始终是人工智能领域亟待攻克的核心难题。作为人工智能的一个重要分支，机器学习巧妙融合数据与统计方法，使计算机能够从过往经验中自动汲取智慧，持续优化其性能。其核心精髓在于构建模型框架，并借助数据训练不断优化模型参数，以实现对新数据的精准预测与智能决策。机器学习研究双轨并行：一方面，致力于通过开发先进的机器学习模型，深入剖析人类学习的内在机制，增进对人类学习行为的理解；另一方面，聚焦于构建具备强大学习能力的智能信息处理系统，旨在显著提升系统的智能化水平，推动其向更高层次的智能行为迈进。

第一节　机器学习概述

一、机器学习的定义

机器学习作为计算机领域的一项关键技术，其核心在于利用既有数据集（样本）提炼出规律模型，进而凭借此模型对未来趋势进行预测。广义而言，机器学习旨在赋予机器学习能力，使其能够执行那些单凭直接编程难以达成的复杂任务。而从实践视角审视，机器学习则是一个数据驱动的过程：首先基于数据进行模型训练，随后利用该模型进行预测分析。机器学习作为人工智能与计算机科学交汇的重要分支，其精髓在于运用数据与先进算法，促使人工智能系统能够模拟并不断优化人类的学习方式，逐步提升预测与决策的精准度。这一过程不仅拓宽了人工智能的应用边界，也为其智能化发展注入了动力。

下面将机器学习过程与人类学习过程进行类比分析，如图3-1所示。在人类成长历程中，人类不断积累经验，并通过归纳手段提炼出普遍适用的生活规律。面对未知挑战时，则利用这些既有的规律进行预测。相应地，机器学习中的训练阶段与人类的归纳过程相呼应，而预测阶段则与人类的预测或推测行为相契合。因此，机器学习的核心理念实质上是对人类在生活中自然学习与发展过程的一种科技化模拟与再现。

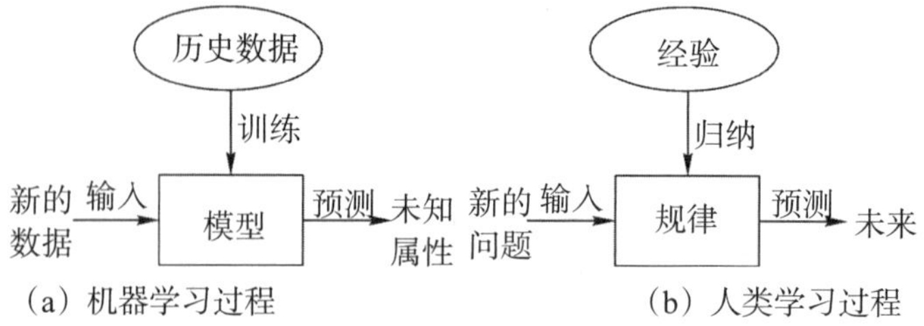

图3-1　机器学习过程与人类思考过程的类比分析

（一）机器学习的基本思路

机器学习作为人工智能领域的分支，赋予计算机以数据为驱动、自动学习并持续精进模型的能力，旨在提升预测与决策的精准度与效率。其核心目标在于挖掘数据深层的内在规律与模式，以此为基础优化预测与决策效能。实现此目标的关键，在于精准把握并灵活运用适宜的模型、策略及算法。面对现实世界错综复杂的挑战，人们希望创新思维与方法论的涌现，以应对日益复杂的难题。机器学习的基本思路如图3-2所示，其精髓可凝练为以下三个步骤。

（1）把现实生活中的问题抽象成数学模型，并且很清楚模型中不同参数的作用。

（2）利用数学方法对这个数学模型进行求解，从而解决现实生活中的问题。

（3）评估这个数学模型，是否真正地解决了现实生活中的问题，解决得如何。

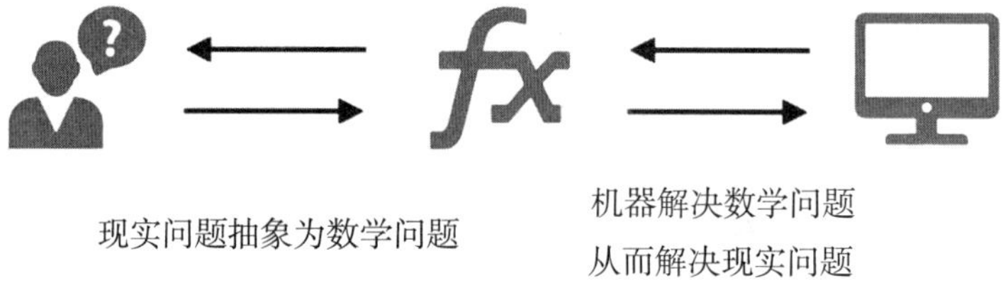

图3-2　机器学习的基本思路

（二）机器学习三要素

机器学习技术均围绕三大核心要素展开：模型的假设空间（简称“模型”，model）、评价准则（简称“策略”，strategy）、实现学习过程的算法（简称“算法”，algorithm）。正是这些要素的差异，塑造了各类机器学习方法的独特性。一旦模型、策略与算法三大核心要素确立，相应的机器学习方法便随之稳固成型。

1. 模型

模型作为机器学习体系的第一支柱，首要任务是完成学习之旅的启程，它界定了机器所能洞悉与解决问题的范畴，是机器学习中第一阶段。模型的遴选与优化，实为一项错综复杂的任务，需要深入考量数据特性、问题诉求等。此外，特征工程作为提升模型效能的利器，其重要性不言而喻。

面对实际应用场景，我们需要精准把握任务需求与数据特性，并以此为导向，精选适宜的模型类别与学习路径。在此语境下，模型特指数学模型，它通过建立输入至输出的映射关系，深刻揭示数据内在的规律与联系。机器学习的过程，本质上是对模型参数的持续精练，旨在将预测误差降至最小。误差的减小，标志着模型性能的提升。构建模型，始于问题定义的明晰，继之以目标与约束条件的精确界定。例如，根据标签属性的连续性或离散性，我们可区分采用分类模型或回归模型；又如依据数据集的特性，明智选择线性模型或非线性模型，以更好地拟合数据，实现精准预测。

在机器学习领域，首要考量的是明确欲学习的模型类型（或形式）。这涵盖了选择机器学习范式的多个维度，包括但不限于：是否采取有监督或无监督学习方式；任务类型倾向于分类、回归，还是聚焦于聚类、生成。这一核心选择的依据，主要是当前任务的具体需求，以及待处理数据的特性。

2. 策略

策略作为机器学习的第二支柱，引领着模型学习的第二阶段，其核心在于指导如何从数据中提炼出模型。策略巧妙地引入了损失函数这一关键概念，作为评估模型优劣的标尺，并据此引领模型的学习轨迹。在追求最优模型的过程中，策略依据既定的评价准则，筛选出适宜的损失函数作为导航。因此，策略与损失函数常被学界视为紧密相连、相辅相成的概念，有时甚至将策略简化为损失函数的同义词。损失函数精准地刻画了模型预测与真实情况之间的距离，成为我们实现精准预测的保障。我们通过不懈地努力，力求将损失函数的值减至最小，便能觅得预测能力更为出众的模型。简而言之，损失函数值越小，预示着模型的预测能力越强。

学习策略的差异影响着所采用的学习算法及其所塑造的模型性能，此现象源于每种策略均承载着独特的目标与优化路径。具体而言，在有监督学习框架下，损失函数扮演核心角色，它依据标签信息精确计算预测误差，以此驱动模型优化；在无监督学习框架下，损失函数的计算则侧重于数据间的相似性度量或距离分析，旨在揭示数据的内在结构或潜在模式。值得注意的是，机器学习领域还孕育了如强化学习等独特策略，它们区别于传统的有监督与无监督学习。强化学习不仅着眼于预测精度的提升或数据结构的解析，更强调通过智能体与环境间的动态交互，不断优化策略以最大化累积奖励，这一特性赋予了强化学习在处理复杂决策任务时独特的优势。

3. 算法

算法作为机器学习的终极执行者，定义了学习模型具体实现的计算途径，是机器学习旅程的第三阶段。在机器学习的实践中，基于给定的训练数据集与学习策略，算法从假定的模型空间中精挑细选出最优模型。随后，问题的焦点转向如何以最有效的计算方法求解这一最优模型，此即优化问题的核心所在。一般而言，优化过程旨在通过最小化经验风险函数或结构风险函数来达成目标，从而将机器学习问题转化为一系列优化问题的求解。理想情况下，若优化问题拥有明确的解析解，则求解过程将变得相对直接。然而，在实际应用中，这样的解析解往往难以觅得，迫使我们转向数值计算方法以求解近似解。在此背景下，一个关键问题便凸显出来：如何高效且准确地找到全局最优解。这一挑战促使机器学习领域不断探索并利用现有的最优化算法，以应对复杂多变的优化任务。常见的最优化算法包括梯度下降法、牛顿法、拟牛顿法、共轭梯度法、启发式优化方法、拉格朗日乘数法。当然，也可以自己开发最优化算法，这里不再赘述。

二、机器学习的发展历程

机器学习作为人工智能的心脏地带，其发展历程波澜壮阔，虽历经曲折却硕果累累，可粗略划分为如下几个标志性阶段。

（一）诞生及奠定基础时期

1950年，艾伦·麦席森·图灵构想出图灵测试，旨在评估机器是否展现出智能的迹象。该测试设想，若机器在电传通信中与人类交流而不被识破其非人类身份，则视为具备智能，这一设想激发了“思考机器”可行性的广泛讨论。1952年，IBM的杰出科学家阿瑟·塞缪尔开创性地设计了一款西洋跳棋程序，该程序实现了自我学习的飞跃。通过分析海量棋局，它能够自主辨识棋局的优劣，并据此不断提升棋艺，最终甚至超越了其设计者——阿瑟·塞缪尔本人。正是这一成就，促使阿瑟·塞缪尔首次提出了“机器学习”的概念，并将其界定为一个研究如何赋予计算机无须显式编程即可自我提升能力的新兴领域。

1957年，罗森布拉特借鉴神经感知科学精髓，提出了与机器学习模型相呼应的第二模型。3年后，维德罗开创先河，将Delta学习规则引入感知器训练领域，该方法随后演化为最小二乘技术。至1967年，K近邻算法横空出世，作为机器学习分类算法中的一股清流，其直观易懂的特点使其迅速成为模式识别统计学领域的佼佼者。借助K近邻算法，计算机得以轻松执行基础而有效的模式识别任务。

（二）停滞不前的冷静时期

传统的人工智能研究以专家系统为典范，采用大量If-Then规则进行定义，遵循自上而下的设计哲学。鉴于数字计算机在逻辑推演、符号处理及规则执行上的效能，这种基于逻辑与规则的编程范式在当时的研究中占据了主导地位。然而，随着研究的深入，开发者在汇集专家智慧以构建规则集时遇到了难题，特别是在面对规则体系错综复杂、相互交织的领域时，这一难题尤为凸显。

例如，许多医生往往凭借丰富的经验进行图案识别，而非单纯依赖既定规则来诊断病情。然而，每位病人的信息录入耗时较长，给医生带来时间上的沉重负担。加之系统需要紧跟新知涌现与旧规淘汰的步伐，这无疑加大了医生的操作难度。

（三）重拾希望的复兴时期

1980年，美国卡内基梅隆大学举办了第一届机器学习国际研讨会，这标志着机器学习的研究在世界范围内再次兴起。1986年，专业期刊《机器学习》的创办意味着机器学习再次成为理论及业界关注的焦点。

人们专注于模拟大脑神经元间信息传递与处理的复杂机制，采取自下而上的设计思路，旨在通过构建模拟大脑的计算机模型来创造智能机器。在此过程中，人们利用数学模型从数据中提取知识，使机器能够自主学习并掌握技能。尽管早期神经网络因计算能力有限而未能充分发挥其潜力，但随着摩尔定律的驱动，计算能力的飞跃为神经网络研究带来了前所未有的机遇。互联网的蓬勃发展更是为神经网络的进化插上了翅膀，海量数据如同养分般滋养着更大规模神经网络的训练。这股力量的不断汇聚，最终推动了人工智能领域的重大转型——从传统的逻辑与规则驱动范式，迈向以大数据和学习算法为核心的深度神经网络新时代。

在这一阶段，机器学习领域迎来了重大突破，神经网络的多样性显著增强，有效弥补了感知器结构单一的局限性。1982年，加州理工学院的物理学家霍普菲尔德创新性地提出了全互联神经网络模型，该模型在解决旅行商问题方面展现出了卓越性能。1986年，鲁姆哈特等人设计了BP算法，首次将其应用于浅层前馈神经网络，不仅大幅提升了运算效率，还成功攻克了感知器难以解决的XOR Gate（异或门）问题，再次掀起了神经网络发展的新高潮。同时期，诸如自组织映射（SOM）网络、自适应共振理论（ART）网络、递归神经（RNN）网络及卷积神经（CNN）网络等一系列神经网络算法也相继问世，丰富了机器学习工具箱。

此外，除神经网络算法外，机器学习领域还涌现了其他类型的算法。特别值得一提的是，1986年澳大利亚科学家昆兰在《机器学习》期刊上发表的ID3算法，该算法引领了决策树算法研究的热潮，为机器学习领域增添了新的活力。

（四）现代机器学习的成形时期

20世纪90年代初期，夏皮雷与弗罗因德等学者在集成学习领域深耕细作，取得了斐然成就。1990年，夏皮雷率先提出了Boosting算法。该算法旨在提升弱分类器的精确度，通过精心构建并整合一系列预测函数，形成一个更为强大的预测模型。1995年，弗罗因德与夏皮雷联手推出了AdaBoost算法，这一算法以良好的适应性著称。它通过对先前分类错误的样本进行加权强化，随后利用这些强化后的样本集训练后续的基本分类器，并在每一轮迭代中引入新的弱分类器，直至满足预设条件，从而实现了分类性能的持续优化。1995年，科尔特斯与万普尼克携手开创了支持向量机（SVM）的研究。SVM在应对小样本挑战、处理非线性问题及解析高维模式识别任务时，展现出了突出优势。这一研究不仅是机器学习领域的一次重大突破，更促使统计学习以SVM为核心，进而将机器学习社群划分为两大活跃阵营：神经网络社群与支持向量机社群。

（五）全面爆发时期

2006年，辛顿与萨拉赫丁诺夫在期刊《科学》上共同发表了一项开创性研究，探讨了通过受限玻尔兹曼机（RBM）编码实现深层神经网络的预训练方法。他们的工作揭示了利用单层RBM自编码技术进行预训练，为深层神经网络的成功训练铺平了道路。这一研究成果不仅让神经网络重新成为焦点，更触发了深度学习在学术界与企业界的广泛学习与应用热潮，对SVM等传统方法构成了有力挑战。

深度学习的辉煌成就并非源自脑科学或认知科学的直接飞跃，而是得益于大数据浪潮的推动与计算能力的飞跃式提升。机器学习的发展历程并非坦途，它遵循着螺旋式上升的轨迹，正是无数学者前赴后继、深耕细作，才铸就了如今人工智能领域的繁荣景象。

第二节　机器学习流程与任务

直观而言，机器学习（machine learning，ML）致力于探索计算机如何模拟人类学习行为，以获取新知与技能，进而优化系统效能。依据机器学习所侧重的不同维度，机器学习分类方法如图3-3所示。在范畴上，机器学习与模式识别、统计学习及数据挖掘等领域紧密相关，且常与其他处理技术融合，催生了计算机视觉、语音识别、自然语言处理等跨学科领域。因此，从广义上说，数据挖掘往往可视为机器学习的一种体现。此外，机器学习的应用范畴广泛，不仅限于结构化数据处理，更延伸至图像识别、音频分析等多元化应用场景，展现了其强大的通用性与适应性。

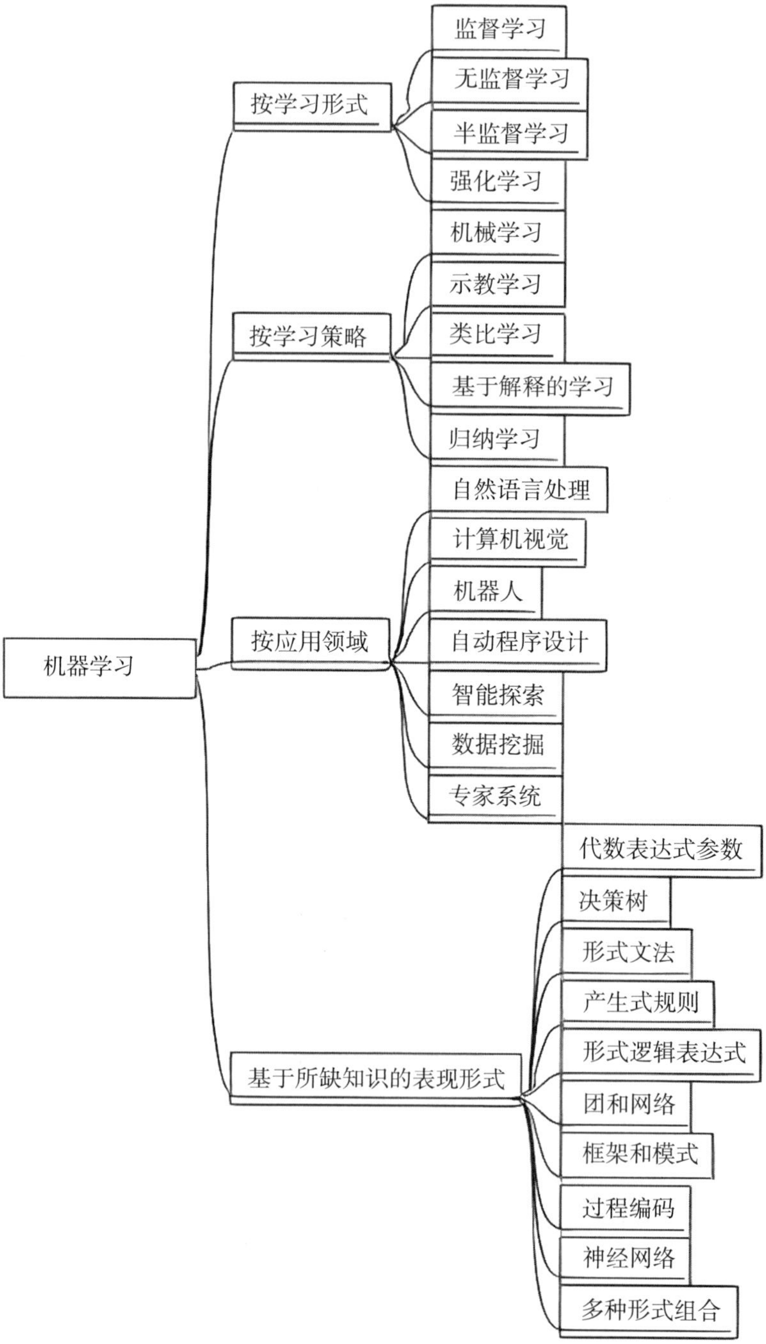

图3-3　机器学习分类方法

一、机器学习流程

（一）数据搜集与数据预处理

通常情况下，机器学习所需的数据可源自多种渠道，包括通过爬虫技术从网站提取的数据、利用传感器实时采集的数据，以及行业积累的历史资料等。鉴于数据获取方式的多样性，为提高效率，可优先考虑利用公开、现成的数据源。值得注意的是，数据质量与数量的优劣，直接关系到后续预测模型构建的成效。因此，在搜集数据后，需要执行一系列预处理步骤，如去重、标准化处理及错误校正等，以确保数据的纯净与一致性。预处理完毕，建议将数据保存为数据库文件或CSV格式，以便于后续的数据加载与分析。关于具体的数据集构建方法，可参阅第2章关于人工智能数据处理的详尽论述。

（二）准备输入数据

获取数据后，首要任务是确保数据格式符合既定要求。这涉及精心设计数据格式，以实现对搜集的原始数据进行规范化处理。鉴于不同算法对数据格式的特异性需求——部分算法偏好特征值以特定格式呈现，如字符串类型用于目标变量与特征值，而另一些则可能严格要求整数类型，则需要灵活调整数据格式，以满足各算法的输入要求。

（三）分析输入数据

此步骤聚焦于通过人工手段深入剖析先前采集的数据。为了验证前两个步骤的有效性，最直接的方式是利用文本编辑器检视数据文件，首要排查数据中的空值现象。同时，深入浏览数据，旨在识别潜在的数据模式与规律，并甄别是否存在明显的异常值，这些异常值偏离数据集的整体趋势。此步骤的核心目的在于剔除数据集中的无效或低质数据，即“垃圾数据”。值得注意的是，若机器学习算法将直接应用于产品化系统，且该算法能够自适应系统生成的数据格式，或者当数据源头高度可信时，本步骤可适当简化或跳过，以加速流程并提高效率。然而，需强调的是，尽管自动化系统力求减少人工干预以提升效能，但在某些关键环节保留人工审查的流程，仍是数据质量与系统可靠性的重要保障。

（四）训练模型

在训练模型阶段，首要任务是依据特定问题及数据集特性，精心挑选最为契合的机器学习算法与模型架构。

（1）对问题本质进行深刻剖析，界定任务类型与追求目标。比如，这是一个分类任务，还是一个回归任务？是监督学习场景下的探索，还是无监督学习领域的探索？通过精确界定问题范畴，我们能初步圈定适用的机器学习算法范围。

（2）深入分析数据集的特性。数据集的规模、特征维度、分布形态及噪声水平等因素，均为模型选择的关键。面对海量数据集，高效计算的算法或成首选；而对于具有高维特征的数据，则可能需借助降维技术或特征选择策略，以精简信息，提升模型效能。我们可以借助一些经验法则或模型选择技巧来辅助决策。例如，交叉验证可以帮助我们评估不同模型在测试集上的性能，从而选择最优的模型；此外，我们还可以参考已有的研究成果和成功案例，选择经过测试的有效模型。

模型选定后，依据模型特性与所选算法，利用训练数据集启动模型训练流程。训练期间，普遍采纳如梯度下降等优化策略，迭代更新模型参数，旨在通过参数的精细调校，促使模型在训练集上的损失函数逐步逼近最小值，以达成对数据的高效拟合。同时，训练过程中务必密切关注模型收敛状态，确保既不过度拟合，引发泛化能力下降，又不陷入欠拟合困境，错失数据内在规律。

在这个阶段，我们将经过格式化处理的数据作为输入，输入选定的算法中，进而从中获取有价值的知识或信息。所获取的知识需要被转化为计算机易于处理的格式，以便为后续流程利用。

（五）测试与评估

训练模型后，我们利用预留的训练数据子集对模型性能展开测试与评估。此环节至关重要，它直接关乎模型效能的优劣评判。通过比对真实数据与模型预测结果，我们能够客观衡量模型的表现。对于监督学习算法，测试与评估过程中需要依赖已知的目标变量值作为基准；而在无监督学习场景下，则需要借助其他评估指标来验证算法的有效性。若评估结果显示算法输出未达预期，则可回溯至第四步，对模型进行修正并重新测试评估。若模型在测试集上表现欠佳，则需要考虑模型调优策略，包括调整模型参数、重构模型架构或尝试替代算法等。值得注意的是，若问题根源追溯至数据搜集与预处理阶段，则需要果断跳回第一步，从头开始审视并优化数据流程，通过持续迭代与调整，直至找到最契合当前问题需求的模型配置。

模型评估常用的几种方法包括混淆矩阵、提升图、洛伦兹曲线、基尼系数、KS 曲线、ROC 曲线。

（六）模型部署

测试评估通过，确认模型性能达标后，即步入模型部署与任务调度的关键环节。此阶段标志着机器学习从理论探索迈向实际应用。在此阶段，我们将精心训练的模型无缝嵌入实际应用系统中，并建立起对模型运行状态的全面监控与定期维护机制，确保其稳定运行并持续贡献价值。

首先，为确保模型顺利部署至实际环境，需将其序列化或打包处理，这一过程常涉及模型文件的格式转换及与应用程序的集成。部署前，务必考量模型的兼容性与性能优化，以保障其在目标环境下稳健运行。

其次，对部署完成的模型实施持续监控与精心维护也至关重要。这涵盖搜集模型运行数据、深入剖析性能表现，以及快速响应并处理潜在问题，旨在维护模型的稳定性与可靠性。

最后，模型的实际应用阶段将验证其价值与实用性。在医疗、金融等众多领域，模型应用均可发挥其独特作用，如医疗领域的疾病预测与诊断、金融领域的风险评估与欺诈检测等。这些实践不仅体现了模型的有效性，更推动了机器学习技术的应用拓展。

需着重指出的是，模型的部署上线仅是起点，而非终点。投产之后，持续跟踪与严密监控不可或缺，特别关注模型性能的动态变化及目标人群覆盖的稳定性。一旦触及预设的变更阈值，应即刻启动模型优化流程，以确保其持续高效运作。

二、机器学习的学习任务

根据任务类型，机器学习算法可以分为分类、回归、聚类及生成四类。

（一）分类

分类即将输入数据归置于预先界定的类别之中，其核心在于输出结果的离散性与有限性。这一过程既涵盖二分类的简单场景（涉及两个对立类别），也适用于多分类的复杂情况（涵盖多个类别）。分类之妙，在于它能精准预测离散性响应，如判定电子邮件是否为垃圾邮件，或判断肿瘤性质的良恶。分类模型作为此领域的核心工具，能够将纷繁复杂的输入数据有条不紊地划分至各自所属的类别之中。在诸多实际应用场景中，分类技术大放异彩，尤其是在医学成像、语音识别及信用评估等领域，展现出较高的实用价值。但凡数据能够通过某种方式被标记、分类或归入特定的群组与类别之中，分类技术便能大显身手。例如，笔迹识别应用便巧妙地运用了分类原理，以精准识别并区分字母与数字。值得注意的是，在图像处理与计算机视觉领域，虽以无监督模式识别技术为主导进行对象检测与图像分割，但分类技术亦有其不可替代的作用。至于实现分类目标的算法则丰富多样，包括SVM、集成学习框架下的提升树与袋状决策树、K近邻算法、朴素贝叶斯分类器、判别分析、逻辑回归模型、神经网络等。这些算法各具特色，为分类任务提供了强大的技术支持。

（二）回归

回归作为一种预测技术，旨在估算输入数据的连续或实数值输出，即其输出结果呈现连续性与无限性特征。回归模型依据输入与输出间关系的性质，可细分为线性回归（展现直接的线性关系）与非线性回归（展现更为复杂的非线性关系）。此类模型擅长预测连续变化的响应变量，如气温的波动或电力需求的增减。在实际应用中，电力系统负荷预测与算法交易等场景均体现了回归分析的价值。当面对的数据集涉及连续变化的范围，或者响应变量本质上为实数（如环境温度、设备故障前的运行时长）时，回归方法便成为首选。此外，房价预测、股市走势分析及年龄估算等亦是回归分析的典型应用领域。在算法层面，实现回归预测的工具有所不同，包括但不限于线性模型与非线性模型的基础应用，以及通过规则化、逐步回归提升模型性能的策略。同时，集成学习方法如提升树与袋状决策树，以及神经网络与自适应神经模糊学习等先进算法，也为回归分析提供了强大的技术支持。

（三）聚类

聚类是一种数据分组技术，旨在将输入数据划分为未预设的类别，即输出结果为未知或无标签的集合。这一过程可细分为硬聚类（数据点明确归属单一类别）与软聚类（数据点可能隶属于多个类别）。聚类分析广泛应用于客户细分、图像分割、社交网络探索等多个领域，其核心价值在于通过探索性数据分析挖掘数据中潜藏的模式与分组结构。在更广泛的应用场景中，聚类分析助力基因序列的深入分析、市场调查的精准定位、对象识别的智能化升级。以移动通信行业为例，为优化手机信号塔布局，移动电话公司可借助机器学习预测依赖于各信号塔的用户群体规模。鉴于每部手机在同一时刻仅能与一座信号塔保持通信，聚类算法在此展现出独特优势，能够设计出最优的蜂窝塔布局方案，以最大化客户群组或集群的信号接收质量。在聚类算法的选择上，K均值聚类算法与K中心点算法以其简洁高效著称，层次聚类方法则擅长揭示数据的层次结构；高斯混合模型与隐马尔可夫模型则为处理复杂数据提供了强大工具；自组织映射与模糊C均值聚类算法则在保留数据不确定性的同时实现了有效聚类；而减法聚类等新颖算法则不断拓展着聚类分析的边界。

（四）生成

生成作为一种数据创造过程，基于输入数据衍生出新颖或独具创意的输出。这一过程可细分为条件生成与无条件生成两类：前者依赖于特定条件指导数据生成，而后者则无须任何前置条件，自由创作。生成技术被广泛应用于多个领域，包括图像创作、文本生成、语音合成等，这些应用领域展现了生成技术强大的创造力与广泛的应用潜力。

第三节　机器学习范式与策略

一、机器学习范式

机器学习领域涵盖4种核心学习范式：监督学习、无监督学习、半监督学习及强化学习。监督学习利用已知的输入-输出对训练模型，旨在预测未来的输出结果；无监督学习则侧重于从输入数据中自主发掘隐藏的模式或内在结构；半监督学习巧妙融合监督学习与无监督学习的特点，实现二者的优势互补；强化学习聚焦于通过训练集学习，在给定状态下选择最优动作，以最大化长期累积的奖励。图3-4直观地展示了这4种机器学习范式的异同点。

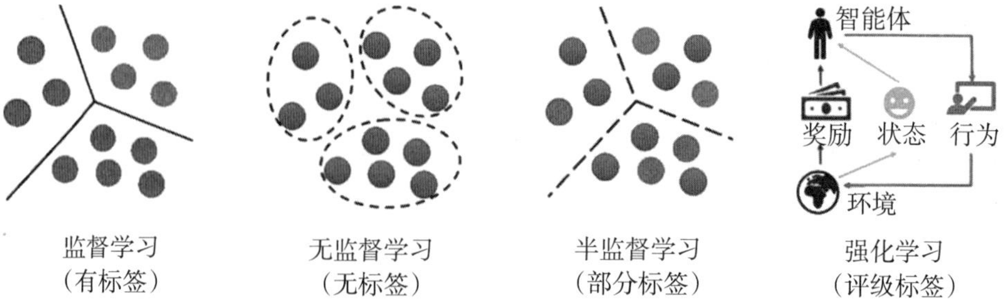

图3-4　4种机器学习范式的异同点

（一）监督学习

监督学习能够从含有不确定性的历史数据中构建预测模型。该算法通过接收明确标注的输入数据集（即预测变量及其对应的已知响应或输出变量）进行训练，从而学会对新输入数据的响应做出精准预测。简而言之，在监督学习中，需由指导者提供“正确答案”作为学习目标，即每个样本均被赋予一个标签，明确指示机器学习算法的学习方向。例如，在文本分类任务中，首先需人工为大量文本标注类别标签，然后运用监督学习算法训练模型，最终该模型能够自动将未知文本按主题进行准确分类。代表性监督学习算法包括线性回归、逻辑回归、决策树及SVM等，这些算法均展现了较好的预测性能。

在监督学习框架内，算法可经持续训练输入不断优化。一旦输出偏离预期，误差即作为反馈信号，逆向指导模型进行自我调整与优化。深度学习中标志性的BP算法，其核心正是利用误差的逆向传播机制来精细调控模型。当前，监督学习算法是机器学习算法的主流，它通过精心设计的算法桥接输入变量x与输出变量y，催生了众多具有广泛影响力的应用实例。深入理解监督学习，关键在于把握以下要点：在此范式下，算法的选择、输入的设定、输出的预期、应用场景的界定，均源自人类的智慧与指导。

（二）无监督学习

无监督学习与监督学习迥异，它无须完整的输入输出数据集支撑，且其输出结果往往呈现不确定性。无监督学习能够基于未标记的数据集进行自主推理，洞悉数据内潜藏的模式与结构。此学习范式展现了从数据中解读并探寻解决方案的独特能力，通过算法与数据的交互，揭示那些难以通过传统手段捕捉的模式与信息，尤其擅长探索数据的隐含模式与分布规律。在无监督学习的世界里，没有预设的导师或标签，算法在无外部指导的条件下，自发学习数据中的潜在模式。典型算法包括K均值聚类算法、密度估计算法等，这些算法在无监督学习的探索之旅中发挥着重要作用。

尽管无监督学习在当前的应用广度与深度上尚不及监督学习，其独特的方法论却为机器学习领域的发展指明了潜在路径。这一范式有望推动机器学习从“被动接收指令”向“自主发现与学习”跨越，即从“教会机器去做什么”向“促使机器自己学会去做什么”转变。

通过一个直观示例来阐释无监督学习的精髓。假设我们手握一系列图片，其中镶嵌着各色几何图形。此时，计算机面临的是一片未被标记的图像海洋，它对图形的颜色、形态一无所知，仅能捕捉到一张张静态的图像画面。然而，当这些图像数据被注入无监督学习模型中，算法便开始自行探索，依据图像间的相似性与特征，悄然将形态相近的图形汇聚成类。理想情境下，这一过程能够精准地将形态各异、色彩纷呈的几何图形自动归类于不同的群组之中，从特征识别到类别标注，一切皆由机器智能自主完成。

相较于监督学习，无监督学习展现出以下几大优势。

（1）其显著特征在于无须人工标注数据，极大缩减了数据处理的经济与时间成本。

（2）它能够深入未标记的海量数据中，自主发掘数据间的内在关联与潜在模式，为数据洞察提供新视角。

（3）作为监督学习的有力辅助，无监督学习能提炼出高价值的特征信息，进而提升监督学习的预测精度与效率。

然而，无监督学习亦非毫无挑战。评估算法的成效、算法选择与参数调优的复杂性、模型解释性的局限，以及数据隐私保护的需求，均是当前需要直面的难题。展望未来，随着技术的不断进步，我们有理由相信无监督学习将在更多实际应用场景中绽放光彩，持续推动机器学习领域的创新发展。

（三）半监督学习

半监督学习作为监督学习与无监督学习的融合体，巧妙融合了标记数据与未标记数据，驱动学习过程。其显著优势在于，即便在标记数据稀缺或获取成本高昂的情境下，也能通过海量未标记数据的有效利用，提升学习成效。依据学习策略的不同，半监督学习可细分为归纳学习与直推学习两大流派。归纳学习秉持“开放世界”理念，致力于从广泛的样本海洋中提炼出潜在的普遍规律，进而将这些规律应用于未知样本的预测之中，其精髓在于对未知世界的探索与预测。相对而言，直推学习则坚守“封闭世界”的假设，其特点在于学习过程中已明确知晓未来预测对象的特性，从而更加聚焦于特定情境下的精准学习与预测。

直推式半监督学习算法仅涉及有标签样本集与测试集两部分，且测试样本处于未标记状态。此类算法的核心策略是将测试样本初步视作无标签数据，随后结合有标签样本与这些“假想”的无标签样本共同训练模型。训练过程中，算法同步预测那些原先被视为无标签的测试样本的类别。然而，值得注意的是，直推式半监督学习的这一特性限制了其应用范围，仅限于处理当前给定的无标签样本（即测试集内的样本），并不支持直接扩展至未包含在训练或测试过程中的新样本。面对新的测试样本，直推式半监督学习算法需要重启训练流程，以确保能够准确预测其标签。

归纳式半监督学习算法巧妙融合了有标签样本集、无标签样本集及独立的测试样本集，展现出其处理整个样本空间样本的强大能力。该算法通过综合利用有标签样本与无标签样本训练学习模型，不仅实现了对训练过程中无标签样本标签的精准预测，更关键的是，它能直接、有效地对新引入的测试样本标签进行推断，无须额外训练，体现了其泛化性能。

半监督学习备受瞩目，是因其能够在大幅降低人力投入的同时，确保预测结果的准确性。

（四）强化学习

强化学习亦称“评价学习”，作为机器学习领域的关键范式与方法论，专注于解决智能体在与周遭环境交互时，学习策略如何以最大化回报或达成既定目标的问题。简而言之，强化学习旨在探索一种机制，使智能体学会如何将当前状态映射至最优行为。在这一过程中，智能体需要持续在环境中试验，依据环境反馈的奖励不断优化其状态与行为间的映射关系。由此，强化学习的两大核心一是通过“试错法”不断试探与调整，二是能够处理“延迟奖励”，即奖励可能并非即时显现，而是延后反馈，这为学习过程增添了挑战。

强化学习聚焦于智能体如何在环境中采取行动，以追求最大化的预期收益。在此框架下，样本数据作为输入，亦向模型提供反馈，但此反馈机制迥异于监督学习的直接分类指导。强化学习仅通过评估模型表现的对错，以奖励或惩罚的形式给予间接反馈，促使模型在持续迭代中自我调整与优化。

强化学习与传统的监督学习方式迥异，后者依赖于训练集中明确标注的标签，这些标签在理想状态下直接指示了正确结果，从而引导系统通过标签与样本的对应关系学习反馈机制，以实现对未知样本的准确预测，如分类与回归任务所示。然而，在强化学习的交互场景中，缺乏这样一个普遍适用的“标准答案”或标签，智能体唯有依赖自身经验进行探索与学习。同时，强化学习亦不同于无监督学习，后者聚焦于从未标记的数据集中挖掘隐藏的结构，如聚类分析所示。尽管无监督学习在揭示数据内在规律方面对强化学习有潜在辅助作用，但两者的核心目标截然不同：强化学习的根本追求在于最大化累积奖励，而不仅仅是发现数据集的内在结构。因此，无监督学习的方法虽能为强化学习提供一定支持，却非解决奖励最大化问题的直接途径。

二、机器学习策略

机器学习作为一项复杂的智能技术，其学习过程与推理机制紧密相连，共同构筑了智能行为的基石。依据学习中所采纳的推理策略不同，我们可以将机器学习划分为多种学习策略，包括记忆学习、统计推断学习、类比学习、迁移学习、增量学习与减量学习、在线学习、主动学习、集成学习等。下面将简要介绍其中几种具有代表性的学习策略。

（一）记忆学习

记忆学习作为最基础的学习策略，其核心在于通过直接记忆与重复练习来掌握知识。这一策略类似于人类学习中的机械记忆过程，即无须深入理解与分析，仅凭多次重复来铭记信息或规则。记忆学习将新知镌刻于心，以备不时之需，迅速调取。其显著特点在于无须复杂的计算与逻辑推理，是机器学习中最质朴的学习路径。然而，记忆学习专注于特定任务或数据的记忆本身，不涉及复杂的思维构造与决策流程，故而在面对多变复杂的任务环境时，其泛化能力显得捉襟见肘，难以灵活应对新情况。因此，对于记忆学习而言，优化信息存储与组织的效率，实现快速精准的信息检索，显得至关重要。

（二）统计推断学习

统计推断作为依托统计学原理以达成结果或决策的手段，其内涵丰富，涵盖归纳、演绎与转换三个类型。归纳学习，顾名思义，是从具体样例数据中提炼出普适性模型的过程，实现了从特殊到一般的跨越。演绎学习则逆向而行，运用已构建的泛化模型，精确求解特定兴趣点上的数值，展现了从一般到特殊的智慧。至于转换学习，则更为直接，它跳过了建模环节，直接从给定数据中撷取未知函数在兴趣点上的确切值。在此框架下，归纳学习可视为监督学习训练阶段的精髓所在，演绎学习则自然对应于预测阶段的逻辑推演。至于转换学习，其独特之处在于无须构建中间模型，如K最近邻（KNN）算法所展现的，直接依据兴趣点邻近数据点进行推理，体现了另辟蹊径的思维方式。值得注意的是，统计推断学习并非孤立的学习方法，而是对现有机器学习体系的一种分类视角，为理解与学习纷繁复杂的机器学习技术提供了有力的分析工具。

（三）类比学习

类比学习是一种通过比较不同领域间的知识相似性来促进学习的方法。它依托于类比推理，即基于新情境与已知情境在某些方面的相似性，推断它们在其他方面也具有类似性。类比推理通常涉及以下两个领域。

（1）源域（S），包含已解决的且与当前问题相似的问题及知识。

（2）目标域（T），指尚未完全理解的新问题领域。

类比推理旨在从源域中筛选出与当前问题最接近的问题及其解决方法，用于解决现有问题或在目标域内建立新的知识联系。类比学习分为属性类比和转换类比两种类型。KNN是类比学习中典型的方法之一，属于懒惰学习方法，特点是训练时间短而分类时间长，适用于分类和聚类任务。当前类比学习面临的主要挑战是源域的联想，即在众多复杂结构中寻找一个或多个合适的候选源域。在实际应用中，源域通常由用户指定，这限制了机器只能复制人类已知的类比，而不能帮助人类发现新知识。

（四）迁移学习

迁移学习作为一种高效的策略，通过借鉴针对特定任务（源域）预训练的模型，来加速并优化另一任务（目标域）模型的学习过程。其核心在于有效利用现有模型与知识，减轻对目标任务中大规模标注数据的依赖，进而提升学习效率与模型效能。依据源任务与目标任务之间的关联性，迁移学习可细分为以下几类。

（1）归纳迁移学习：在这一类别中，源任务与目标任务存在显著差异，但两者的领域范围可相交或相离，提供了灵活的知识迁移空间。

（2）直推迁移学习：特点在于源域与目标域迥异，而需解决的任务本身保持一致，此策略专注于在异源环境下维持任务的一致性执行。

（3）跨领域迁移学习：进一步扩展了迁移的范畴，不仅跨越了不同的领域边界，更涉足了多元化的任务挑战，实现了知识在更为宽泛的维度上的转移与应用。

（五）增量学习与减量学习

增量学习与减量学习均指学习系统能够持续吸纳新样本中的新知，同时巩固已掌握的旧有知识。增量学习尤为贴近人类学习的自然模式：人在成长旅程中，日复一日地吸纳新知，学习过程循序渐进，且对已获知识通常保持记忆，不会轻易遗忘。这意味着每当新数据涌入，系统无须全盘重建知识库，而是基于既有基础，仅针对新增数据带来的变化进行微调，此理念深刻契合人类的思维逻辑。相对而言，减量学习则旨在剔除那些“价值最低”的训练样本，即认为对当前学习任务贡献度最小的样本将被剔除。通过具体操作过程，读者可深入理解这两种学习策略在实际应用中的精妙之处。

（六）在线学习

在线学习亦称“适应性学习”，是一种针对流式数据设计的机器学习方法。其核心在于，随着数据以特定顺序逐一到来，模型即时对这些数据进行预测，并据此更新自身，随后无缝转至下一数据点的处理。此过程不断循环，利用持续涌现的新数据优化模型，以期对未来数据作出更为精准的预测。在线学习尤其适用于那些要求模型能够动态捕捉并适应数据中新兴模式的场景，这对模型的选择与构建提出了更为复杂且独特的挑战。在此框架下，模型需兼顾假设的更新与对新数据的即时评估，二者相辅相成，共同推动模型性能的持续提升。值得注意的是，在线学习模型在解答当前问题时，仅能依赖其历史接触过的数据作为参考，这一特性进一步凸显了其适应性与实时性的优势。

在学术资料中，增量学习与在线学习的界定被进一步细化。具体而言，在线学习强调数据流的单次利用性，且聚焦于单一任务的连续学习；而增量学习则展现出多任务处理能力，允许对当前任务数据进行多次迭代处理，直至过渡到新任务。在线学习主要凸显以下几大特点。

（1）知识累积性：在吸收新知识的同时，有效保留先前习得的大部分知识，确保模型在新旧任务间均能维持优异表现。

（2）资源高效性：随着类别数的增长，其计算需求与内存占用应保持稳定或缓慢增加。理想状态下，一旦某任务学习完成，相关观测样本即可安全舍弃，以优化资源利用。

（3）持续学习性：展现出对新任务与新数据的强大适应性，即便新任务在不同时间节点涌现，模型仍能保持可训练状态，持续优化其知识库。

（七）主动学习

主动学习作为一种在标签稀缺情境下的高效学习策略，其核心在于智能地识别并请求人类“专家”为信息量丰富的样本赋予标签，从而优化样本集。特别是那些靠近决策边界的数据点，因蕴含信息量高，其手工标注的价值尤为主要。面对有标签数据稀缺而无标签数据充裕的现状，加之人工标注成本高昂，主动学习策略通过精准筛选样本，向专家提出标注请求，成为缓解这一现状的有效途径。其核心研究聚焦于优化筛选机制，旨在以最少的标注请求次数，达到最优的模型性能提升。

主动学习的主要流程如下。

（1）利用初始样本集训练基础模型。

（2）运用该模型识别并挑选出信息量丰富的样本，随后提交给专家进行人工标注，标注后的样本随即融入训练集。

（3）重复上述两个步骤，直至模型性能达到收敛状态。

主动学习策略在自然语言处理领域展现出广泛应用潜力，如文本分类、语音识别、信息检索等，这些任务普遍面临标注难度大、成本高的挑战。通过主动学习，我们能够更精准地选取对模型性能提升至关重要的样本进行标注，从而有效提升工作效率与模型效果。

（八）集成学习

集成学习作为机器学习领域内一种广泛采用的策略，旨在通过汇聚多个弱分类器的预测智慧，从而构造出更为精准强大的预测模型。这一方法巧妙借鉴了“盲人摸象”的哲理，每个弱分类器如同盲人触及大象的一部分，而集成学习则通过精心编排这些部分，拼凑出一幅更为完整、深刻的认知图景。目前，集成学习方法大致可划分为三类，每类方法均在其独特的框架下，探索着弱分类器集成的无限可能。

（1）Boosting：经典串行集成学习方法，依托旧模型中的误差引导新模型的训练，实施层层递进的优化策略。Boosting机制运作如下：首先，在初始训练集上培育一个基分类器；其次，根据该基分类器的表现反馈，对训练样本的分步实施动态调整，具体措施如提升误分样本的权重，同时降低正确分类样本的权重，确保后续训练过程能够更聚焦于先前学习中的薄弱环节；然后，基于这一调整后的样本分布，继续训练下一个基分类器，此过程循环往复，直至达到预设的基分类器数量T；最后，将这T个基分类器以加权方式融合，权重分配依据各分类器的误差率而定，误差率较低者获得较高权重，从而在最终决策中占据更大话语权。此框架下，AdaBoost与XGBoost堪称Boosting算法之典范。从偏差-方差分解的视角审视，Boosting策略的核心聚焦于偏差的缩减，以此追求更为精确的预测性能。

（2）Bagging：因基分类器间缺乏紧密的依赖关系，故可采用并行策略高效学习。Bagging算法的核心在于整合多个基模型的预测结果，以求达到一个均衡的预测效果。具体流程如下：首先，通过随机采样技术从原始数据集中生成T个独立的子集；其次，基于这些子集分别训练出T个基分类器；最后，将这些基分类器的预测结果进行集成，以做出最终预测。在预测阶段，对于分类任务，Bagging采用多数投票机制来决定最终类别；而对于回归任务，则采用简单算术平均法来汇总预测值。值得注意的是，当分类预测中两个类别的得票数恰好相同时，Bagging会随机选择一个类别作为最终结果，以处理这种特殊情况。

（3）Stacking：通过精心组织基模型本身（而非仅仅其输出结果），展现出更高的灵活性与复杂性。Stacking技术的精髓在于，首先独立训练多个差异化的模型，将其作为初级学习器；然后以这些初级学习器的输出作为输入，进一步训练一个元模型（或称为“次级学习器”），以此整合并提炼出最终的预测结果。这一过程体现了对模型间信息的深度融合与优化利用。

集成方法作为一种元算法，巧妙地将多种机器学习技术融合为一个统一的预测模型，旨在通过协作降低方差（如Bagging）、削减偏差（如Boosting）或直接优化预测精度（如Stacking）。集成学习首先利用训练数据精心培育一组基分类器，随后通过综合各基分类器的预测见解，采用投票机制达成共识，以完成分类任务。严格而论，集成学习本身并非独立分类器，而是构建于多个分类器之上的协同决策机制。若将单个分类器比喻为单一决策者，则集成学习无疑是多位决策者智慧交融、共谋决策之典范。

上述学习策略各具特色，实际应用时应依据具体问题与需求精准匹配或灵活组合策略，以实现学习效果的最优化。策略的融合，旨在相互借鉴优势，规避不足，已展现出良好成效。

值得注意的是，深度学习虽常与机器学习相提并论，实则为一类特定的机器学习方法，其根基深植于神经元及神经网络的研究之中。关于深度学习的详尽探讨，将在第5章中系统展开。

本 章 小 结

机器学习致力于探究计算机如何模拟或再现人类的学习过程，旨在获取新知与技能，并不断优化既有的知识架构，从而持续提升其性能表现。该领域的研究横跨概率论、统计学、逼近论、凸分析、算法复杂度理论等多个学科领域，构成了人工智能发展的核心基石。本章主要介绍了机器学习的基本概念、流程与任务、核心策略及关键算法等，为深入理解这一领域奠定了基础。

本 章 习 题

1. 什么是机器学习？为什么要研究机器学习？
2. 简述机器学习的发展历程。
3. 机器学习的流程有哪些？
4. 请分析监督学习、无监督学习和半监督学习的区别。
5. 简述人工智能与机器学习的区别。

第4章 神经网络

神经网络作为机器学习领域的核心算法之一，其设计理念深植于模拟人脑神经网络复杂运作的愿景之中。简而言之，神经网络是由众多具备自适应性的基本单元交织而成的广泛并行网络，其架构精妙地复刻了生物神经系统在现实世界中的交互响应模式，实现了对人类学习机制的直接模拟。神经网络不仅映现了人脑功能的诸多本质特性，如大规模并行处理、分布式存储与计算、自我组织、自适应及自主学习能力，更在应对涉及多重因素与条件、信息模糊且不精确的问题处理上展现出突出优势。

第一节 神经网络概述

人工神经网络（artificial neural network，ANN），简称“神经网络”，是近年来蓬勃发展的跨学科前沿领域，横跨人工智能、计算机科学、微电子学、生理学、解剖学及自动化等多个学科界限。其本质为一种算法或数学模型，旨在模拟人类或动物神经网络的运作模式，实现分布式并行信息处理。通过精细调控网络内部众多节点间错综复杂的连接关系，神经网络能够高效处理复杂信息。神经网络独具自学习与自适应特性，能够利用给定的成对输入输出数据，深入剖析并捕获两者间隐含的规律。基于这些习得规律，神经网络能够针对新的输入数据，精准预测输出结果。这一过程，即神经网络的训练阶段，是其智能性能不断精进的关键所在。

一、神经网络的概念及发展

神经网络是一种模拟生物神经系统组织结构和行为特征的信息处理系统。该系统由神经元（亦称“节点”或“单元”）编织而成，其间通过权重紧密相连，这一设计赋予了神经网络从输入数据中汲取知识并生成任务导向输出的能力。其核心目标在于通过持续学习与调整这些连接权重，精准捕捉输入数据中潜藏的模式与关联。神经网络最初作为人工智能领域的一朵“奇葩”，以算法或模型之姿崭露头角。时至今日，它横跨多学科边界，成为研究热点。值得一提的是，辛顿在深度学习领域的突破性贡献，为神经网络的发展注入了新的活力，使之再次成为焦点。

提及神经网络，人们自然联想到人脑那错综复杂、紧密相连的神经元网络。神经元作为信息处理的基本单元，共同构成了生物神经系统的基石。相应地，神经网络亦由众多相互联结的人工神经元（简称“神经元”）编织而成，这些神经元并行协作，共同模拟人工智能的运作机制。简而言之，神经网络是对人脑或自然神经网络核心特性的高度抽象与模拟，它遵循联结主义原则，构建了一个智能仿生模型，本质上是一个由海量神经元构成的非线性动态系统。国际神经网络研究领域的代表赫克特·尼尔森曾精辟地指出，神经网络实为人工构建的、以有向图为拓扑框架的动态系统，该系统能够针对连续或离散的输入信号作出相应的状态调整，从而实现信息的有效处理。综合多方观点与阐释，我们可以将神经网络概括为一种旨在复刻人脑结构及其功能的信息处理体系。图4-1直观展示了单层、两层及多层神经网络的结构示意图，为这一复杂而精妙的系统提供了直观的视觉呈现。

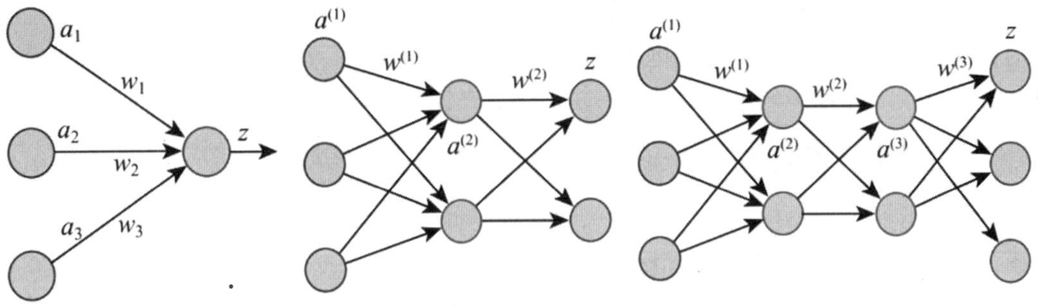

图4-1　单层、两层及多层神经网络的结构示意图

神经网络的历史可追溯至1943年，由神经学家沃伦·麦卡洛克与数学家沃尔特·皮茨携手提出的M-P模型，此模型无疑为神经网络领域的探索奠定了基石。随后，在1949年，心理学家唐纳德·赫布引入了“学习率”这一革命性概念，揭示了信息在人脑神经细胞突触传递过程中，其强度具备动态调节的能力。这一发现激励了研究者们通过调整权值的方式，不断优化机器学习算法，推动该领域向前迈进。

1958年，计算科学家罗森布拉特首创性地设计了由两层神经元构成的简单神经网络，实现了线性分类的初步应用。步入20世纪80年代，神经网络研究迎来繁荣期，孕育了诸多成熟的模型与算法。特别是1974年问世的BP算法，通过在经典的两层结构（输入层与输出层）间巧妙嵌入隐藏层，显著降低了计算复杂性。然而，尽管BP算法已取得一定成效，但单次训练周期冗长及易陷入局部最优解的困境，依旧制约着神经网络性能的进一步优化。

转折点出现在2006年，辛顿在《科学》等权威期刊上发表力作，首次引入了深度学习的概念，并创新性地提出了“预训练”与“微调”两个优化策略。这两项技术的融入，有效助力神经网络权重逼近全局最优解，并大幅度缩短了整体训练周期。

如今，神经网络已深度融合于模式识别、图像处理、非线性优化、语音处理、自然语言处理、机器人技术、专家系统等多元领域，取得了显著的应用成效与瞩目进展。展望未来，神经网络的理论探索、技术创新与应用拓展依旧充满活力，展现出广阔的发展前景。

二、神经网络的特点

前文已述，神经网络作为连接学说指导下的智能仿生典范，其本质是由海量神经元交织而成的非线性动力体系。除非线性系统所共有的特性外，神经网络更独具一系列鲜明特征。鉴于研究者视角各异，对神经网络特性的分类亦呈多元化趋势。现将神经网络的特点归纳如下。

（一）信息处理的并行性、信息存储的分布性

神经网络是一种高度并行的非线性系统，由海量简单神经元错综连接而成，展现了大规模并行处理的卓越特性。尽管单个神经元的处理能力相对有限，但通过众多神经元的协同工作，系统得以实现丰富的功能且高效地运行。结构上的并行设计确保了信息存储的分布性本质，即信息不再局限于网络的局部，而是散布于每一个权重之中。这意味着神经网络能够容纳多元信息，每个神经元的权重承载的仅是信息总库的一部分。在提取已存储知识时，神经网络依据输入信息，运用“联想”机制进行回忆，展现了其独特的联想记忆能力。并行性与分布性深刻影响着神经网络的信息存储与处理机制。

（二）高度的非线性、良好的容错性和计算的非精确性

神经元在神经网络中交替呈现激活与抑制两种状态，此行为在数学模型中映射为一种显著的非线性关系，加之神经元间广泛的互联与并行运作模式，共同塑造了网络整体的高度非线性。信息在神经网络中的分布式存储架构，赋予了其两个维度的优越容错能力：其一，即便神经网络内部分神经元受损，但由于信息的广泛散布，系统整体性能仍能维持稳定；其二，面对输入信息的模糊、残缺或变形，神经网络凭借联想机制恢复记忆，能有效识别并处理不完整的输入，展现出强大的容错性与适应性。进一步地，神经网络擅长处理连续的模拟信号和模糊、不精确的信息，其输出结果更侧重于最优解而非单一精度的极致追求。

（三）自学习、自组织与自适应性

自适应性作为神经网络的核心特性之一，指的是系统能够灵活调整其性能以响应环境变迁的能力。这一特性涵盖了自学习与自组织两个维度。具体而言，神经网络的自学习是指在外部环境变动之际，经由充分的训练或感知过程，神经网络能够自主优化其结构参数，确保对特定输入产生预期的输出响应。值得注意的是，由于训练是神经网络学习的主要手段，学习与训练两词在实践中常被交互使用。神经系统的自组织能力体现在其能够根据外界刺激，遵循既定规则动态调整神经元间突触连接的强度，从而逐步构建或重构神经网络架构。这一过程不仅展现了神经网络的高度灵活性，也揭示了自适应性与自组织之间的紧密关联——自适应性正是通过自组织过程得以实现与强化的。

第二节　由生物神经元到M-P模型

一、M-P模型

神经网络是机器学习领域中一项举足轻重的技术，其核心构件神经元的设计灵感源自生物神经元，两者遵循相似的基本原理，即接收一系列输入信号，与预设阈值进行比较，据此决定输出值。

在图4-2所示的M-P模型中，神经元汇聚了来自前序3个神经元的信号，这些信号经由各自权重的连接传输而来。神经元将累积的总输入值与自身固有的阈值进行比对，随后通过激活函数的转换，生成最终的输出。此过程精准地模拟了神经元的信息处理机制。

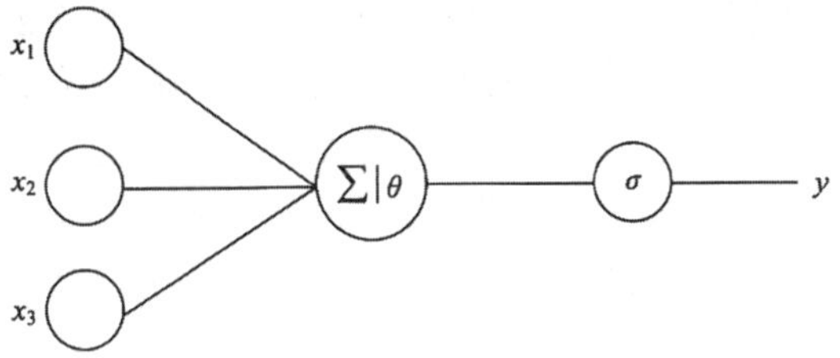

图4-2　M-P模型

M-P模型的公式可表述为

$$y=\sigma\left(\sum_{i=1}^{n}w_i x_i-\theta\right) \tag{4-1}$$

在图4-2中，x_1、x_2、x_3分别对应来自第1至第3个神经元的输入。式（4-1）中的w_1特指第一个输入的权重，揭示了不同输入对当前神经元作用的差异性，其余权重依次类推。式（4-1）是将所有前置神经元的输入值与其对应权重相乘后求和，再与阈值进行比较的过程。最后，通过激活函数的变换，得出输出结果。

以设定具体数值为例：$x_1=1$，$x_2=2$，$x_3=0$，权重依次为1、2、-1，且阈值为0.6。在未引入激活函数前，初步计算得当前输出为4.4［$1\times1+2\times2+0\times(-1)-0.6$］。

为深入理解权重与阈值间的微妙关系，可将阈值视为具有固定输入值-1及相应权重的特殊项。图4-3所示为加入偏置项的神经元模型。相较于图4-2，图4-3提供了更为直观、易于理解的阐释。因此，建议将阈值统一称为“偏置项”，并将其视为网络输入的一个有机组成部分。

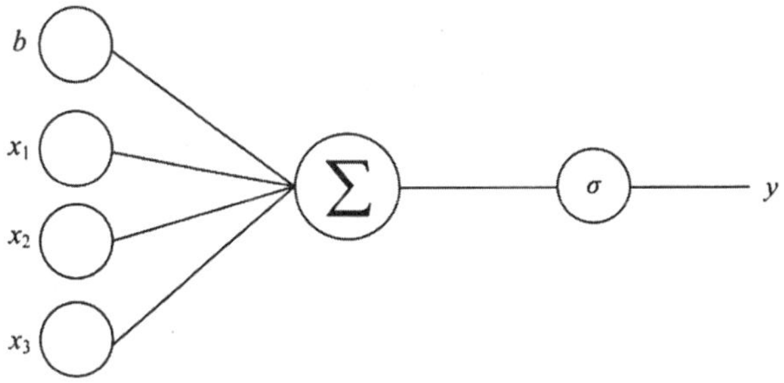

图4-3　加入偏置项的神经元模型

加入偏置项的神经元模型公式为

$$y=f\left(\sum x_i * w_i\right)+b \tag{4-2}$$

阶跃函数是常见的激活函数之一，它可以表示为

$$U(x)=\begin{cases}1, x\geqslant 0\\0, x<0\end{cases} \tag{4-3}$$

选择阶跃函数作为激活函数，即总体输入大于阈值时激活，小于阈值时抑制。

在神经元模型中，权重和阈值都是预先设定好的，不具备自我学习的能力。为了增加自我学习的能力，需要能调整参数权重和阈值。

二、感知机

深入了解神经元模型后，我们转而聚焦于神经网络的核心特性与价值。神经网络所解决的实际问题可大致归为两类：分类与回归问题。尽管这两个概念初听起来略显抽象，但其核心机制相通——均基于输入数据作出预测，关键在于输出类型的差异。具体而言，分类问题输出离散型变量（如+1、-1、+2等），反映定性判断；而回归问题则输出连续型变量，提供定量信息。以生活实例阐述，判断明天是否下雨（二选一）便属于分类范畴，而预测具体降雨量数值则属于回归领域。无论面对分类还是回归挑战，神经网络均展现出强大的应用潜力与效能。

1957年，美国计算机领域的杰出人物罗森布拉特，在深入探索神经元模型的基础上，创新性地引入了感知机的概念，这标志着最早的神经网络模型的诞生。感知机以其独特的双层结构著称：输入层负责接收外部信号，并将其传递至输出层；而输出层则巧妙运用了标准的M-P模型，实现了信息的整合与输出，如图4-4所示。

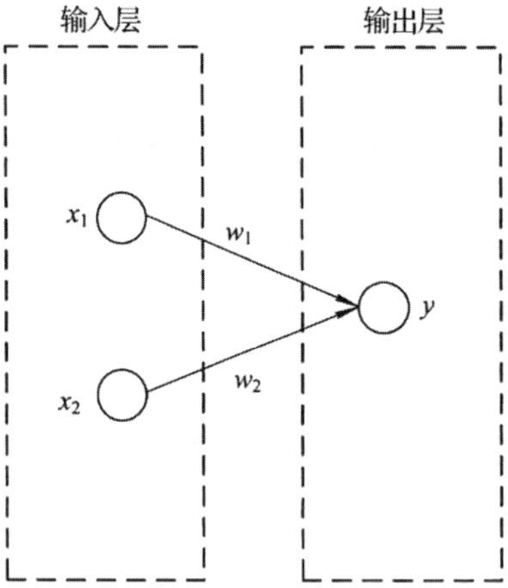

图4-4　感知机模型

在图4-4中，若输出值为 $y=f\left(\sum_i w_i x_i-\theta\right)$，假设激活函数$f$是阶跃函数，则有：

当$w_1=w_2=1$时，令 $\theta=2$，则$y=f(1\times x_1+1\times x_2-2)$，仅当$x_1=x_2=1$时，输出$y$是1，这就是“与”问题。

当$w_1=w_2=1$时，令$\theta=0.5$，则$y=f(1\times x_1+1\times x_2-0.5)$，当$x_1$或$x_2$有一个为1时，输出$y$是1，这就是“或”问题。

当$w_1=-0.6$，$w_2=0$时，令$\theta=-0.5$，则$y=f(-0.6\times x_1+0\times x_2+0.5)$，当$x_1=1$时，输出$y$是0；当$x_1=0$时，输出$y$是1，这就是“非”问题。

布尔逻辑运算见表4-1所列。

表4-1 布尔逻辑运算

x_1	x_2	与	或	异或
0	0	0	0	0
0	1	0	1	1
1	0	0	1	1
1	1	1	1	0

计算“与”的情形：

当x_1、x_2为（0，0）时，$y=f(1\times0+1\times0-2)=f(-2)=0$；

当x_1、x_2为（0，1）时，$y=f(1\times0+1\times1-2)=f(-1)=0$；

当x_1、x_2为（1，0）时，$y=f(1\times1+1\times0-2)=f(-1)=0$；

当x_1、x_2为（1，1）时，$y=f(1\times1+1\times1-2)=f(0)=1$。

感知机实质上是一种判别式的线性分类模型，擅长处理诸如与、或、非等简单的线性可分问题。在计算过程中，阈值虽可预设，但为增强其灵活性，我们创新性地将阈值视为一个特殊神经元的权重，该神经元固定输入值为-1，而无实际外部输入信号，默认其始终处于-1状态。此策略精妙之处在于，它实现了权重与阈值学习的一体化，统一归并为权重的学习过程，为后续构建更为复杂的深度神经网络架构奠定了坚实基础，便于操作与拓展。

感知机与M-P模型在结构上虽有相似之处，但其核心差异在于感知机的权重是通过精心设计的训练过程获得的。该训练旨在持续优化神经网络权重，以最小化预测输出与实际值间的误差，直至达到可接受的范围内，训练方告完成。然而，受限于其单层功能神经元（即M-P模型）的架构，感知机的学习能力显得颇为局限。具体而言，它无力应对最基本的非线性可分挑战——异或问题，这一发现曾一度让神经网络研究领域陷入低谷。1969年，人工智能领域的权威学者以严谨的数学论证，深刻揭示了感知机在处理非线性问题上的不足，明确指出其无法有效应对此类复杂情境。这一论断不仅精准指出了感知机的局限性，更激发了探索增加隐藏层以拓展神经网络处理能力的思考，为后续神经网络研究的发展指明了方向。

三、多层感知机

非线性不可分问题，简而言之，是指无法通过单一直线来明确分隔两种不同类型的数据点，如图4-5所示。以菱形与圆形为例，尝试以直线为界将它们截然分开，显然是不可完成的任务。此类问题被归类为线性不可分问题，其处理上具有复杂性与挑战性。

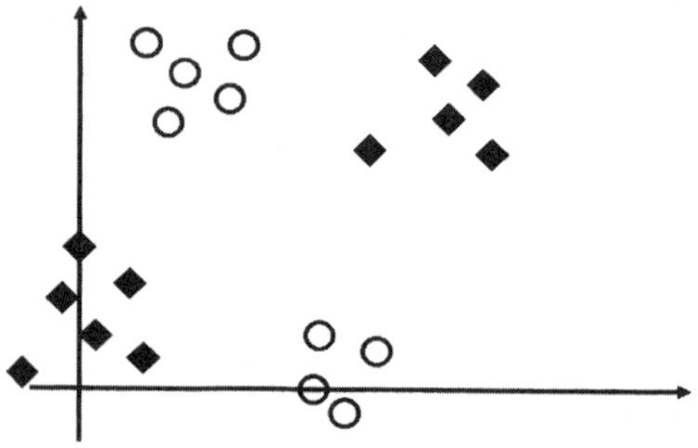

图4-5　线性不可分问题示意图

接下来，我们深入剖析一个具体实例——异或问题。其定义明确：当两个输入值不相等时，异或运算的结果为1；若两者相同，则结果为0。面对这一典型的非线性可分难题，传统的单层感知机，无论我们如何精心调整其权重与阈值，均显得力不从心。因此，为破解此局，我们自然而然地将目光投向了网络结构的拓展，即通过引入额外的层次来增强模型的复杂度。具体而言，我们增设了一层网络，称其为“隐藏层”，由此构建了双层感知机模型。图4-6生动展示了这一能够成功解决异或问题的双层感知机架构，图中展示的权重参数与阈值均为经过优化的最佳配置，确保了模型的高效与准确。

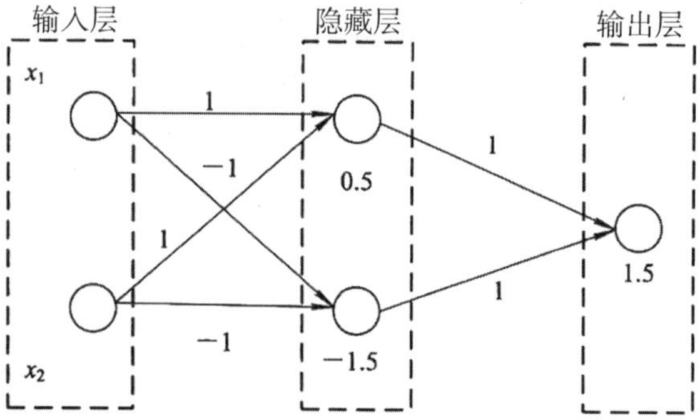

图4-6　能解决异或问题的双层感知机架构

用阶跃函数计算增加了隐藏层的图4-5能解决异或问题。

见表4-1所列，x_1，x_2共分为（0，0）（0，1）（1，0）（1，1）4种情形，本例只计算（0，1）这种情形，其他3种情形可自行计算。

隐藏层只有上下两个神经元，由（0，1）即x_1=0，x_2=1可计算出x_1，x_2对这两个神经元的输出值，该值同时作为下一层的输入。

隐藏层上面一个神经元的值为

$$y=f(w_1x_1+w_2x_2-\theta)=f(1\times0+1\times1-0.5)=f(0.5)=1$$

隐藏层下面一个神经元的值为

$$y=f(w_1x_1+w_2x_2-\theta)=f((-1)\times0+(-1)\times1+1.5)=f(0.5)=1$$

所以，输出层神经元的值为

$$y=f(w_1x_1+w_2x_2-\theta)=f(1\times1+1\times1-1.5)=f(0.5)=1$$

普遍而言，通过逐层深化网络架构，并确保每一层神经元与紧邻的下一层实现全连接，同时避免层内连接及跨层跳跃连接，构建了一种称为“前馈神经网络”的特殊结构。

此类网络结构中，信息的流动是单向且无反馈的，即数据严格遵循从左至右（自输入层向输出层）的路径传递。图4-7呈现了一个典型的多层感知机示意图，其结构布局与现代神经网络已高度趋同，展现了高度的相似性与进化趋势。

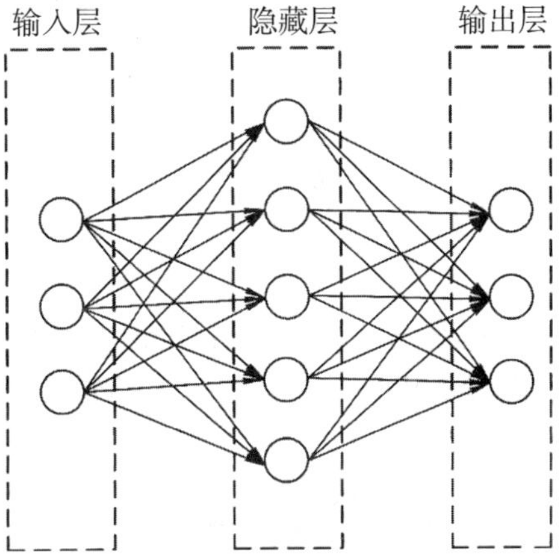

图4-7　多层感知机示意图

第三节　BP神经网络

BP神经网络是一种前馈神经网络，其算法由鲁姆哈特和麦克里兰于1986年提出，是目前应用广泛的神经网络模型之一。

一、BP神经网络结构

BP神经网络模型的拓扑结构由输入层、隐藏层（可单层或多层）及输出层共同构成。各层均散布着若干个神经元，统称为“节点”，层间通过连接通路相连，每条通路承载一个特定的权重。作为前馈神经网络的典型代表，BP神经网络确保信息仅在相邻层间单向流动，既无层内神经元间的直接交互，也无跨层或反馈连接，维持了信息流的纯净与高效。每个神经元均能从前一层汇聚多元信息输入，并仅将处理结果单一输出至后续层。这一过程自输入层开始，逐层递进，直至最终抵达输出层。图4-8直观展示了BP神经网络的具体拓扑结构。

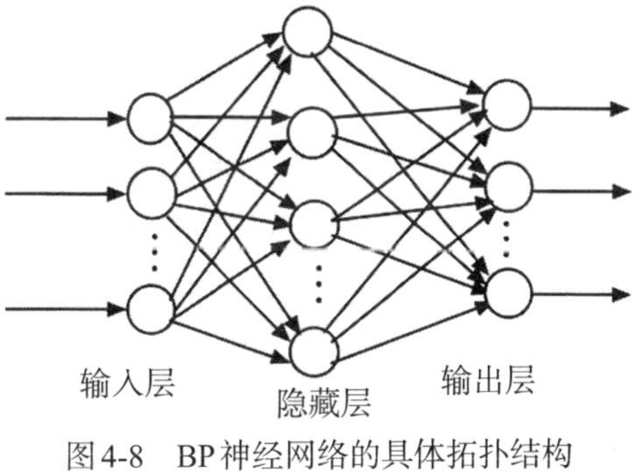

图4-8　BP神经网络的具体拓扑结构

单神经元模型，如图4-9所示，它模仿了生物神经元所具有的3个重要的功能：加权、求和与转移。

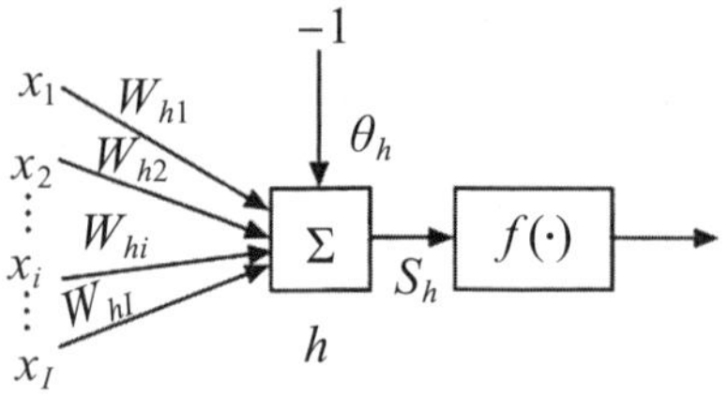

图4-9　单神经元模型

在BP神经网络中，输入层的各节点输入与输出是一样的，故有人并不把输入层作为一层。隐藏层和输出层的节点具有常规的单神经元的输入／输出特性，如式（4-4）、式（4-5）所示。

$$s_h = \sum_{i=1}^{I} w_{hi} x_i - \theta_h = W_h X - \theta_h \tag{4-4}$$

$$y_h = f(s_h) \tag{4-5}$$

式中，θ_h 为阈值；x_i 为第 i 个输入；w_{hi} 为加权系数；y_h 为第五个节点输出；$f(\cdot)$ 为节点传递函数或激活函数。

可将阈值 θ_h 作为输入值为−1的权重。

激活函数 $f(\cdot)$ 可以是阶跃函数、线性函数、符号函数等。BP神经网络中常用的是Sigmoid函数，如式（4-6）所示。

$$f(s) = \frac{1}{1+\mathrm{e}^{-s}} \tag{4-6}$$

式（4-6）的导数为

$$f'(s) = f(s)[1 - f(s)] \tag{4-7}$$

二、BP神经网络的学习

一个神经网络仅具备拓扑结构不足以赋予其智能特性，还需要一套学习训练规则。学习算法不仅是神经网络的核心标识，也是当前研究领域的热点议题。当神经网络的结构被确立后，若要赋予其类似于生物的自我调节能力，一种常见的策略便是调整其加权系数（含阈值在内）。简而言之，神经网络的学习过程实质上就是不断优化其加权系数的迭代过程，旨在实现输入与期望输出之间的高度匹配。

BP算法由两大核心环节构成：正向传播与反向传播。正向传播过程中，信息自输入层起，经隐藏层，最终流向输出层，各层神经元的状态仅对紧接着的下一层神经元产生影响。若输出层未能达到预期的输出目标，则触发反向传播机制。此环节运用误差函数的梯度下降策略，旨在不断调整网络参数，直至误差函数降至期望水平，从而实现网络性能的优化。

（一）正向传播

设BP神经网络的输入层有 I 个节点，隐藏层有 H 个节点，输出层有 K 个节点，分别用

i、h、k表示编号，输入层与隐藏层之间的权值为w_{hi}，隐藏层与输出层之间的权值为u_{kh}。用p表示样本编号，p=1，2，…，N，则隐藏层第h个节点的输入为

$$net_h^p = \sum_{i=1}^{I} w_{hi} x_i^p - \theta_h \tag{4-8}$$

式中，x_i^p为输入层节点h在样本p作用下的输出（也是输入）。

隐藏层各节点在样本p下的输出可用矩阵形式计算，即

$$NET^p = WX^p - \theta \tag{4-9}$$

隐藏层第h个神经元的输出为

$$y_h^p = f(net_h^p) \tag{4-10}$$

式中，$f(\cdot)$为隐藏层各节点的激活函数。输出层第k个神经元的输入为

$$net'^p_k = \sum_{h=1}^{H} u_{kh} y_h^p - \theta'_k \tag{4-11}$$

输出层第k个神经元的输出为

$$o_k^p = g(net'^p_k) \tag{4-12}$$

式中，$g(\cdot)$为输出层各节点的激活函数。

（二）反向传播

反向传播采用如下二次型误差函数，有

$$J_p = \frac{1}{2}\sum_{k=1}^{K}(t_k^p - o_k^p)^2 \tag{4-13}$$

式中，t_k^p为样本p的期望输出。

对于全部N个样本，总误差为

$$J = \frac{1}{2}\sum_{p=1}^{N}\sum_{k=1}^{K}(t_k^p - o_k^p)^2 \tag{4-14}$$

依据最小化误差的原则来调整权重与阈值的方法，被称为“在线学习”。在此模式下，每当一个样本被学习后，系统会立即根据产生的偏差调整权重与阈值，并基于更新后的参数处理下一个样本。相比之下，另一种策略是“离线学习”或“批处理学习”，它遵循同样的最小化误差原则，但不同之处在于，它会在所有样本被学习完后再统一调整权重与阈值。在此过程中，所有样本在处理前共享相同的初始权重与阈值，直至所有样本被考虑后，才根据累积的总偏差来优化这些参数。下面将以在线学习为例，详细阐述学习算法的推导流程。

1. 调整隐藏层与输出层之间的权重u

根据梯度法，权重增量为误差函数的负梯度方向。

$$\Delta u_{kh} = -\eta\frac{\partial J_p}{\partial u_{kh}} = -\eta\frac{\partial J_p}{\partial net'^p_k}\frac{\partial net'^p_k}{\partial u_{kh}} = -\eta\frac{\partial J_p}{\partial net'^p_k}y_h^p \tag{4-15}$$

式中，η为学习率，η>0。

定义：

$$\delta_k^p = -\frac{\partial J_p}{\partial net_k^{'p}} = -\frac{\partial J_p}{\partial o_k^p}\frac{\partial o_k^p}{\partial net_k^{'p}} = (t_k^p - o_k^p)g'(net_k^{'p}) \tag{4-16}$$

如果激活函数$g(\cdot)$取为式（4-6）的Sigmoid函数，则可知

$$g'(net_k^{'p}) = g(net_k^{'p})[1 - g(net_k^{'p})] = o_k^p(1 - o_k^p) \tag{4-17}$$

则式（4-16）可表示为

$$\delta_k^p = (t_k^p - o_k^p)o_k^p(1 - o_k^p) \tag{4-18}$$

权重增量表示为

$$\Delta u_{kh} = -\eta\delta_k^p y_h^p = -\eta(t_k^p - o_k^p)o_k^p(1 - o_k^p)y_h^p \tag{4-19}$$

2. 调整隐藏层与输入层之间的权重 W

$$\Delta w_{hi} = -\eta\frac{\partial J_p}{\partial w_{hi}} = -\eta\frac{\partial J_p}{\partial net_h^p}\frac{\partial net_h^p}{\partial w_{hi}} = -\eta\frac{\partial J_p}{\partial net_h^p}x_i^p = \eta\Delta_h^p x_i^p \tag{4-20}$$

$$\Delta_h^p = -\frac{\partial J_p}{\partial net_h^p} = -\frac{\partial J_p}{\partial y_h^p}\frac{\partial y_h^p}{\partial net_h^p} - \frac{\partial J_p}{\partial y_h^p}f'(net_h^p) \tag{4-21}$$

由于隐藏层一个节点输出的改变会影响与该节点所有相连的输出节点的输入，则

$$-\frac{\partial J_p}{\partial y_h^p} = -\sum_{k=1}^{K}\left(\frac{\partial J_p}{\partial net_k^{'p}}\frac{\partial net_k^{'p}}{\partial y_h^p}\right) = \sum_{k=1}^{K}\left(-\frac{\partial J_p}{\partial net_k^{'p}}u_{kh}\right) = \sum_{k=1}^{K}(\delta_k^p u_{kh}) \tag{4-22}$$

如果激活函数$f(\cdot)$取为式（4-6）的Sigmoid函数，则可知

$$f'(net_h^p) = f(net_h^p)[1 - f(net_h^p)] = y_h^p(1 - y_h^p) \tag{4-23}$$

则式（4-20）可表示为

$$\Delta w_{hi} = \eta\Delta_h^p x_i^p = \eta y_h^p(1 - y_h^p)x_i^p\sum_{k=1}^{K}(\delta_k^p u_{kh}) \tag{4-24}$$

由此可写出在样本p作用下的权重调整公式为

$$u_{kh}(j+1) = u_{kh}(j) + \eta\delta_k^p u_{kh} \tag{4-25}$$

$$w_{hi}(j+1) = w_{hi}(j) + \eta\Delta_h^p x_i^p \tag{4-26}$$

如果采用批量学习法，则权重调整公式为

$$u_{kh}(j+1) = u_{kh}(j) + \eta\sum_{p=1}^{N}\delta_k^p y_h^p \tag{4-27}$$

$$w_{hi}(j+1) = w_{hi}(j) + \eta\sum_{p=1}^{N}\Delta_h^p x_i^p \tag{4-28}$$

为了加快收敛速度，可以增加惯性项，引入惯性项的权重调整公式为

$$u_{kh}(j+1) = u_{kh}(j) + \eta\delta_k^p y_h^p + \alpha[u_{kh}(j) - u_{kh}(j-1)] \tag{4-29}$$

$$w_{hi}(j+1) = w_{hi}(j) + \eta\Delta_h^p x_i^p + \alpha[w_{hi}(j) - w_{hi}(j-1)] \tag{4-30}$$

式中，α 为惯性系数，$0<\alpha<1$。

由于阈值可视作输入为−1的权重，所以阈值的调整可参照相应的权重调整公式得

出，将公式中的输入用–1代替即可。例如，参照式（4-25）和式（4-26）可得对应的阈值在线学习式（4-31）和式（4-32），其他方式的学习公式可以此类推。

$$\theta'_k(j+1)=\theta'_k(j)-\eta\delta_k^p \tag{4-31}$$

$$\theta'_h(j+1)=\theta'_h(j)-\eta\Delta_h^p \tag{4-32}$$

（三）BP算法实现流程

BP算法实现流程如下。

（1）给定训练数据集，即提供输入向量X和期望输出T。

（2）确定网络结构，初始化网络参数，对所有权值赋予任意小的随机数。

（3）正向传播计算：根据式（4-8）至式（4-12）计算网络输出。

（4）误差计算：根据式（4-13）计算误差函数。

（5）反向传播误差计算：采用式（4-25）至式（4-32）的有关公式调整权重和阈值。

（6）返回步骤（3），直到误差满足要求。

通过以上步骤，BP算法能够逐步调整神经网络的权值和阈值，使网络的输出逐渐接近期望输出，从而实现对输入数据的准确分类或预测。

第四节　神经网络组成要素

前文概述了几类基础神经网络模型，尽管它们在架构与复杂度上各有千秋，却共同植根于三大基石：神经元模型、神经网络结构、学习算法。诚然，神经网络世界纷繁复杂，但其本质皆可由此三者构建。接下来将深入剖析这三大基石，旨在为神经网络的学习之旅提供导航，并深化对其内在机理的理解。

一、神经元模型

在神经网络领域内，神经元常被形象地喻为“处理单元”，而从网络视角审视，则常被称为“节点”。这一人工神经元概念，是对生物神经元信息处理机制的高度抽象与数字化描述，它旨在模拟生物神经元的结构与功能，并通过模型图的形式直观展现。迄今为止，众多神经元模型应运而生。其中，1943年由心理学家沃伦·麦卡洛克与数学家沃尔特·皮茨携手提出的M-P模型，不仅开创先河，更以其深远影响奠定了坚实基础。该模型历经持续优化，已演变为被广泛采纳的形式神经元模型典范。针对神经元的信息处理奥秘，M-P模型在保持简洁性的同时，提出了以下6条假设，以精准描绘其运作机制。

（1）每个神经元都是一个多输入单输出的信息处理单元。

（2）神经元输入分为兴奋性输入和抑制性输入两种类型。

（3）神经元具有空间整合特性和阈值特性。

（4）神经元输入与输出间有固定的时滞，主要取决于突触延搁。

（5）忽略时间整合作用和不应期。

（6）神经元本身是非时变的，即其突触时延和突触强度均为常数。

基于上面的6条假设，神经元j建模的数学模型$o_j(\cdot)$表示如下：

$$o_j(t)=f\{[\sum_{i=1}^{2}w_{ij}x_i(t-\tau_{ij})]-T_j\} \tag{4-33}$$

式中，τ_{ij}为输入输出间的突触时延；T_j为神经元j的阈值；w_{ij}为神经元i到j的突触连接系数，或称权值；$f(\cdot)$为神经元的变换函数，或称激活函数。

神经元的各种不同数学模型的主要区别在于采用了不同的激活函数$f(\cdot)$，从而使神经元具有不同的信息处理特性。神经元的信息处理特性是决定神经网络整体性能的三大要素之一，因此激活函数的研究具有重要意义。神经元的激活函数反映了神经元输出与其激活状态之间的关系，常用的激活函数有以下4种形式。

（一）阈值型激活函数

阈值型激活函数采用单位阶跃激活函数，其公式如下：

$$f(x)=\begin{cases}1, & x\geqslant 0\\ 0, & x<0\end{cases} \tag{4-34}$$

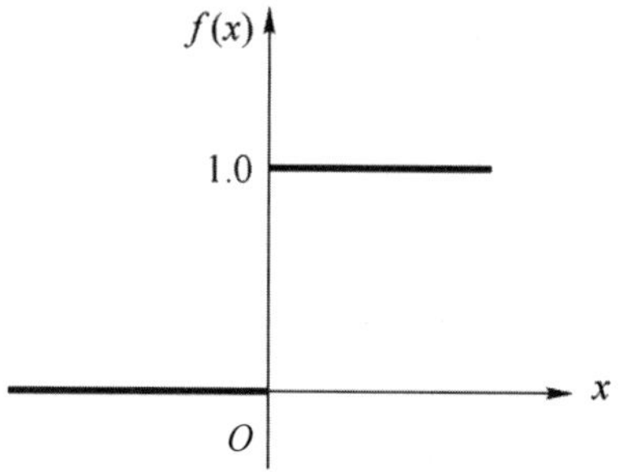

（a）单极性阈值型激活函数

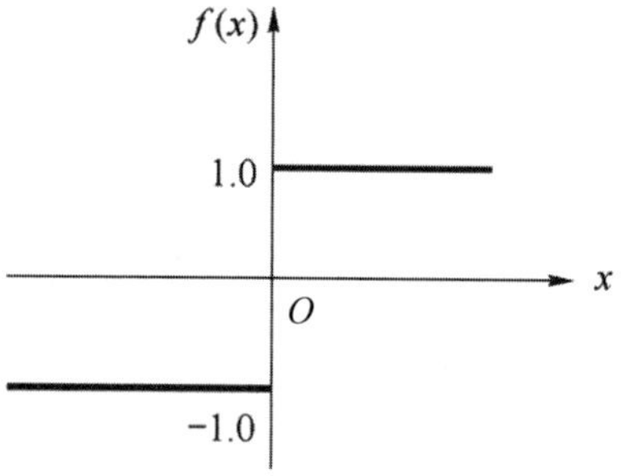

（b）双极性阈值型激活函数

图4-10　单位阶跃激活函数

（二）非线性激活函数

非线性激活函数是一种将实数域**R**映射至闭区间[0，1]的非递减连续映射，它代表了状态连续性的神经元模型。在众多非线性激活函数中，单极性Sigmoid函数，又称“S型函数”，因其函数形式及其导数均保持连续性而备受青睐，这一特性极大地简化了处理过程。单极性S型函数$f_s(\cdot)$和双极性S型函数$f_d(\cdot)$的公式如下：

$$f_s(x)=\frac{1}{1+e^{-x}} \tag{4-35}$$

$$f_d(x)=\frac{2}{1+e^{-x}}-1=\frac{1-e^{-x}}{1+e^{-x}} \tag{4-36}$$

非线性S型激活函数如图4-11所示。

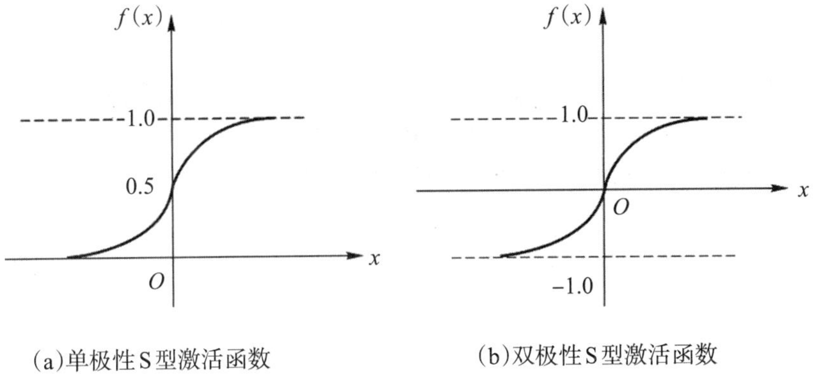

图4-11 非线性S型激活函数

(三)分段线性激活函数

分段线性激活函数特征鲜明，即在特定区间内，神经元的输入与输出保持线性关系，展现出分段线性的独特魅力。这一特征使其在实际应用中得以简化实现。此类函数亦被称作“伪线性函数”，其数学表达式与图形描述分别如式（4-37）、图4-12所示。

$$f(x)=\begin{cases}0, & x\leqslant 0\\ cx, & 0<x\leqslant x_c\\ 1, & x_c<x\end{cases} \tag{4-37}$$

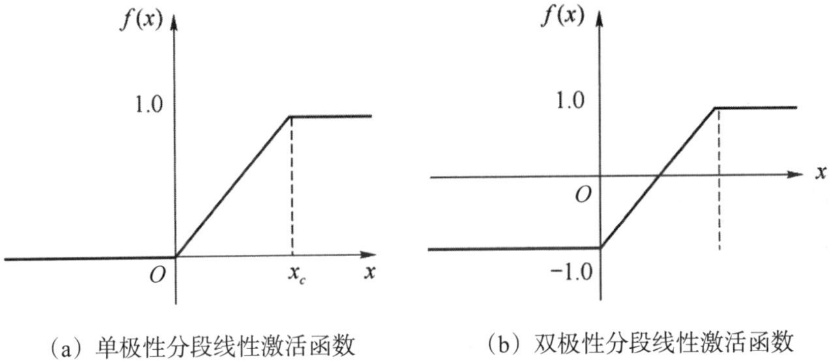

图4-12 分段线性激活函数

(四)概率型激活函数

采用概率型激活函数的神经元模型，其输入与输出之间的关系是不确定的，需要用一个随机函数来描述其输出状态为1或为0的概率。设神经元输出为1的概率如下：

$$P(1)=\frac{1}{1+e^{-x/T}} \tag{4-38}$$

式中，T为温度参数。因为采用该激活函数的神经元输出状态分布与热力学中的玻尔兹曼分布相类似，所以使用这种激活函数的神经元模型也被称为“热力学模型”。

二、神经网络结构

神经网络由海量神经元交织而成，承担着复杂信息的处理与存储重任，展现出卓越的性能。这一强大功能植根于其大规模并行互联的架构、非线性的处理机制，以及互联结构的高度可塑性。构建神经网络时，需要遵循特定规则将神经元紧密连接，并确保权重依循既定规律动态调整。生物神经网络以数十亿计的神经元为基础，构建出复杂的网络体系；而人工神经网络受限于物理实现的挑战及计算效率的考量，仅由相对较少但精心设计的神经元按照一定模式构建。在神经网络中，这些神经元常被称为“节点”或“处理单元”，它们共享统一的结构设计，确保在时间与空间维度上实现同步协同工作。

神经网络模型很多，可以按照不同的方法进行分类。其中常见的两种分类方法是按网络连接的网络拓扑结构分类和按网络内部的信息流向分类。

（一）网络拓扑结构类型

神经元的互联模式各异，直接导致网络拓扑结构的多样化。依据网络拓扑结构的不同，神经网络结构可划分为层次型与互联型两个类别。

1. 层次型

神经网络若采用层次型结构，则会依据功能将神经元精心划分为多个层级，依次为输入层、中间层（亦称“隐藏层”）及输出层，各层之间遵循既定顺序紧密相连，具体结构如图4-13所示。

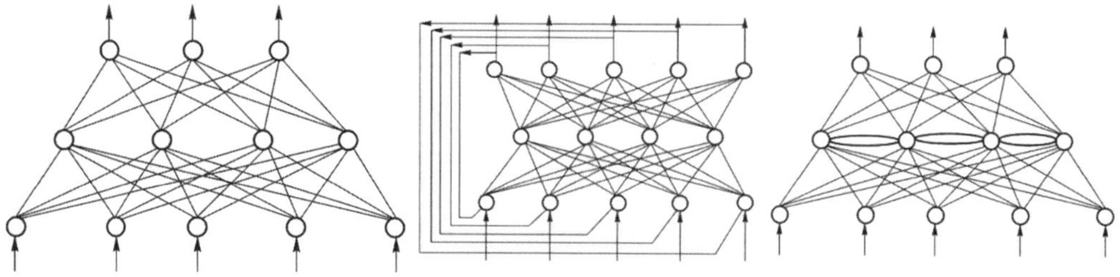

（a）纯粹分层型　　（b）输入输出反馈型　　（c）层内互联型

图4-13　层次型网络拓扑结构

输入层神经元承担接收外界输入的重任，将信息有效传递给紧随其后的隐藏层神经元群。隐藏层作为神经网络的核心信息处理枢纽，负责执行复杂的信息变换任务，其设计灵活，可根据需求配置为一层或多层结构，以优化信息处理效能。最终，经由最后一个隐藏层精细处理的信息被传递至输出层神经元，经过进一步整合，由输出层作为桥梁，将处理结果精准输出至外界系统（如执行机构或显示设备），完成一次完整的信息处理流程。

层次型网络结构展现出3种典型的整合模式，具体如下。

（1）纯粹分层型：如图4-13（a）所示，该结构中的神经元严格分层排列，各层神经元仅负责接收来自前一层的输入，并将其传递至下一层，而层内神经元之间及与自身均无直接连接通路。

（2）输入输出反馈型：在保持从输入层至输出层的经典连接路径外，还实现了从输出层至输入层的连接，赋予了输入层神经元额外的信息处理功能，使其不仅能接收外界输入，还能参与内部信息流的调控，如图4-13（b）所示。

（3）层内互联型：在此结构中，同一层内的神经元通过互联机制形成了侧向作用网络，这一特点使能够同时激活的神经元数量得到有效控制，促进了各层神经元之间的自组织过程，增强了网络的复杂性和灵活性，如图4-13（c）所示。

2. 互联型

在探讨互联型网络结构时，鉴于其任意两个节点间均可能形成连接路径的特性，我们可依据节点间的互联密集程度，将其细化为以下3种情境，具体网络结构如图4-14所示。

（1）全互联型：网络中的每个节点均与所有其他节点连接。

（2）局部互联型：网络中的每个节点只与其邻近的节点相连接。

（3）稀疏连接型：网络中的节点只与少数相距较远的节点相连。

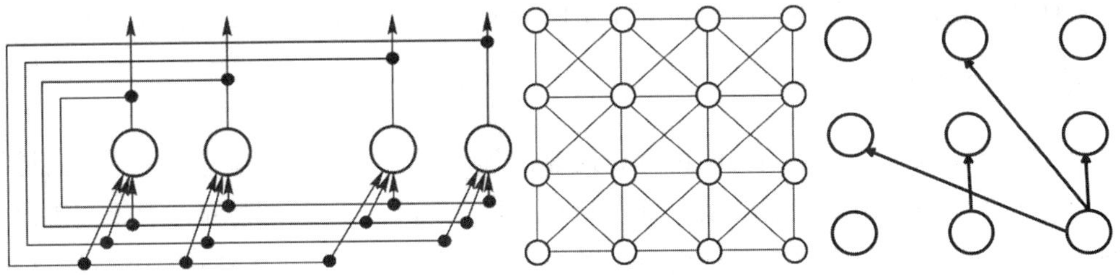

（a）全互联型　　（b）局部互联型　　（c）稀疏连接型

图4-14　互联型网络结构

（二）网络内部信息流向类型

根据神经网络内部信息的传递方向，神经网络可分为前馈型网络与反馈型网络两种。

1. 前馈型网络

前馈之名，源于其网络信息处理流程遵循由输入层至各隐藏层，终至输出层的逐层递进模式。从信息处理能力的维度审视，网络节点可划分为两大类别：一类为输入节点，其职责仅限于将外界信息引入并向前传递至首个隐藏层；另一类则具备信息处理能力，涵盖了所有隐藏层及输出层节点。在前馈型网络中，信息以层为单位逐一传递，每一层的输出直接成为下一层的输入，此过程展现出明确的方向性，且通常不包含反馈环路，从而易于构建多层前馈网络的串联结构。多层前馈网络可通过一个有向无环图直观表示，其中输入层自然地被视为网络的第一层，紧接着的第一个隐藏层则标记为第二层，以此类推。因此，提及仅含单层计算神经元的网络时，实际上是指包含输入层与输出层的两层前馈网络；而若提及拥有单个隐藏层的网络结构，则指的是涵盖输入层、隐藏层及输出层的三层前馈网络。

2. 反馈型网络

在反馈型网络中，每个节点均扮演着信息处理的角色，它们不仅能够接收来自外界的输入信息，还具备向外界输出信息的能力。作为反馈型网络的一个典范，单纯全互联结构网络以其独特的性质，可通过图4-15所示的完全无向图进行直观表示，体现了节点间复杂的相互作用与信息传递模式。

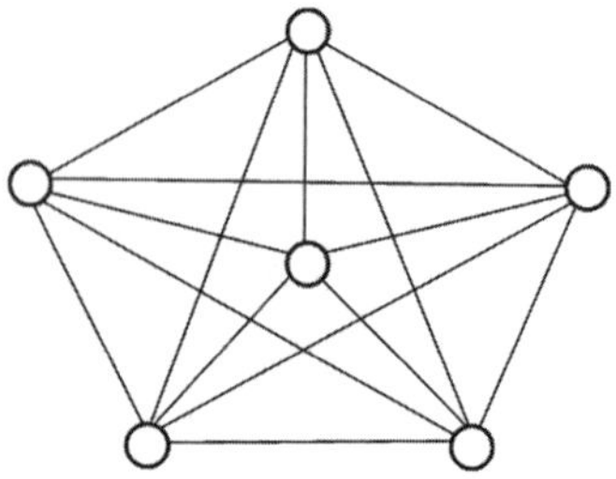

图4-15　完全无向图

神经网络的特性深受其拓扑结构这一核心要素的影响，其显著特征可精练概括为四个方面：一是分布式存储、处理、记忆信息的能力，确保了信息的广泛存储与高效加工；二是高度互联性，促进了神经元间错综复杂的联系与协作；三是高度并行性，加速了信息的同步处理与传输；四是结构可塑性，赋予了网络面对不同任务时自我调整与优化的能力。

三、学习算法

神经网络的核心在于其结构的设计，而非依赖于超参数的精细调整。一旦网络结构被精心构建，随后即可通过数据驱动的训练过程来优化其性能，这一过程无须传统机器学习模型中烦琐的“调参”步骤。具体而言，神经网络的层数、每层中的神经元数量、神经元间的连接方式及所采用的激活函数，均是由用户在设计阶段明确指定的。因此，在构建神经网络的初期，这些关键因素便已尘埃落定。那么，在无须调整这些既定结构参数的情况下，神经网络的训练究竟聚焦于何处呢？实质上，训练神经网络的核心在于精细调整各个神经元之间线性加权运算的权重。这一过程通过不断地优化这些权重，以期使网络能够更准确地映射输入与输出之间的关系，从而实现高效且准确的信息处理。

神经网络的功能特性体现在其独特的拓扑连接结构和突触连接强度，即连接权值之中。这些连接权值的整体集合可通过矩阵$\boldsymbol{W}$进行表示，它不仅是神经网络对特定问题解决策略的知识储备库，也是网络智能的基石。神经网络通过不断从样本中学习并调整其连接权值及可能的拓扑结构，逐步优化其输出，使之趋近于理想目标。这一过程称为“神经网络的学习或训练”，其核心在于连接权值的动态调整与优化。在神经网络的研究领域，学习方式作为决定其信息处理性能的第三大关键要素，受到了广泛而深入的关注。学习规则或算法（亦称“训练规则”或“算法”）作为指导连接权值调整的准则，虽在单个处理单元层面看似简单，但当众多处理单元协同工作时，通过集体调整连接权值，网络便展现出非凡的“智能”特性。这些经过精心调整的连接权值矩阵，成为存储有价值信息的分布式载体，共同塑造了神经网络的智慧与效能。

在此训练流程中，实际输出与期望输出之间的偏差量度，可采用价值函数（cost function）或损失函数（loss function）来精准表达。具体而言，对于监督学习，损失函数直观反映了模型输出与给定标签之间的偏差；而对于无监督学习，该函数的设定则紧密关联于具体任务领域及模型内置的先验假设。

一旦确立了评估期望输出与实际输出差异的适宜函数，神经网络模型的训练过程即可通过图4-16得以概括与呈现。

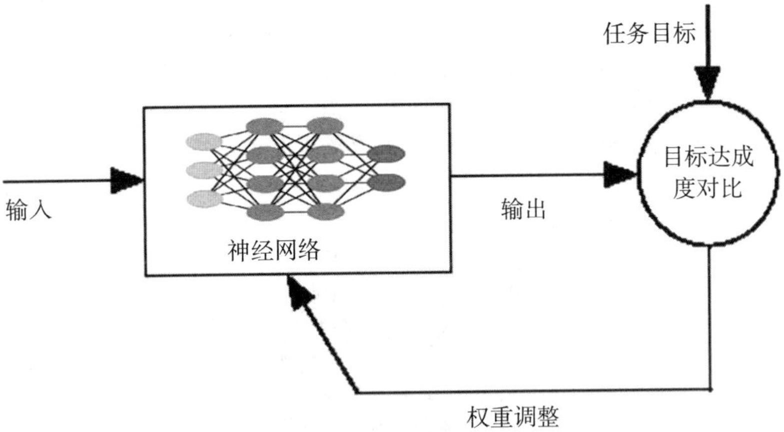

图4-16　神经网络模型训练过程

训练流程本质上是一个迭代优化过程，始于权重的随机初始化。随后，每一次迭代遵循以下步骤推进。

（1）输入样本被逐一引入神经网络的各神经元，利用当前权重进行加权计算，并经过激活函数处理，将输出传递给后续连接的神经元。这一过程层层递进，直至生成整个网络的输出。

（2）将此次输出的结果与预设目标进行比对，通过计算损失函数的具体值来量化差异。随后，运用BP算法，最小化该损失函数，逆向调整网络中每一层、每一个神经元的权重。

（3）上述步骤不断循环迭代，直至达到收敛状态，即网络性能在训练集上趋于稳定且优化。

为实现神经网络模型参数的自适应调整，以优化其在训练集上的表现，BP算法成为关键工具。该算法通过精确计算损失函数对各个参数的偏导数，从而获取每个参数的梯度信息。进而依托梯度下降法更新参数值，持续推动损失函数向最小化方向迈进。

第五节　经典神经网络

神经网络构成了深度学习领域中的核心基石，其各层通过执行复杂的非线性变换，共同编织出数据表征的学习蓝图。深度学习本质上是对神经网络能力的深度挖掘，正是这一特点促使“深度学习”这一术语常被等同于“深度神经网络学习”。下面简单介绍机器学习及深度学习中一些经典的神经网络架构。

一、受限玻尔兹曼机

受限玻尔兹曼机作为斯摩伦斯基基于玻耳兹曼机原理的拓展创新，其核心构成在于显性单元（亦称“显性变量”）与隐性单元（或称“隐性变量”）的精巧编排。在受限玻尔兹曼机的框架内，仅当显性单元与隐性单元相遇时，方会触发映射关系的建立，而单元内部，无论是显性还是隐性，均保持互不连通的状态。这一独特的结构设计简化了模型的复杂度。关于受限玻尔兹曼机的训练，主流方法依托于对比散度技术的快速学习算法，通过这一算法高效地调整模型参数，以实现模型性能的优化。如图4-17所示为受限玻尔兹曼机的结构示意图，可供读者深入理解其内在原理。

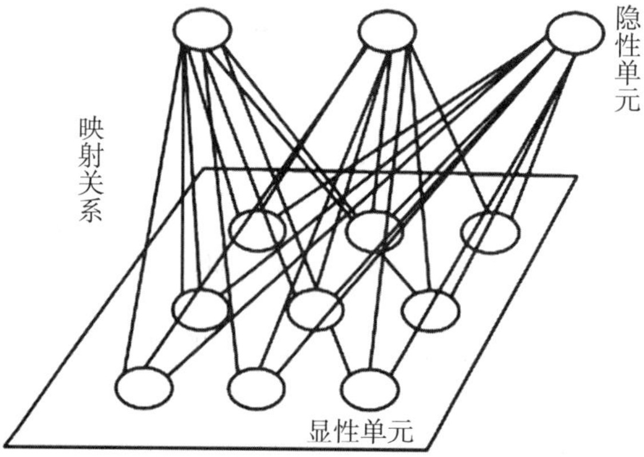

图4-17　受限玻耳兹曼机的结构示意图

二、全连接神经网络

全连接神经网络是神经网络家族中的基石。在此架构中，每一个神经元均与前一层及后一层的所有神经元紧密相连，编织成一张密集的网络，实现了信息的全面交互。全连接神经网络凭借其强大的学习能力，能够深度挖掘输入数据的内在复杂特征，并能灵活应用于分类、回归等多种机器学习任务中。如图4-18所示，一个典型的全连接神经网络模型架构清晰明了。其中输入层主要负责接收原始数据，一个或多个隐藏层负责提取并学习数据特征，输出层负责输出最终的处理结果。这种层次分明的结构设计，不仅简化了模型的理解与实现，也为其在复杂问题上的广泛应用提供了基础。

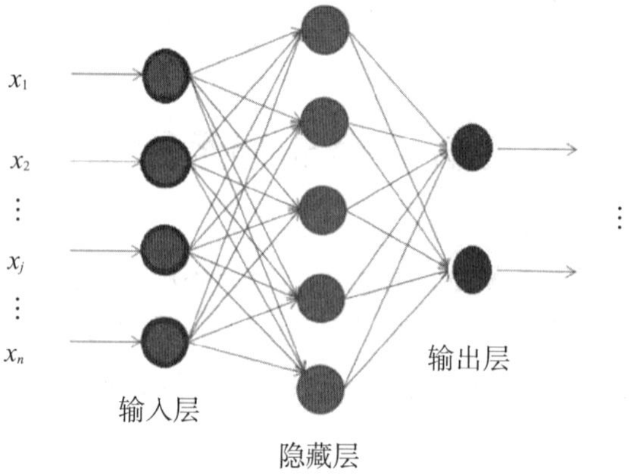

图4-18　全连接神经网络模型架构示意图

（1）输入层：作为信息入口，该层负责接收原始数据，并将其无缝传递至后续层级。其神经元数量直接与输入数据的维度相关联，确保了数据的完整性与准确性。

（2）隐藏层：在全连接神经网络中，隐藏层扮演着至关重要的角色，作为中间桥梁连接输入层与输出层。其数量灵活多变，可根据需求设计多层。适当增加隐藏层有助于更深层次地剥离数据特征，提升模型的学习能力；然而，过度堆砌则可能引起训练耗时增加及过拟合风险上升的问题。

（3）输出层：作为全连接神经网络的终点站，输出层负责将网络的推理结果呈现给用户。其神经元数量的配置依据任务性质而定，例如，在二分类任务中，输出层精练为单一神经元以输出预测类别；而在多分类任务中，输出层则扩展为多个神经元以覆盖所有可能的类别输出。

全连接神经网络借助激活函数的引入，生成非线性输出，这一特性赋予了其拟合复杂非线性关系的能力。常见的激活函数包括ReLU、Sigmoid及tanh等，它们各自以独特的非线性变换能力，助力神经网络应对多样化的数据挑战。全连接神经网络的训练机制与BP神经网络异曲同工，均包括正向传播与反向传播两大阶段。正向传播阶段，数据自输入层逐级传递至输出层，其间计算并得出损失函数值，以此衡量网络预测与真实值之间的差距。随后进入的反向传播阶段，则是一个旨在优化的迭代过程，通过梯度下降法，不断调整与更新网络参数，以减小正向传播中累积的损失函数值，从而实现对网络性能的精细化调整与优化。

三、卷积神经网络

卷积神经网络作为模式识别与图像处理领域的璀璨明珠，以其高效性与稳定性著称。它巧妙地利用局部感知、权值共享及空间/时间池化采样等技术，充分挖掘数据固有的局部特性，不仅优化了网络架构，还确保了面对位移与变形时一定程度的不变性。一般卷积神经网络结构通常由五大模块构成：输入层、卷积层、池化层、全连接层及softmax层。输入层作为数据之门，主要负责接收原始图像（通常形式为像素矩阵），为后续处理奠定基石。卷积层则是一般卷积神经网络的灵魂所在，它以前一层的输出为基础，通过卷积操作生成新的节点矩阵，同时加深网络的深度，以实现对图像更深层次特征的抽象表达。紧随其后的池化层，则是数理统计的智慧结晶，通过对不重叠区域进行特征聚合（常见方法有平均池化与最大池化），虽不改变特征矩阵的深度，却能有效缩减矩阵尺寸，精简网络结构，提高计算效率。在全连接层，前序卷积与池化操作提取的特征被进一步整合，用于输出最终的分类预测。最后，softmax层扮演着分类器的角色。如图4-19所示为一般卷积神经网络的结构示意图。

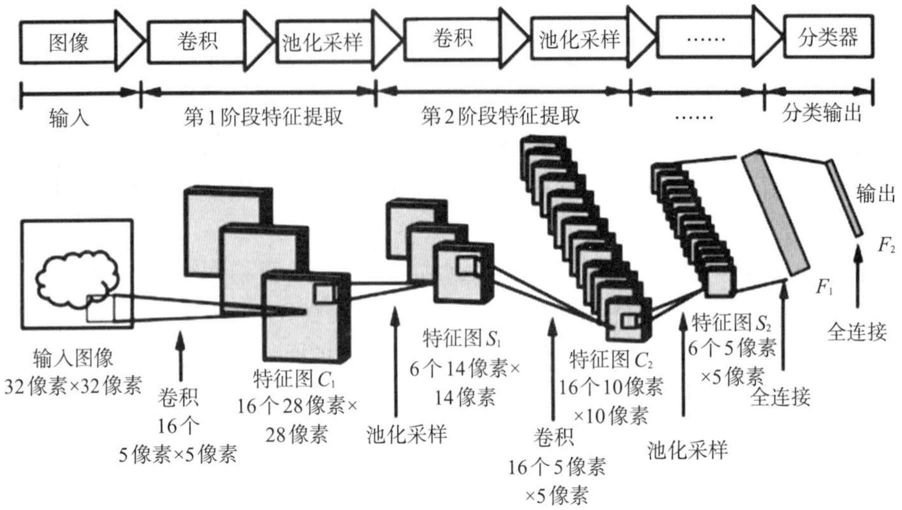

图4-19　一般卷积神经网络的结构示意图

四、自动编码器

自动编码器作为鲁姆哈特于1986年引入的一种标志性无监督机器学习技术，其核心架构融合了编码器与解码器两大组件。编码器如同信息的压缩大师，负责将输入的原始信号精练成紧凑表示，为后续处理铺设基石；而解码器则扮演重建艺术家的角色，致力于从编码器的输出中恢复并重建原始数据信号。两者虽功能迥异，但共同致力于对输入信号的变换与还原。

如图4-20所示为自动编码器的结构示意图。作为学习算法的典范，自动编码器不仅擅长降维处理，还被广泛应用于异常值检测领域，展现出强大的数据解析与处理能力。当自动编码器融入卷积层设计，其应用领域便进一步拓展至计算机视觉的广阔天地，包括图像降噪与神经风格迁移等前沿任务，展现了该技术在复杂视觉问题处理上的潜力。

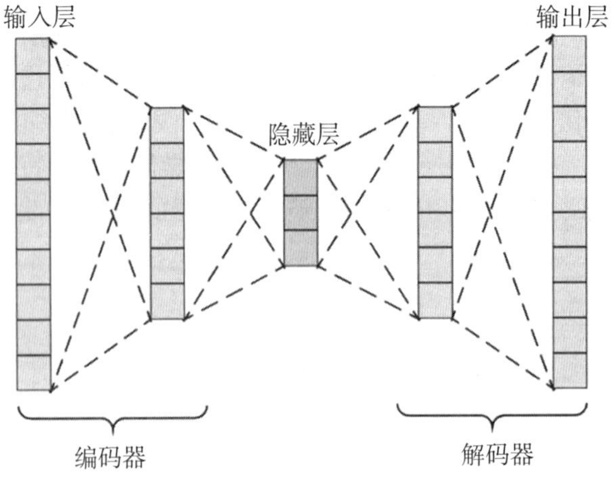

图4-20　自动编码器的结构示意图

五、递归神经网络与长短期记忆网络

人类对世界的认知深刻植根于既有知识与经验之中，正如阅读篇章或观赏影片时，上下文对于内容的深刻理解至关重要。受此启迪，研究者们对传统神经网络架构进行了革新，融入了循环递归模块，旨在强化信息的记忆与传递能力，从而诞生了递归神经网络（recurrent neural network，RNN）。如图4-21左侧所示，RNN单元A在时刻t接收输入x_t并产生输出h_t，时间下标t精准标记了信息处理的时序性。在此架构下，单元A的循环设计实现了信息从当前时刻t向下一时刻$t+1$的连续保持与传递。图4-21右侧则是对左侧循环结构的时序展开视图，直观展现了RNN的链式特性，这一特性揭示了RNN与序列数据之间的契合，使其成为分析处理时间序列数据的首选网络架构。

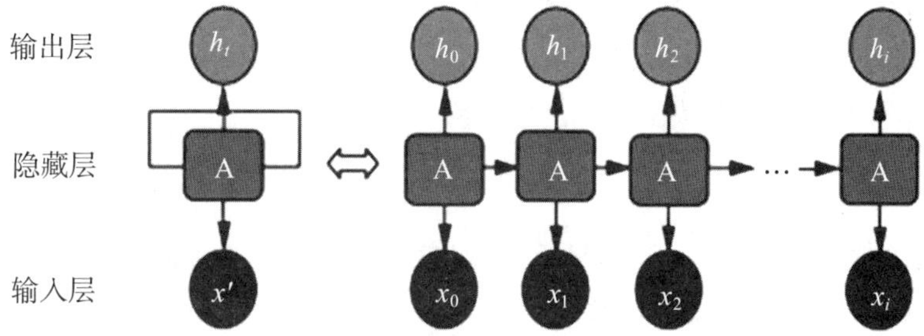

图4-21　递归神经网络及其展开式示意图

利用RNN的展开式网络架构，通过前向传播算法能够顺序地、按时间步长计算输入输出。随后，借助BP算法，累积的误差被有效地从最终时间步骤逆向传递至初始时间步骤。然而，在应对“长期依赖”问题时，此架构面临挑战，具体表现为后续时间节点对早期时间节点的感知能力逐渐减弱，进而引发“梯度消失”现象，限制了模型对长序列信息的有效捕获能力。

长短期记忆网络作为RNN的一种高级形式，由胡克雷特与施密德·胡贝尔于1997年开创，后历经众多研究者的改良，其核心在于对“记忆单元”的革新设计，以增强网络捕捉长期依赖关系的能力。如图4-22所示为长短期记忆网络的循环单元构成图。在经典RNN架构中，循环单元A通常由单一的激活层（如tanh函数）构成。相比之下，长短期记忆网络虽保留了RNN的链式架构，但其循环单元却集成了4个精心设计的神经网络层，这些层以特定的交互模式协同工作，共同支撑起长短期记忆网络对时间序列数据的强大处理能力。

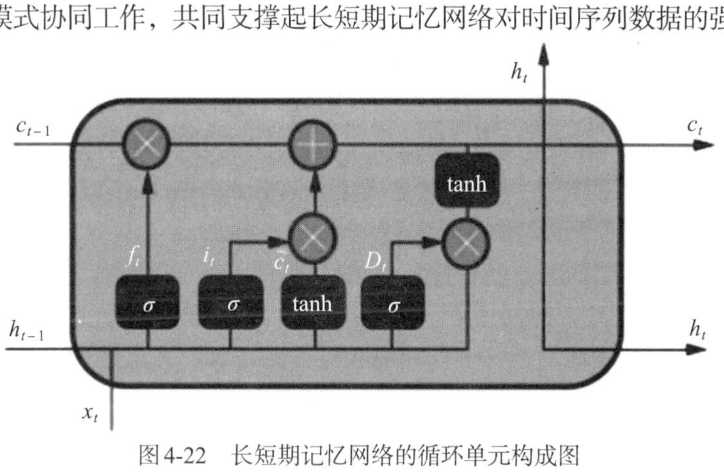

图4-22　长短期记忆网络的循环单元构成图

长短期记忆网络的核心在于其循环单元的状态，即图4-22所示的c_t，它贯穿整个链式结构的每个时间步骤，通过近乎无损的线性传递方式维持信息。长短期记忆网络运用了“门控”机制来精确调控信息向单元状态中的添加与移除。这一过程依赖于Sigmoid神经网络层与点乘运算的结合，输出0～1之间的值，直观反映信息通过的程度，0代表完全阻断，1代表完全通过。具体而言，长短期记忆网络通过3种关键门控——遗忘门（forget gate）、输入门（input gate）及输出门（output gate），调控单元状态。对于任意时刻的单元，首先，遗忘门利用Sigmoid层决定哪些过往信息应从单元状态中剔除；其次，输入门同样通过Sigmoid层评估需要更新至状态的新信息，而tanh激活层则生成基于新旧信息综合的新候选状态，遗忘门与输入门共同决定新旧信息的保留比例；最后，输出门结合当前输入确定输出权重，该权重与经激活层处理后的单元状态相乘，得到最终输出。通过这3个精心设计的步骤与门控机制，长短期记忆网络能够灵活控制信息的增减频率与程度，无论是长期还是短期记忆的存储与提取，均得以高效实现。

六、残差网络

残差网络由何凯明于2015年提出。在深层前馈神经网络的探索中，一个明显挑战是随着网络深度的递增，出现了“退化”现象：起初，训练集上的损失随层数增加而逐渐减小，直至饱和；然而，进一步加深网络却意外导致损失反弹增大。残差网络通过引入残差单元，实现了信号的跨层直接传递，有效缓解了这一问题。残差单元的核心在于其独特的跳层连接设计，该设计允许将单元的输入直接叠加至其输出之上，再进行激活处理，其结构如图4-23所示。残差网络不仅简化了信息流通路径，还增强了网络对深层特征的捕获能力。得益于其设计的灵活性，残差网络能够无缝集成于主流的自动微分深度学习框架中，直接利用BP算法高效更新参数，并精准计算各层输出对损失的梯度。实验证明，在保持网络层数相当的情况下，残差网络展现出更快的收敛速度，并且在移除少量网络层时，其性能依旧保持稳健，体现了极高的鲁棒性和灵活性。

残差单元创新性地引入了跳层连接，将激活函数的输入从传统的$H(x)=F(x)$重构为$H(x)=F(x)+x$形式。此设计赋予了网络实现恒等映射的独特能力。设想一个精心构建的神经网络，其设计初衷是覆盖特定函数空间，但面对的目标函数可能超越其表达范畴。在此情境下，网络只能在既定范围内寻找与目标函数最为接近的参数配置。尽管增加网络层数理论上能扩展其函数表达能力，却也可能不慎将搜索空间导向远离最优解的方向。然而，若新增网络层能够精确执行恒等映射，则这一变动实质上保持了网络原有性能不变，同时赋予了新增网络层参数自由调整的空间，间接增强了整体网络的表达能力，有效拓宽了可逼近的函数集合边界。在此意义上，这样的网络层扩展才真正实现了有益的价值。

残差网络凭借其简洁而高效的特性，已在检测、分割、识别等多个领域展现出广泛的应用前景，成为众多任务中的佼佼者。以ImageNet分类竞赛为例，残差网络不仅摘得桂冠，更在图像分类、物体识别等关键任务中取得了良好成效，充分验证了其强大的性能与广泛的应用潜力。

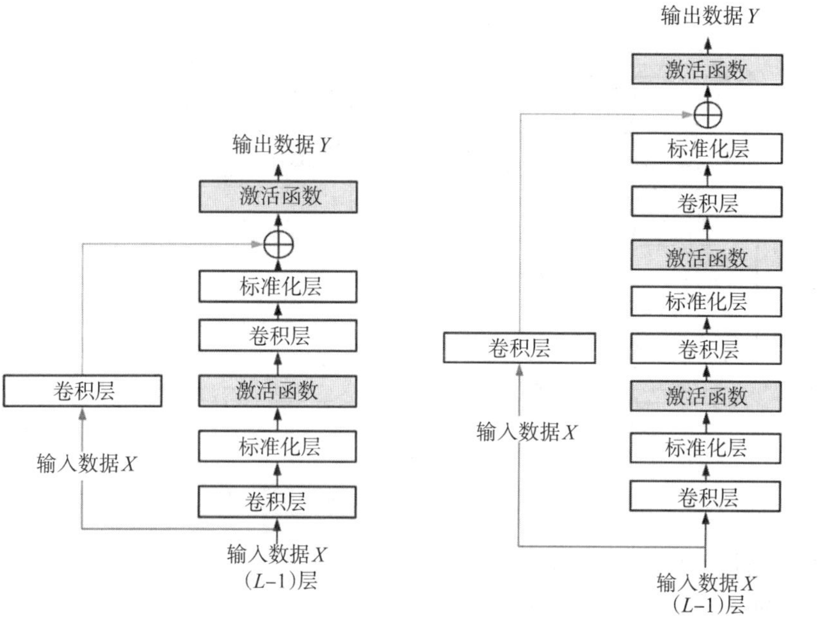

（a）用于浅层网络的残差单元　　（b）用于深层网络的残差单元

图4-23　残差单元结构图

七、变换神经网络

变换神经网络作为深度学习领域的一项革新性模型，其核心设计理念深植于自注意力机制（self-attention mechanism）。该模型最显著的特征是其主体架构全然由自注意力单元构筑而成，实现了对信息处理机制的全面革新。如图4-24所示为变换神经网络的结构示意图。其中，编码与解码模块摒弃了传统的RNN结构，转而采用编码器堆栈与解码器堆栈的全新配置。编码器肩负着将输入序列转化为富含信息的高维特征向量的重任，而解码器则负责将这一向量解码为预期的目标序列。在变换神经网络模型中，为了进一步优化模型性能并加速训练收敛过程，巧妙地融入了残差连接与层归一化等先进技术。这些技术的引入，不仅增强了模型的稳定性，还提升了其处理复杂数据序列的能力。尤为值得一提的是，自注意力机制作为变换神经网络模型的灵魂所在，其独特之处在于能够并行地审视输入序列中的每一个元素，依据它们之间的关联性动态分配权重。这一机制赋予了变换神经网络模型强大的上下文感知能力，使模型在处理每个位置的信息时，都能兼顾整个序列的上下文，从而生成更精准、更全面的加权位置向量作为输出。

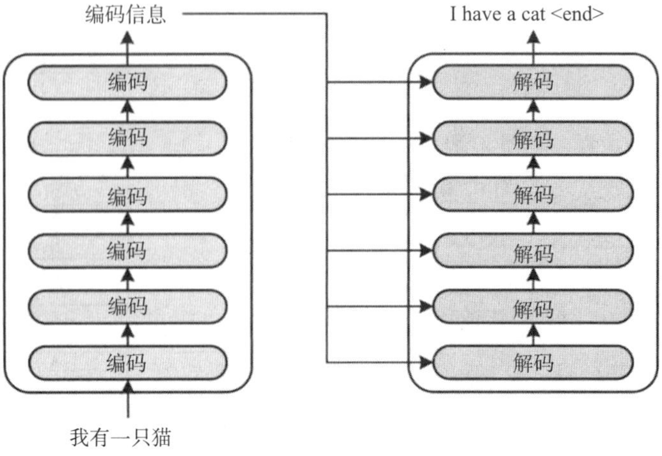

图4-24　变换神经网络结构示意图

变换神经网络模型凭借其并行处理能力，在所有位置同时运算，有效挖掘了GPU并行计算的潜力，加速了模型的训练与推理流程。针对长序列处理中，传统循环神经网络常面临的梯度消失与梯度爆炸挑战，变换神经网络凭借其独特的自注意力机制，展现出了更加卓越的长序列处理能力。然而，值得注意的是，在处理小数据集时，变换神经网络模型可能逊于传统循环神经网络，因其性能优化更依赖于大规模的数据。此外，鉴于变换神经网络模型的高计算复杂度，其对计算资源（如GPU）的需求也更为迫切。变换神经网络模型的应用领域已从初始的自然语言处理扩展到计算机视觉等更广泛领域。在自然语言处理领域，变换神经网络模型已在机器翻译、文本生成、语言模型构建等任务中，均取得了良好成效。

八、图神经网络

图作为一种数据结构，天然适合模拟现实世界中实体间错综复杂的关联网络，如社交网络、蛋白质互作网络等。图作为专为图数据设计的网络架构，神经网络通过节点间的信息聚合机制，有效捕捉并解析节点与边之间的深层关系。这一特性使图神经网络在多个领域大放异彩，包括社交网络分析、推荐系统构建、生物信息学探索及物理过程模拟等。如图4-25所示为图神经网络典型任务类型列举，展示了其多项应用前景。

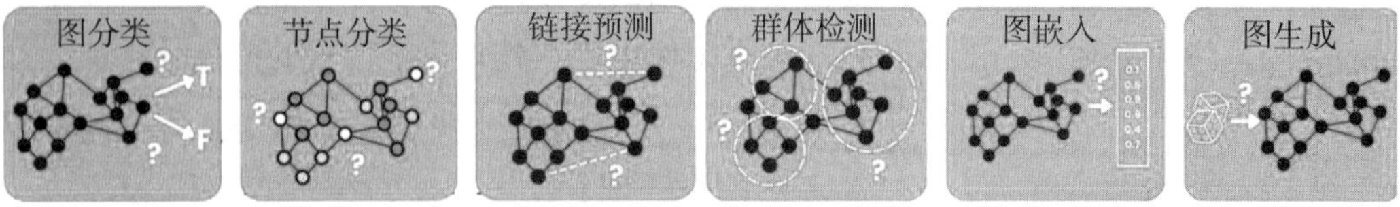

图4-25　图神经网络典型任务类型列举

图数据由节点与边交织而成，其结构精髓可通过邻接矩阵这一简洁方式得以展现，该矩阵以$N \times N$的形式直观展示出节点间的关联状态，以1标记相连，以0标记无连接。图数据蕴含的信息丰富多元，涵盖节点、边及图整体3个维度，这些信息通常以向量形式表达，亦被称为“图属性向量”。

图神经网络作为处理图数据的强大工具，其应用范围广泛，涵盖了以下三大核心任务。

（1）图层面任务：以分子为例，其天然构成图结构，其中原子扮演节点角色，化学键则连接成边。在图分类任务中，我们依据分子结构特征，如按苯环数量进行分类，可将单苯环分子归为一类，双苯环分子另归一类。

（2）边层面任务：以拳击比赛场景为例，通过语义分割技术区分台上人物与环境后，每位参赛者成为图中的一个节点。此时，边分类任务聚焦于预测这些节点间关系的性质，如对抗关系、观众间互动或裁判与观众之间的特定联系。

（3）节点层面任务：设想一个跆拳道俱乐部的情境，A、B两位教练为关键人物，会员们则构成图中的节点。当A、B教练间出现分歧时，节点分类任务便聚焦于预测每位会员的立场选择，即更倾向于加入A教练的阵营还是B教练的阵营。

作为一种强大的学习架构，图神经网络旨在通过优化过程提取图数据中3个关键层面（即节点、边及图整体）的向量表示，实现对这些属性的灵活变换与优化。其核心在于对属性向量的精细操作，而输入与输出均为图结构本身，保持图的连接性恒定不变，即节点的相互联结关系在经过图神经网络处理依旧保持原样。获取这些优化后的属性向量后，根据具体应用任务的需求，可无缝衔接全连接神经网络，进一步执行分类或回归等任务。因此，图神经网络实质上充当了一个高效的图数据特征提取器角色，为后续的数据分析与模型训练奠定了基础。

图神经网络根植于巴拿赫不动点定理。这一被誉为压缩映射原理的经典理论，在度量空间研究中占据举足轻重的地位。该定理不仅确保了度量空间自映射下不动点的存在与唯一性，更巧妙地提供了构造这些不动点的有效途径。图神经网络在优化属性向量时，采用了一种名为“消息传递的核心机制”。依据此机制的不同实现方式，图神经网络可被划分为五类：图卷积网络、图注意力网络、图自编码器、图生成网络及图时空网络，每一类都展现了独特的处理图数据的能力与视角。

随着计算机硬件计算能力的飞跃提升与可用训练数据的海量增长，神经网络的复杂度日益增加。本章所介绍的几种模型，均为应用广泛的神经网络架构代表。神经网络领域的发展远不止于此，尚有众多新颖模型未被详尽阐述。尽管神经网络技术已取得丰硕成果，但仍面临诸多挑战与待解难题，诸如提升网络解释性、有效处理非结构化数据、减少对大规模标注数据的依赖等。展望未来，该领域的研究或将聚焦于提高神经网络的效率、可解释性与广泛适用性上。同时，新颖架构与学习算法的持续涌现，将不断为这一领域的蓬勃发展注入新的活力。

本 章 小 结

本章主要介绍几种常见的神经网络，即由生物神经元到M-P模型、BP神经网络、经典神经网络，包括每一种网络的基本架构、连接方式、激活函数的应用和各种优化算法的原理等。

本 章 习 题

1. 简述神经网络常用的网络结构和学习方法。

2. BP神经网络的基本思想是什么？它存在哪些不足？

3. 生物神经元由哪几部分构成？每一部分的作用是什么？感知机模型的算法特点是什么？

4. 神经网络的组成要素有哪些？

5. 经典神经网络有哪些？

6. 何谓BP神经网络？试述BP算法的实现流程。

第5章

深 度 学 习

第一节　深度学习概述

一、深度学习的定义

作为人工智能领域的一大分支，机器学习利用算法赋能机器，使之能从浩瀚的历史数据中洞悉规律，进而对新样本实施智能识别，或者对未来趋势进行预测。机器学习的发展历程，可划分为浅层学习与深度学习两个阶段。对于浅层学习阶段，在此不作赘述，焦点转向当前的深度学习阶段。深度学习的兴起，普遍公认始于机器学习领域的杰出学者辛顿教授及其学生萨拉赫丁诺夫在权威学术期刊《科学》上发表的开创性文章。该研究有两大亮点：第一，揭示了多层神经网络具备卓越的特征学习能力，这些学习到的特征能更深刻地描绘数据本质，为数据可视化与分类提供了有力支持；第二，提出了通过"逐层初始化"策略有效降低深度神经网络训练难度的方案，而这一策略的实施则依托于无监督学习技术。这一研究的提出，不仅开启了深度学习的新纪元，也恰逢其时地引领了神经网络的全面复兴，标志着人工智能领域的新一轮飞跃。

深度学习，追溯其根源，实为神经网络演进历程中的成果，而非全新理念横空出世，其核心本质即构筑于多层隐藏层之上的复杂神经网络架构。在人工智能领域中，机器学习、深度学习与神经网络三者紧密交织、互为子集，存在着深刻的嵌套与包含关系。

值得注意的是，在上述概念领域内，均不可避免地触及机器学习范式这一核心议题。目前，机器学习范式的主流形态已归结为监督学习、无监督学习、半监督学习及强化学习四大类，这些范式已在第3章中详细阐述，此处不再赘述。

深度学习亦称"无监督特征学习"，其核心在于自动从数据中获取特征，无须人工预设特征提取流程。深度学习本质上是多层非线性表示学习方法的集成，这里的"表示学习”旨在从数据中习得高效表征（或特征），以便在分类、预测等任务中捕捉并提取关键信息。鉴于其在诸多情境中展现出的表示能力，深度学习亦常被直接等同于“表示学习”。若欲直观把握深度学习，则可将其视为深度神经网络模型的同义词，特指那些层次结构在3层或以上的神经网络架构。从理论视角审视，模型参数的增多往往伴随着模型复杂度的提升，其“容量”也随之扩大，赋予了模型解决更为复杂任务的能力。如图5-1所示为人工智能、机器学习、神经网络与深度学习之间关系。

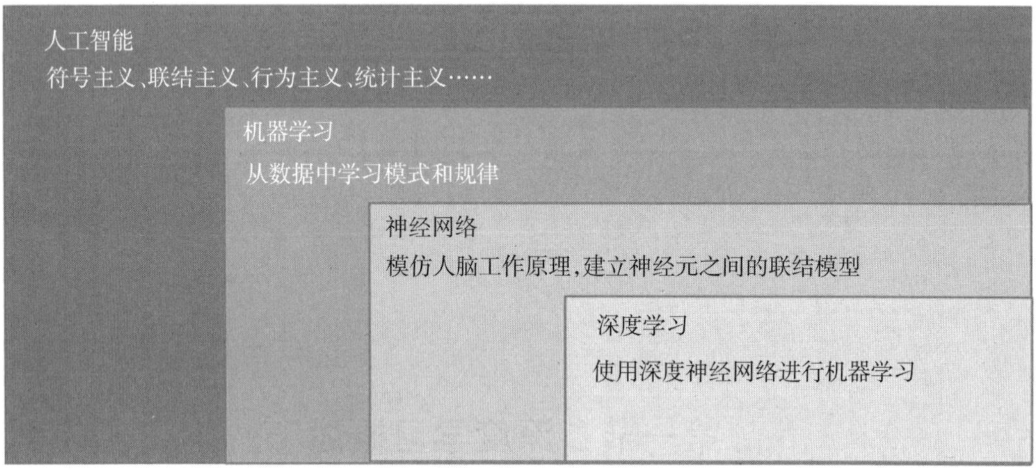

图5-1　人工智能、机器学习、神经网络与深度学习之间的关系

二、深度学习常用框架

在掌握深度学习的基础概念之后，下面聚焦于对深度学习框架的探讨。深度学习框架作为深度学习领域的专门设计工具，集成了独特的体系结构、标准化的风格模板及可复用的解决方案。这些框架普遍展现出高内聚性、严谨规范、可扩展性强、易于维护以及高度通用的特点，它们统一的代码风格与模板化结构降低了重复编码的工作量。随着深度学习热潮的持续升温，众多深度学习框架应运而生。其中，几种主流的深度学习框架见表5-1所列，它们各自在业界占据着重要地位。

表5-1　几种主流的深度学习框架

框架名称	维护团队	支持语言	支持系统	特点
Caffe	加州大学伯克利分校视觉与学习中心	C++、Python、MATLAB	Linux、macOS、Windows	模块化，表示和实现分离，测试覆盖全面，接口丰富
TensorFlow	谷歌	C++、Python	Linux、macOS、Windows、IOS、Android	高灵活度、强拓展性、自动求微分、可视化
Microsoft-Cognitive-Toolkit（CNTK）	微软研究院	C++、Python、BrainScript	Linux、Windows	性能导向、高灵活度、强拓展性

续表

框架名称	维护团队	支持语言	支持系统	特点
MXNEet	分布式机器学习社区（DMIC）	C++、Python、Julia、Go、R、MATLAB、Scala	Linux、macOS、Windows、IOS、Android	支持多机多节点多GPU、支持内存管理、支持Torch
Torch	Facebook、Twitter、Google	Lua、LuaJIT、C	Linux、macOS、Windows、IOS、Android	强大的n维数组、丰富的索引、切片、支持高效的GPU
Theano	蒙特利尔大学	Python	Linux、macOS、Windows	紧密集成Numpy、透明使用GPU高效符号分解、速度稳定、性能优化、广泛单元测试与稳定性优化
PyTorch	FaceBook	Python、C/C++	Linux、macOS、Windows	可以将Python代码转换为高效的C++代码，支持多种平台，包括CPU、GPU、TPU（张量处理器）等

除前述深度学习框架外，国内自研的飞桨与昇思等深度学习平台正逐步赢得用户认可。

飞桨依托百度的深度学习技术积淀与广泛的业务实践，是中国首个集自主研发、功能全面、开源开放于一身的产业级深度学习平台。该平台整合了深度学习训练与推理框架、基础模型库、端到端开发工具包及多元化工具组件，形成了一站式解决方案。在大规模分布式训练领域，飞桨率先实现了千亿级稀疏特征处理、万亿级参数管理及跨数百节点的并行训练能力，并创新性地推出了通用异构参数服务器架构。飞桨还展现出良好的跨平台部署能力，无论是云端服务器、移动设备，还是边缘设备，均能实现高效推理。其推理引擎广泛兼容各类人工智能芯片，引领行业潮流。此外，飞桨精心构建了大规模官方模型库，针对性满足企业研发需求，模型算法总量达数百个，服务范围覆盖能源、金融、工业、农业等众多领域，助力各行各业智能化升级。

昇思是由华为匠心打造的全场景深度学习框架，以易开发、高效执行、全场景统一部署为核心设计理念。其易开发特性体现在API设计友好、调试流程简化，高效执行则涵盖了计算效率优化、数据预处理加速及分布式训练性能提升，全场景覆盖则意味着该框架无缝支持从云端服务器、边缘设备到终端（如手机、物联网设备）的全方位部署。作为领先的全场景人工智能框架，昇思广泛兼容各类硬件，包括华为昇腾系列、英伟达NVIDIA系列、基于ARM架构的高通骁龙及华为麒麟芯片等，全面满足端（移动与物联网）、边（基站、路由设备）、云（数据中心）不同场景下的应用需求，推动人工智能技术的普及与深化。

第二节　深度学习优化算法

深度学习作为机器学习的一个重要分支，聚焦于利用神经网络，尤其是深层架构来捕捉并建模数据的复杂内在表示。为了赋予网络高效学习并精准洞察数据中隐藏模式或规律的能力，进而实现对新颖、未知数据的预测或分类，神经网络的参数需要经历一个持续优化的过程，该过程紧密依托于训练数据。这一过程，即根据训练数据反复调整网络模型参数（包括权重与偏置），旨在寻求最优解，以最小化模型预测输出与真实值之间的偏差，被业界广泛称为“模型训练”。

为优化神经网络模型参数，提升其在训练集上的表现，BP算法成为调整参数的关键工具。该算法通过精确计算损失函数对各参数的偏导数，即梯度，为后续参数更新提供方向。随后，梯度下降法被应用于参数更新，旨在通过迭代方式逐步减小损失函数值。在此过程中，梯度下降法扮演了重要角色。然而，鉴于神经网络的复杂结构，梯度下降法的实际应用亦面临挑战。特别地，参数空间中密布的局部最优解易使算法陷入停滞，难以跳出。此外，梯度下降过程中还可能遭遇震荡现象，导致收敛速度难以尽如人意，影响训练效率与模型性能。

为了克服上述难题，优化器的引入成为优化梯度下降法的有效途径。优化器通过融入诸如动量调节、自适应学习率调整等策略，不仅加速了梯度下降法的收敛进程，还有效规避了局部最优解的陷阱。优化器作为优化法的别称，其核心作用在于促进梯度下降过程的参数更新。鉴于优化算法对神经网络模型参数调整的直接影响，深度学习模型的性能表现往往紧密关联于其优化器的选择与调优策略。在深度学习的广阔领域中，常见的优化器范例包括梯度下降法、动量优化器及自适应梯度优化器等。

一、梯度下降法

梯度下降法是经典的优化算法，它的思想是参数在更新时始终朝着目标函数（最小化问题）下降最快的方向移动，而这个方向就是梯度（梯度是上升最快的方向）的反方向，用公式可以表达为

$$\theta_t = \theta_{t-1} - \eta \cdot \nabla L(\theta_{t-1}) \tag{5-1}$$

式中，$\nabla L(\theta_{t-1})$为损失函数$L(\cdot)$对第t时刻的参数θ_{t-1}的梯度；η为学习率，是一个超参数，用来控制梯度下降的速度，需要人为设置，通常设置为0.001、0.01等。

梯度下降法的流程非常简单：初始化参数θ_0，然后根据式（5-1）不断更新梯度，使损失函数收敛到较低水平时停止。梯度下降法也称“标准梯度下降法”，其运作机制在于每次迭代均利用全体训练集样本来更新模型参数。尽管此方法在理论上能稳定梯度更新过程，然而面对深度学习领域动辄海量的数据集，一次性加载全部数据至计算机进行训练实非易事。此外，由于涵盖了所有样本，不同样本对参数更新的贡献可能相互抵消，导致每轮参数更新的幅度相对有限。基于梯度下降法的核心思想，业界发展出两种不同模式的模型训练方法：随机梯度下降与批量梯度下降。这两种方法各有千秋，旨在更高效、更灵活地应对大规模数据集的训练挑战。

（一）随机梯度下降法

随机梯度下降法每次更新参数时，只考虑单个样本的梯度，从而使更新更加频繁和轻量级。每次只使用一个训练集样本来更新参数。该过程用公式可以表示为

$$\theta_t = \theta_{t-1} - \eta \cdot \nabla L_{\theta_{t-1}}(\theta_{t-1}, x_i, y_j) \tag{5-2}$$

式中，$\nabla L_{\theta_{t-1}}(\theta_{t-1}, x_i, y_j)$表示损失函数$L(\cdot)$在数据$(x_i, y_i)$上对第$t$时刻的参数$\theta_{t-1}$的梯度。随

机梯度下降法的不足是参数更新不够稳定，收敛速度较慢，这是因为一个样本很难代表整体，每次更新只是减小了该样本的损失函数值，却可能造成在其他样本上损失函数值的增大。此外，该方法的缺点还包括容易陷入局部最优解。

（二）批量梯度下降法

批量梯度下降法巧妙地融合了前述方法的优势，规避了各自的局限性，现已成为深度学习训练中的主流选择。该方法通过将数据集划分为若干个小批量（batch），每个batch的具体大小可根据实际数据量灵活设定，进而实现将batch逐个输入模型进行训练，既保证了训练的稳定性与效率，又有效减少了资源消耗与计算成本。该算法用公式可表示为

$$\theta_t = \theta_{t-1} - \eta \cdot \frac{1}{n}\sum_{i=1}^{n} \nabla L_{\theta_{t-1}}(\theta_{t-1}, x_i, y_i) \tag{5-3}$$

式中，$\sum_{i=1}^{n} \nabla L_{\theta_{t-1}}(\theta_{t-1}, x_i, y_i)$表示损失函数$L(\cdot)$在一个batch的数据上对第$t$时刻的参数$\theta_{t-1}$的梯度。

二、动量优化器

随机梯度下降法在面对陡谷（即某维度表面曲率高于其他维度的区域，常见于局部最优点周边）时显得尤为吃力。在此情形下，该方法如同在波动的斜坡上蹒跚前行，沿着谷底至局部最优点的曲折路径缓慢推进，此过程如图5-2（a）所示。为加速参数更新过程，一个有效的策略是引入动量优化器机制，为当前更新提供助力。动量优化器不仅能够缓解梯度下降法在梯度方向频繁变动时产生的振荡现象，还能助力算法逃离局部最优解的束缚，从而导向全局更优解的探索。

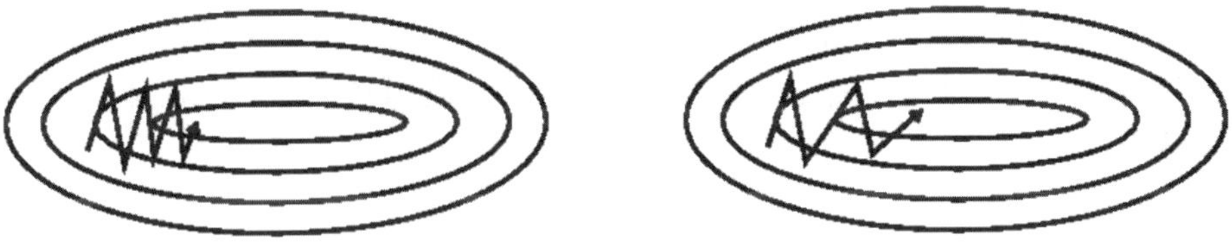

（a）随机梯度下降法　　　　（b）动量优化器

图5-2　参数在优化空间中的变化

如图5-2（b）所示，动量优化器是一种帮助随机梯度下降法在相关方向上加速并抑制摇摆的方法，利于处理非平稳梯度，动量优化器是将上一次更新量的一个分量γ增加到当前的更新量中，公式如下：

$$v_t = \beta v_{t-1} + (1-\beta)\nabla L(\theta_{t-1}) \tag{5-4}$$

式中，v_t为第t次迭代的动量项；β为动量的超参数；$\theta_{t-1} = \eta \cdot v_t + \theta_t$。

动量优化器巧妙融入动量项概念，使参数的每一次更新不仅紧跟当前梯度的指引，还有效存储过往梯度的累积效应。这一设计不仅加速了收敛过程，还有效抑制了参数更新路径上的震荡现象，确保了训练的平稳进行。通过具体数据实例的呈现，我们可以直观地观

察到动量优化器如何在迭代过程中循序渐进地调整动量项与参数值，引领模型稳健地向最优解推进。

三、自适应梯度优化器

自适应梯度优化器是一种创新的算法，旨在通过动态调节学习效率来优化模型训练流程，从而提升训练效率与稳定性。该算法通过累积过往梯度的历史信息，为每个参数量身定制学习效率，实现了学习效率的精细化调整。具体而言，它依据参数更新的频繁程度灵活调整：对于频繁变动的参数，赋予较低的学习效率以减缓更新步伐；反之，则分配较高的学习效率以促进快速学习。这种智能的调节策略，使模型在应对稀疏梯度环境及非凸优化挑战时展现出良好的性能。然而，值得注意的是，自适应梯度优化器的这一累积机制亦存在潜在风险，即可能因历史梯度累积过多而导致学习率过早衰减至近乎停滞，从而制约后续迭代的进展。此外，初始学习效率的设定作为关键要素，其对优化过程的深远影响不容忽视，需经过细致调试以达到最佳效果。在众多自适应梯度优化器中，Adagrad与Adam作为杰出代表，以其高效性与适应性，在深度学习领域获得了广泛认可。

四、深度学习优化算法的选择

优化算法是驱动网络权重更新的核心，旨在最小化损失函数，进而增强模型的预测精度。在甄选深度学习优化算法时，需全面考量模型特性、任务属性、数据集规模、计算资源配置，以及训练过程中的稳定性与收敛效率等因素。关键在于通过尝试多种优化算法，在特定任务与数据集上展开实验，以实际成效为鉴。评估过程中，应对比分析不同算法在训练速度、验证/测试集性能表现及训练稳定性等方面的差异，从而作出选择。此外，为了进一步优化性能，不妨调整优化算法的超参数组合，如学习效率、动量因子及衰减系数等，以探索最佳配置。

综上所述，选择深度学习优化算法是一个多维度考量与实验验证的过程。需要明确的是，并无普适最优解，唯有紧密结合神经网络模型特性与具体任务需求，方能选定最匹配的优化策略。

第三节　深度学习训练技巧

深度学习训练的精妙之处，源自其模型架构的复杂性、数据本质的不确定性，以及训练环节中诸多变量对模型性能的影响。本节旨在探讨如何运用多种策略优化模型学习路径，解决训练过程中出现的难题，确保模型能有效汲取数据精髓，并稳健泛化至未知数据，进而显著提升深度学习模型的训练效率与综合性能。

一、过拟合问题

过拟合作为深度学习训练领域的一个普遍问题，其核心在于模型对训练数据展现出的极度适配——训练误差近乎零，却在遭遇未知新数据（如测试集或验证集）时显著失准，泛化性能大打折扣。研究揭示，这一现象的背后乃是网络内部的“共适应”现象。“共适应”现象，简而言之，即网络中不同节点在表征能力上形成了显著的不均衡。在此过程中，具备更强表征潜力的节点逐步强化，而相对弱势的节点则逐步边缘化。这种资源分配的不均，直接导致了网络宽度与深度的潜在价值未能被充分挖掘，训练过程仅聚焦于网络的局部而非全局优化，从而限制了模型性能的进一步提升。

简而言之，过拟合现象指的是模型对训练数据特征的过度捕捉，仅涵盖了具有训练集特异性的细节与噪声，却忽略了数据的内在规律与模式，进而在测试集上表现逊色。过拟合的原因常源自以下几方面。

（1）数据集局限：训练数据量的不足难以全面反映数据的总体分布特征，易导致模型过度专注于训练数据的细微之处，难以有效泛化至新数据。

（2）模型复杂度失衡：模型设计过于精细，参数冗余，虽精准记住了训练数据中的每个细节，包括噪声与异常，但削弱了其在未知数据上的适应能力。

（3）训练周期过长：缺乏有效终止机制（如早停策略）的长时间训练，可能促使模型陷入训练数据的过拟合状态。

（4）特征选择不当：纳入对预测目标贡献有限或无关紧要的特征，无形中增加了模型复杂度，加剧了过拟合风险。

为应对过拟合挑战，可采取的策略包括扩充数据集规模，以更丰富的训练样本助力模型捕捉数据本质规律；选用更为精简、复杂度适中的模型。此外，正则化、早停法等技术手段，也是平衡模型复杂度与泛化能力、预防过拟合的有效工具。

（一）正则化

正则化作为深度学习领域的关键技术，旨在有效控制模型复杂度、缓解过拟合现象，从而降低结构风险，提升增强模型的泛化能力。其策略囊括了L_1正则化、L_2正则化及Dropout等多种方法。具体而言，通过向损失函数中巧妙融入正则化项（如L_1或L_2项），实现对复杂模型结构的适度惩罚，进而精细调控模型复杂度，有效抑制模型对训练数据的过拟合倾向。

奥卡姆剃刀原则，即“如无必要，勿增实体”。在机器学习语境下，此原则倡导在维持相同泛化误差的前提下，优先选择结构更为简单的模型。正是基于这一深刻洞见，正则化技术应运而生。

正则化又称“规则化”，在数学领域常对应于范数的概念，其核心在于在经验风险项的基础上增添正则罚项。此举促使模型参数的求解过程从单纯追求经验风险的最小化，转向对结构风险的最小化，从而引导我们筛选出那些既具备低经验风险又保持结构简单的模型。常用的正则化手段包括L_1范数和L_2范数，它们各自以独特的方式影响着模型的训练与泛化能力。至于P范数，其数学表达式严谨地定义了这一范数族的一般形式：

$$L_p=(\sum_{i=1}^{n}|x_i|^p)^{\frac{1}{P}} \tag{5-5}$$

L_1正则化能够诱导稀疏权重矩阵的生成，从而构建稀疏模型，这一特性不仅助力特征选择过程，还有效预防了过拟合现象。相比之下，L_2正则化同样展现出防范模型过拟合的能力。值得注意的是，尽管L_0范数在理论上能够确保稀疏模型的实现，但其求解过程属于NP困难问题，实际应用中多采取L_1范数作为L_0范数的凸近似替代，以简便地达成稀疏解的目的。简而言之，L_1范数被视为L_0范数的一种高效且可行的近似方案。

（1）L_1正则化时原始的损失函数后面加上一个L_1正则化项，即权重w绝对值的和除以n。L_1正则化公式为

$$L = L_0 + \frac{1}{n}\sum_{i=1}^{n}|w_i| \tag{5-6}$$

式中，L_0代表初始损失函数，而紧随其后的则是L_1正则化项。在此机制下，权重调整遵循一个特定规律：正值权重在更新后趋于减小，负值权重则倾向于增大。其核心目的，即通过L_1正则化，促使神经网络中的权重逐渐逼近零，从而实现权重的最小化。这一过程不仅简化了网络结构，还有效遏制了过拟合现象的发生。

（2）L_2正则化就是在损失函数后面增加L_2正则化项，公式为

$$L = L_0 + \frac{\lambda}{2n}\sum_{i=1}^{n}w_i^2 \tag{5-7}$$

式中，L_0为基础损失函数，其后附加L_2正则化项。L_2正则化项定义为所有权值平方之和，该和值被训练集样本数量n所除，以实现归一化。λ作为正则化系数，属于实数集$\mathbf{R}$，用于平衡正则化项与原始损失L_0之间的相对重要性。而系数1/2的引入，旨在简化后续求导过程中的计算步骤。

对L_2正则化公式进行求导后得

$$\frac{\partial L}{\partial w} = \frac{\partial L_0}{\partial w} + \frac{\lambda}{n}w \tag{5-8}$$

将式（5-8）代入梯度下降公式，L_2正则化后权值w的更新为

$$w \leftarrow \left(1-\eta\frac{\lambda}{n}\right)w-\eta\frac{\partial L_0}{\partial w} \tag{5-9}$$

未应用L_2正则化时，权值w的系数为1；而应用L_2正则化后，该系数变为$1-\eta\lambda/n$，其中η、λ、n均为正数，确保w的系数始终小于1。此机制实质上是L_2正则化对特征权值w的一种惩罚策略，旨在促进网络模型权重的收缩，学术界称为权重衰减。L_1与L_2正则化之所以能有效遏制过拟合，根源在于它们共同促进了模型参数的小型化，从而构建出参数普遍偏低的简洁模型。这样的模型因其简约性而被认为更具泛化能力，能更灵活地适应多样化的数据集，从而在一定程度上规避了过拟合的风险。以线性回归为例，若模型参数过大，则数据的微小变动即可能引发预测结果的显著波动；反之，若模型参数足够小，即便数据发生较大偏移，预测结果亦能保持相对稳定，展现出较强的抗扰动性。

L_1与L_2正则化机制共同作用于模型，诱导其倾向于选取较小的权值，此举直接关联于模型复杂度的降低。具体而言，这两种正则化技术如同为模型预设了参数分布的约束条件，有效限制了模型的复杂度。随着模型复杂度的减小，其对噪声与异常点的鲁棒性增强，进而促进了模型泛化能力的提升。简而言之，正则化确保了模型对训练数据的拟合既不过度，也不欠缺，尤其能够抵御异常点与噪声的干扰，实现更加稳健的泛化表现。

L_1与L_2正则化通过约束参数的规模，有效限制了模型的学习能力，促使模型倾向于选择权值较小的目标函数，以此防范过拟合风险。值得注意的是，L_1正则化以其独特的性质——倾向于生成稀疏向量，展现出良好的特征选择能力，尤其在高维特征空间中展现出优越性，故常应用于特征选择场景。相比之下，L_2正则化则更适用于特征间相互独立的情况。L_1正则化之所以能实现权值的稀疏性，根源在于其计算方式——对各元素绝对值求和。这种计算方式使得无论参数大小如何，模型受到的惩罚力度均保持一致，从而容易促使参数在减小时迅速趋近于零。而L_2正则化则通过计算元素平方和的根来施加惩罚，其惩罚力度随参数大小变化而调整，使所有参数均趋近于零。

因此，在实际应用中，L_2正则化主要扮演防止过拟合的角色，而L_1正则化则因其特征选择能力，在特征间存在关联性的场合下展现出更大的应用价值。

（3）Dropout技术通过融合多个独立训练的模型来缩减泛化误差，其核心在于并行构建数个差异化模型，并让它们共同决定测试样例的输出，这一应用示意图如图5-3所示。相比之下，Dropout被视为Bagging思想在深度神经网络中的高效应用，它以一种经济高效的方式，近似实现了大规模神经网络的集成目标。在有限的数据量下，神经网络的训练与评估变得更为可行且高效。

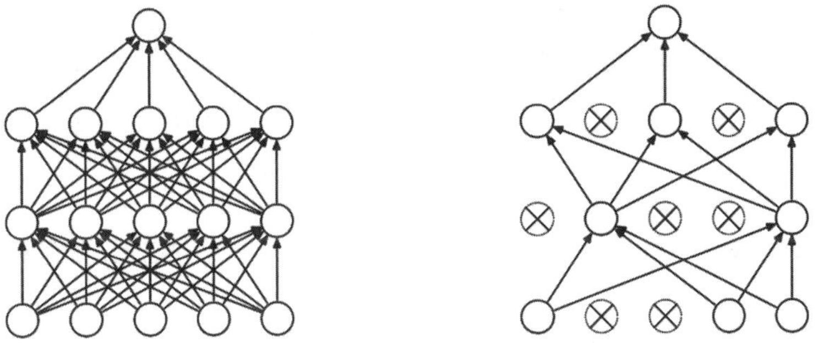

（a）拥有两层隐藏层的正常神经网络　　（b）应用Dropout后的神经网络

图5-3　Dropout应用示意图

Dropout作为一种训练深度神经网络的策略，其关键在于正向传播过程中，以预设概率p随机使部分神经元的激活失效。这一机制增强了模型的泛化能力，减少了对局部特征的过度依赖。相较于传统神经网络中每个节点的全面参与，Dropout通过随机剔除部分节点及其连接［如图5-4（a）至图5-4（b）的转换］，模拟了“瘦身”后的网络结构，实现了网络架构的多样化采样。此过程不仅降低了特征检测器（即隐藏层节点）间的耦合性，还以一种高效且指数级增长的方式，探索了不同网络配置的可能性。从更深层次解读，Dropout可视为一种模型平均化的实现，其设计理念鼓励每个隐藏单元独立学习，与其他随机选取的单元协同工作，进而促使每个单元发展出更为强大且独立的功能，减少对同伴单元的依赖，从而简化了神经元间复杂的协同关系。

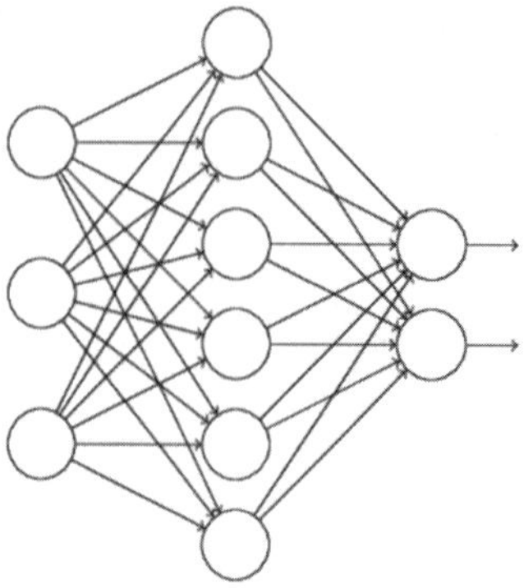

（a）标准全连接前馈神经网络

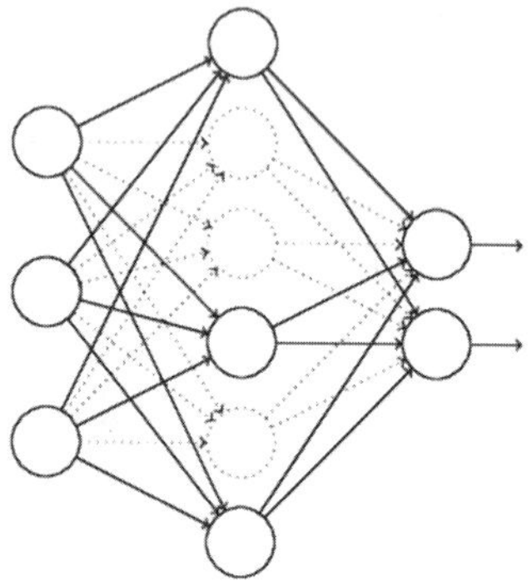

（b）临时删除部分神经元

图5-4 Dropout训练过程

假设我们旨在训练一个如图5-4（a）所示的标准全连接前馈神经网络，其输入为x，输出为y。标准的训练流程包括：将输入x通过网络前向传递，随后通过误差的反向传播来调整参数，以促进网络学习。引入Dropout后，训练流程调整如下。

（1）初始阶段，随机且临时地从网络中移除部分隐藏层神经元，同时保留输入层与输出层神经元不变。图5-4（b）中的虚线表示被临时删除的神经元。

（2）将输入x通过这一精简后的网络进行前向传播，并随后通过相同的网络结构反向传播所得的损失。完成一批训练样本的处理后，仅在被保留的神经元上，依据随机梯度下降法更新网络参数。

（3）重复上述训练流程直至结束，过程中需进行以下操作。

①将之前被删除的神经元恢复至原始状态，而未被删除的神经元则已根据学习进行了更新。

②再次从隐藏层神经元中随机选取一定比例的神经元进行临时删除，并记录下被删除神经元的参数状态，以作为备份。

③对当前批次训练样本，执行正向传播与反向传播，并基于随机梯度下降法更新未被删除部分的网络参数，而被删除神经元的参数则保持不变，维持其删除前的状态。

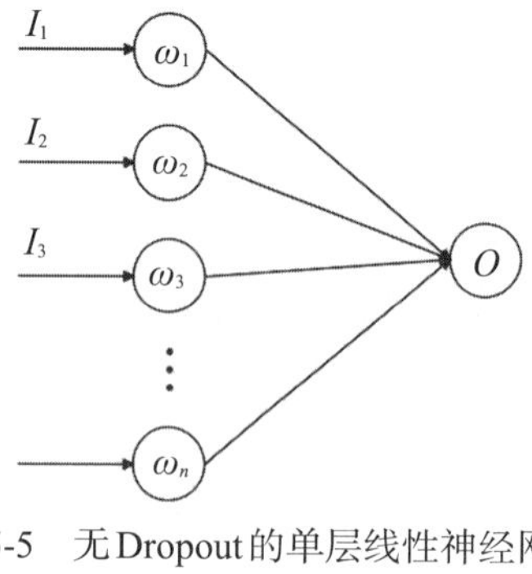

图5-5 无Dropout的单层线性神经网络

在深入掌握了Dropout的工作机制后，我们转而细致剖析其背后的数学理论基础。透彻理解这些原理，将为我们在设定Dropout的丢失率时提供有益的指导原则。是一个单层线性神经网络的示例，其输出为输入的加权总和，具体表述如式（5-10）所示。

$$O=\sum_{i}^{n} w_i I_i \tag{5-10}$$

对于图5-5所示的无Dropout的单层线性神经网络，它的误差可以表示为式（5-11），式中t为网络的目标值。

$$E_{\mathrm{N}}=\frac{1}{2}\left(t-\sum_{i}^{n} w_i^{'} I_i\right)^2 \tag{5-11}$$

式（5-11）使用w'是为了找到加入Dropout的网络的关系，$w'=pw$。那么式（5-11）可以表示为

$$E_{\mathrm{N}}=\frac{1}{2}\left(t-\sum_{i}^{n} p_i w_i I_i\right)^2 \tag{5-12}$$

E_{N}关于w_i的导数式为

$$\frac{\partial E_{\mathrm{N}}}{\partial w_i}=-tp_i I_i+w_i p_i^2 I_i^2+\sum_{j=1,j\neq i}^{n} w_j p_i p_j I_i I_j \tag{5-13}$$

添加Dropout之后，模型的误差表示为

$$E_{\mathrm{D}}=\frac{1}{2}\left(t-\sum_{i}^{n} \delta_i w_i I_i\right)^2 \tag{5-14}$$

式中，δ为丢失率，它服从伯努利分布，即它有P的概率为1，有$1-P$的概率为0。式（5-14）关于w_i的导数表示为

$$\frac{\partial E_{\mathrm{D}}}{\partial w_i}=-t\delta_i I_i+w_i \delta_i^2 I_i^2+\sum_{j=1,j\neq i}^{n} w_j \delta_i \delta_j I_i I_j \tag{5-15}$$

因为δ服从伯努利分布，我们对其求期望，可得

$$\begin{aligned}E\left[\frac{\partial E_{\mathrm{D}}}{\partial w_i}\right]&=-tp_i I_i+w_i p_i^2 I_i^2+\sum_{j=1,j\neq i}^{n} w_j p_i p_j I_i I_j+w_i \operatorname{Var}(\delta_i) I_i^2 \\ &=\frac{\partial E_{\mathrm{N}}}{\partial w_i}+w_i \operatorname{Var}(\delta_i) I_i^2 \\ &=\frac{\partial E_{\mathrm{N}}}{\partial w_i}+w_i p_i(1-p_i) I_i^2\end{aligned} \tag{5-16}$$

对比式（5-8）和式（5-16）可以看出，在$w'=pw$的前提下，带有Dropout的网络，其梯度的期望等价于带有正则化项的普通网络。换句话说，Dropout起到了正则化的作用，正则化项为$w_i p_i(1-p_i) I_i^2$。

通过上面的分析可知，最小化含有Dropout的网络的损失等价于最小化带有正则化项的普通网络的损失。因此，可以得到使用Dropout的几个技巧。

（1）当丢失率为0.5时，Dropout会有最强的正则化效果。因为$p(1-p)$在$p=0.5$时取得最大值。

（2）丢失率的选择策略：在比较深的网络中，使用$p=0.5$时的丢失率是比较好的选择，因为这时Dropout能取得最大的正则化效果；在比较浅层的网络中，丢失率应该小于0.2，因为过大的丢失率会导致丢失过多的输入数据，对模型的影响比较大；不建议使用大于0.5的丢失率，因为它在丢失过多节点的情况下并不会取得更好的正则化效果。

（3）在测试时需要用丢失率对网络系数 w 进行缩放：基于前面 $w'=pw$ 的假设，可知无Dropout的网络的权重相当于对Dropout的网络权重缩放了 $(1-p)$ 倍。在含有Dropout的网络中，测试时不会丢弃节点，这相当于它是一个普通网络，因此也需要进行 $(1-p)$ 倍的缩放。

Drop Connect作为一种正则化技术，旨在缓解算法过拟合问题，是Dropout方法的一种泛化形式。在Drop Connect操作中，它直接将网络架构中权重的一个随机选定子集置为零，这一做法与Dropout中随机选择层的激活函数子集并置零的方式形成鲜明对比。由于每个单元接收的是来自前一层单元随机子集的输入，Drop Connect与Dropout均能有效提升模型的泛化能力。两者相似之处在于都致力于在模型中引入稀疏性，但差异在于Drop Connect侧重权重的稀疏性，而Dropout侧重层输出向量的稀疏性。

（二）早停法

早停法作为深度学习中的一种正则化手段，旨在训练过程中预防模型对训练数据的过拟合现象。该方法的核心在于适时终止训练流程，依据是在训练期间监控并评估模型在测试集上的性能表现。一旦观察到性能趋于停滞或开始下滑，训练便即时停止，以避免模型陷入过拟合的陷阱，进而影响其在未知数据上的泛化能力。在实施早停法时，需要谨慎平衡迭代次数，因为过少的迭代次数可能导致模型欠拟合（表现为低方差且高偏差），而过多的迭代次数则易引发过拟合（高方差且低偏差）。早停法巧妙地设定了训练迭代的上限，通过直接限制迭代次数或基于预设的停止准则来达成，从而确保模型在恰当的时机停止训练，维持其良好的泛化性能。早停法的主要实施步骤概括如下。

（1）数据分割：将原始的训练数据集细分为训练集与测试集。一般而言，测试集在训练流程中担任评估模型性能的角色，不参与模型的直接训练过程。

（2）确立停止准则：监控指标通常为测试集上的损失值（loss）或准确率（accuracy），用以辨识模型是否步入过拟合的轨迹，从而适时终止训练。

（3）设定耐心阈值：此阈值界定了在验证指标停滞不前时，仍允许继续训练的最大迭代次数。若超过此阈值仍未见改善，则训练自动停止。耐心阈值的设定需要综合考虑训练时长与模型性能的最优平衡，避免训练不足或过拟合风险。

（4）模型训练与监控：每个训练周期结束后，评估测试集上的监控指标。若连续多次未达预设目标，则依据耐心阈值判定训练终止。

（5）最优模型回溯：在训练过程中，应持续记录测试集表现最优时的模型参数。训练一旦停止，即采用这些最优参数作为模型的最终配置。

此外，停止准则还可涵盖以下内容。

（1）泛化损失界限：一旦泛化损失（描述测试集误差相对历史最低误差的增长速率）超越特定阈值，即终止训练。

（2）进展评估法：结合泛化损失与训练过程中的性能提升（即当前平均训练错误相较于最小训练错误的增量）来综合决策是否停止训练。

（3）连续误差增长监控：当测试集误差在多个连续训练周期内呈现增长趋势时，模型可能陷入过拟合，此时应停止训练。此准则尤其适用于剪枝等特定算法场景，能有效捕捉局部性能变化。

早停法可借助深度学习框架内置的回调机制高效实现。以TensorFlow和Keras为例，用户可直接运用早停回调函数自动化地实施早停策略。而对于PyTorch，用户则可通过构建自定义回调函数或集成第三方库来达成类似效果。作为深度学习训练中的一项重要策略，早停法通过精准配置监控指标、耐心阈值及停止准则，巧妙地在训练时长与模型性能间构建了理想的平衡点，有效遏制了过拟合现象的发生。

二、欠拟合问题

欠拟合作为机器学习领域的一个常见问题，与过拟合问题形成鲜明对比。该现象表现为模型在训练数据集上的拟合效果不佳，即训练误差偏大，从而在未见过的测试数据上表现更是不佳。简而言之，欠拟合模型未能有效捕捉数据中的核心特征与规律，对新数据的预测能力受限。造成欠拟合的原因主要有以下几种。

（1）模型复杂度欠缺：当模型结构过于简化，缺乏足够的参数以解析数据中复杂的内在关系或模式时，便易发生欠拟合。

（2）特征选取失误：错误或无关特征的选取，导致模型无法聚焦于数据中的关键信息，从而影响其学习能力。

（3）数据资源匮乏：尽管小数据量可能诱发过拟合，但在特定情境下，若数据量极度有限且模型复杂度不足，亦会促成欠拟合，因模型难以从有限样本中充分学习数据的分布规律。

（4）训练不充分或提前终止：模型训练过程中若未能获得足够的学习时间，或训练流程被过早终止，均会导致模型学习不充分，从而引发欠拟合问题。

为了有效解决欠拟合问题，可采取多种策略：一是通过增加模型参数或选择更复杂的模型结构，以捕捉数据中潜在的复杂关联性；二是实施特征工程，精心选择或创新构建与目标预测更为紧密相关的特征；三是扩充训练数据集，纳入更多样化的样本，增强模型的泛化能力；四是确保模型获得充分的训练时间，以充分学习数据中的固有模式。此外，还可采用集成学习方法，通过融合多个简单模型的预测结果，提升整体模型的预测精度与稳定性。然而，在解决欠拟合问题的过程中需要保持审慎，因为过度复杂化模型或延长训练周期可能诱发过拟合风险。因此，调整模型配置时，应并行监控训练误差与测试误差（或验证误差），力求在两者之间找到平衡点，从而确保模型既不过于简单而欠拟合，也不过于复杂而过拟合。

在深度学习的训练阶段，模型过拟合与欠拟合问题是普遍存在的挑战。除此之外，对于深度学习的初学者而言，模型选择失当亦是一个常见问题，即所选模型未能良好的匹配待解决问题的特性与需求。为了解决这一问题，需要根据问题的具体特点与要求精心挑选适宜的深度学习架构。例如，卷积神经网络因具有强大的特征提取能力，在图像识别领域展现出显著优势；循环神经网络则因擅长处理序列信息，成为处理序列数据任务的优选方案。

三、训练过程问题

在深度学习训练过程中，常遭遇梯度计算引发的诸多问题，这些问题深刻影响着神经网络的训练效率和最终表现。具体而言，训练过程中常遇到的问题可归纳为以下几点。

（一）收敛缓慢

在模型训练时，损失值下降进程迟滞，此现象或源于学习效率设定不合理、优化算法选择不恰当，抑或网络架构设计存在局限等。为应对此问题，可采取的策略包括精细化调整学习效率、引入更为高效的优化策略（如Adam、RMSprop等），以及优化网络结构布局等。

（二）训练过程不稳定

模型训练期间，损失值波动显著，表现不稳定，这通常与学习效率设置不当、数据批次大小选择不合理或优化算法适用性不佳有关。为稳定训练过程，建议动态调整学习效率、优化数据批次大小配置，并尝试替换更适合当前任务需求的优化算法。

（三）梯度消失

梯度消失是神经网络训练中的一个普遍现象，表现为在反向传播过程中，由于连乘效应累积，梯度值逐层递减，直至接近零。这一现象使靠近输入层的梯度变得微乎其微，几乎无法驱动这些层的权重进行有效更新，从而限制了网络对有效特征的学习能力，阻碍了模型训练的收敛过程，并最终影响模型的性能表现。深入分析梯度消失，其通常与激活函数类型（如Sigmoid函数）选择不当、网络层数过深等有关。在深层网络的梯度反向传播路径上，依据链式法则，梯度需要连续穿越多层，并与各层权重及激活函数导数相乘。若某层权重较小或激活函数在特定输入区间内的导数接近零（如Sigmoid函数在极端输入值处），则梯度将遭遇“衰减链”，逐层递减，最终趋于消失。此外，网络初始权重设置过小亦会加剧此过程，促使梯度在传递初期即迅速衰减，引发梯度消失问题。

针对梯度消失问题，常用的解决策略涵盖以下几方面。

（1）激活函数的优化选择：引入ReLU及其改良版本（如Leaky ReLU、PReLU等），这些函数在正值区间内具有恒定的导数1，显著缓解了梯度在深层网络中的衰减现象。

（2）实施批量归一化处理：通过批量归一化技术，对每层的输入进行标准化，有效降低内部协变量偏移的影响，进而稳定梯度流动，为缓解梯度消失提供有力支持。

（3）构建残差网络架构：采用残差网络设计，借助残差连接机制，使梯度能够跨越若干层直接传递，有效减轻了深层网络中的梯度消失问题。

（4）应用梯度裁剪技术：虽然梯度裁剪初衷在于控制梯度爆炸，但在特定情境下，通过合理限制梯度幅度，亦能间接促进梯度在传递过程中的稳定性，对缓解梯度消失问题产生积极影响。

（四）梯度爆炸

梯度爆炸作为梯度消失的对立面，指的是在梯度值异常激增时发生的现象，其后果包括模型权重更新的极度不稳定，乃至训练过程难以收敛，从而危及模型的稳健性。这一现象多源于权重的非适宜初始化和深层网络中累积效应的加剧。梯度爆炸的成因与梯度消失相仿，均源于梯度在深度网络反向传播过程中，遵循链式法则所引发的连乘效应。此外，深度学习模型因其复杂的结构特性，若初始权重设定失当（偏大则尤甚），则反向传播时梯度将迅速增大，从而诱发梯度爆炸问题。

针对梯度爆炸问题，有效的应对策略包括以下几个方面。

（1）实施梯度裁剪技术：设定梯度阈值，一旦梯度超过此阈值，即将其截断至阈值之内，以有效遏制梯度爆炸的发生。

（2）优选权重初始化策略：如Xavier初始化与He初始化等，在训练初期即维持各层激活与梯度值在合理区间，预防梯度爆炸现象。

（3）采用适应性优化器：如Adam优化器等，此类优化器能根据梯度动态调整学习率，对梯度爆炸问题起到一定的缓解作用。

此外，训练过程中梯度不稳定亦是深度学习中的关键问题，其表现包括权重更新波动或异常，影响模型训练效果。梯度问题的根源可能涉及学习效率设定不合理、优化算法与问题不匹配或模型结构设计缺陷等。为应对这些问题，建议综合考量激活函数选择、权重初始化方法、优化算法配置，并结合批量归一化、残差网络等先进技术，以期有效提升神经网络的训练效率与性能。

四、数据问题

深度学习模型的设计与参数调优深植于数据驱动的核心理念之中，即模型的学习成效与优化路径紧密关联于输入数据的特性与分布。据此，数据的质量、多样性和标注的准确性构成了影响深度学习模型性能的关键要素。在深度学习训练的过程中，数据层面的问题尤为凸显，主要包括以下几个方面。

（1）数据量不足：训练数据集规模有限时，模型难以全面捕捉数据特征，进而削弱其泛化能力。应对策略包括借助预训练模型实施迁移学习、运用数据增强技术、引入正则化策略或探索半监督学习路径。

（2）数据质量欠佳：数据中混杂的噪声、异常值及重复项，均构成模型训练效果的绊脚石。数据清洗与预处理成为不可或缺的前置工作，旨在精准识别并妥善处理缺失值、异常记录与重复数据，以净化数据环境。

（3）数据不平衡问题：在训练数据集中，若各类样本数量悬殊，模型易产生偏倚，过度关注多数类而忽视少数类，最终导致模型在测试集上的表现受限，尤其是面对类别分布异于训练集的情境。针对此情况，可采用重采样技术、生成合成数据或定制损失函数等策略，以平衡各类样本对模型训练的影响。

五、其他问题

（1）计算资源瓶颈：深度学习模型的训练过程高度依赖计算资源，涵盖CPU、GPU及内存等多方面。资源匮乏将直接导致训练效率低下，甚至训练任务难以完成。对此，可采用更高效能的计算资源配置、优化模型架构以减少计算需求，或探索分布式学习与并行计算技术以缓解资源压力。

（2）透明度与可解释性挑战：深度学习模型常因其内部机制的不透明性而被称为“黑箱”，这在处理涉及复杂人类情感、意识及动机等领域时尤为关键。为提升模型的可解释性，当前研究聚焦于融合符号推理、知识表达与推理等先进技术，力求揭示模型决策背后的逻辑。

在深度学习实践中，面对多种潜在问题，需要灵活采取针对性策略。同时，强化数据预处理流程，精心选择与优化模型架构，是保障训练流程顺畅进行与提升模型性能不可或缺的关键步骤。

第四节　深度学习的发展

随着深度学习领域的不断发展，一系列独立而新颖的学习方法相继涌现，诸如迁移学习、生成对抗网络、协同学习、多任务学习、小样本学习、元学习及持续学习等，这些方法亦被称作“学习策略”，其应用范围广泛，不仅限于深度学习，也适用于机器学习乃至整个人工智能领域的多样化算法中。以下将重点聚焦于迁移学习、生成对抗网络、小样本学习、持续学习这四个领域进行深入探讨。

一、迁移学习

（一）迁移学习的概念

在统一存储、检索、分析及挖掘海量文本、图像、视频等非结构化数据的过程中，一个亟待解决的核心挑战是实现跨领域、异源非结构化数据间的知识迁移与复用。当机器学习任务的场景从已知领域转移至新兴领域时，常面临新领域标注数据稀缺的困境，这不仅成本高昂，还可能导致先前积累的大量标注数据资源被闲置。鉴于此，迁移学习应运而生，作为机器学习领域的一项关键研究课题，它旨在解决目标域数据匮乏的问题，将在某领域习得的知识或模式迁移至不同但相关联的新领域。

迁移学习与半监督学习、主动学习等传统应对数据稀缺策略的本质区别在于，它放宽了训练数据与测试数据需满足独立同分布这一严格假设，允许学习所涉及的领域或任务遵循不同的边缘分布及条件分布。迁移学习的核心理念在于，有效利用相关辅助领域的标准数据或知识结构，从而增强或优化目标领域或任务的学习成效。

迁移学习涵盖了领域与任务两个核心概念，它们分别被界定如下：领域D由特征空间χ及其对应的边缘概率分布$P(x)$共同构成，具体表示为$D=\{\chi, P(x)\}$，其中x属于特征空间χ；而针对给定的领域D，任务T则由类别空间Y与预测模型$f(x)$两部分组成，表达形式为$T=\{Y, f(x)\}$，其中x属于类别空间Y。从统计学习的视角来看，预测模型$f(x)$实质上可视为条件分布$P(y|x)$的一种表现形式。特别地，源域或辅助领域被标记为D_s，而目标域或目标领域则对应表示为D_t。

根据这些符号和概率定义迁移学习：给定标准的源域数据$D_s=\left\{\left(x_1^{(s)},y_1^{(s)}\right),\cdots,\left(x_{n_s}^{(s)},y_{n_s}^{(s)}\right)\right\}$和学习任务$T_s$，无标记的目标领域数据$D_t=\left\{x_1^{(t)},\cdots,x_{n_t}^{(t)}\right\}$和学习任务$T_t$，迁移学习的目标是在$D_s \neq D_t$或$T_s \neq T_t$条件下，借助于源域的知识更好地降低目标领域预测模型$f_t(x)$的泛化误差。

（二）迁移学习类型

按特征空间、类别空间、边缘分布、条件分布等问题因素在领域间的异同，迁移学习可大致地分为同构迁移学习和异构迁移学习。

1. 同构迁移学习

源域和目标领域位于相同特征空间（$\chi_s=\chi_t$ 且 $Y_s=Y_t$）的迁移学习称为“同构迁移学习”。同构迁移学习方法可以直接运用到大数据环境中，运用这些丰富的资源进行机器学习，避免新数据搜集的昂贵代价。如果源域具有大量带标记数据集，但和目标领域的数据集边缘分布或条件分布不是十分匹配，则同构迁移学习能借助于源域数据帮助目标领域建立一个效果很好的预测模型。

依据条件分布与边缘分布的差异特性，同构迁移学习可细化为数据集偏移、领域适配及多任务学习3种细分类型。具体而言，当两领域间的边缘分布与条件分布均不相同时［$P_s(x)\neq P_t(x)$ 且 $P_s(y|x)\neq P_t(y|x)$］，此类同构迁移学习称为“数据集偏移”。若边缘分布不同而条件分布保持一致［$P_s(x)\neq Pt(x)$ 且 $P_s(y|x)=P_t(y|x)$］，则此情境下的同构迁移学习被界定为领域适配。若边缘分布相同而条件分布相异［$P_s(x)=P_t(x)$ 且 $P_s(y|x)\neq P_t(y|x)$］，则相应的同构迁移学习模式称为“多任务学习”。

2. 异构迁移学习

源域和目标领域位于不同特征空间（$\chi_s\neq\chi_t$ 或 $Y_s\neq Y_t$）的迁移学习称为“异构迁移学习”。在广泛的应用场景下，异构迁移学习展现出更为卓越的效能，特别是在图像识别、跨语言文本分类、软件缺陷检测及信息检索等领域。面对源域丰富的带标记数据与目标域数据特征空间不一致的挑战，异构迁移学习巧妙地构建起两个异质特征空间之间的桥梁，助力目标领域构建精准高效的预测模型。

根据领域间特征空间和类别空间的异同，异构迁移学习包括异构特征空间和异构类别空间两种子类型。源域和目标领域位于不同特征空间（$\chi_s\neq\chi_t$）的异构迁移学习称为“异构特征空间”，源域和目标领域的类别空间不一致（$Y_s\neq Y_t$）的异构迁移学习称为“异构类别空间”。异构特征空间典型的应用就是跨语言文本分类和检索，异构类别空间在文本挖掘和图像理解中受到了广泛的关注。

（三）TrAdaboost算法

TrAdaboost算法作为归纳迁移学习领域内特征迁移技术的先驱之作，由戴文渊先生提出，其影响力在迁移学习界深远而广泛。该算法的核心策略在于精准筛选源域数据中的有效信息，剔除与目标域不契合的部分，随后运用Boosting技术构建一套精细的权重调整机制。这一机制旨在增强与目标域高度相似数据的权重，同时削弱无关或低效数据的影响力，从而在纷繁的数据海洋中精准锁定那些最能服务于目标域学习的宝贵样本。

二、生成对抗网络

（一）生成对抗网络概述

在神经网络领域，模型构建的优劣直接关乎生成式模型的性能表现。然而，针对实际案例建模时，不仅需要有深厚的先验知识作为支撑，还因数据本身的复杂性而面临庞大的计算挑战，进而对计算资源及硬件条件提出了严苛要求。

为解决上述难题，蒙特利尔大学的古德弗罗等人在2014年10月创新性地提出了生成对抗网络这一基于生成式的全新网络架构。生成对抗网络的核心思想借鉴了造假者与执法者之间的智勇较量：生成模型扮演制造难以察觉的“假币”的角色，而判别模型则如同敏锐的警察，致力于辨识这些伪造品。这一对抗性过程激励着双方不断优化策略，直至生成的“假币”与真品真假难辨。生成对抗网络的训练机制采用了对抗训练法，并辅以随机梯度下降法进行极值搜索，其独特之处在于无须设定明确的界限或依赖近似推断，从而有效规避了传统方法中反复运用马尔可夫链学习机制所带来的配分函数计算难题，提升了网络运行效率与性能。

一个生成对抗网络模型至少包含一个判别器和一个生成器。其中，判别器是指对已经观测到的数据x与未观测到的数据y之间的关系进行建模，就是对条件概率$p\left(y|x;\theta\right)$建模。而深度学习的主要研究成果基本属于判别器，特别是BP算法和Dropout算法的出现，使判别器的研究得到进一步发展。

生成器的全称为“概率生成器”，是一类专门设计用于随机产出可观测数据的模型。相较于判别器，其内部机制往往涉及复杂的计算过程，如最大似然估计与近似法，这在一定程度上限制了生成器的早期发展。直至生成对抗网络的问世，生成器才迎来了广泛的应用与进一步发展。

当前，生成对抗网络的主要应用领域聚焦于图像生成与数据增强，其核心在于使用真实数据精准建模，进而生成与原始数据在分布上高度一致的样本。此外，生成对抗网络在图像与视频处理方面展现出非凡的潜力，包括图像修复、超分辨率增强、人脸图像编辑及上色等。尤其值得一提的是，在图像修复领域，长期存在的技术瓶颈在生成对抗网络的助力下得以突破。传统方法难以实现的理想修复效果，现在可借由生成对抗网络实现。生成对抗网络以缺失部分周边信息为线索，生成完整且自然的图像，并通过判别器的精细鉴别，确保生成图像的质量达到最优。同时，生成对抗网络还具备将低分辨率模糊图像转变为高分辨率清晰图像的能力，极大地提升了图像处理的灵活性与效果。生成对抗网络与当前热门的强化学习、模仿学习等技术相结合，正有力推动着人工智能领域的整体进步与革新。

从人工智能的视角审视，生成对抗网络采用神经网络指导神经网络的设计构思，是一大创新。为了进一步提升生成对抗网络的性能，研究界已相继推出了深度卷积生成对抗网络（DCGAN）、半监督生成对抗网络（SGAN）、互信息生成对抗网络（InfoGAN）、条件生成对抗网络（CGAN）等一系列改进模型，这些创新成果在计算机视觉、语音处理及图像处理等领域引起了广泛关注与应用。在《麻省理工科技评论》评选的2018年度“全球十大突破性技术”榜单上，生成对抗网络赫然在列，与人工智能、人造胚胎、传感城市、量子材料、3D金属打印等前沿科技共同闪耀，彰显了其在全球科技进程中的重要地位。

（二）生成对抗网络的结构

一个生成对抗网络架构核心包含生成器G与判别器D，具体结构如图5-6所示。生成器作为图片生成的核心网络，接收随机噪声z作为输入，据此创作出图片$G(z)$。判别器则承担鉴别图片真实性鉴别的重任，在未引入噪声变量时，其以真实数据x为输入，输出$D(x)$表示x作为真实图片的概率值。具体而言，当$D(x)$接近1时，意味着判别器高度确信x为真实图片；当$D(x)$接近0时，则表明x被判定为非真实，即伪造图片。

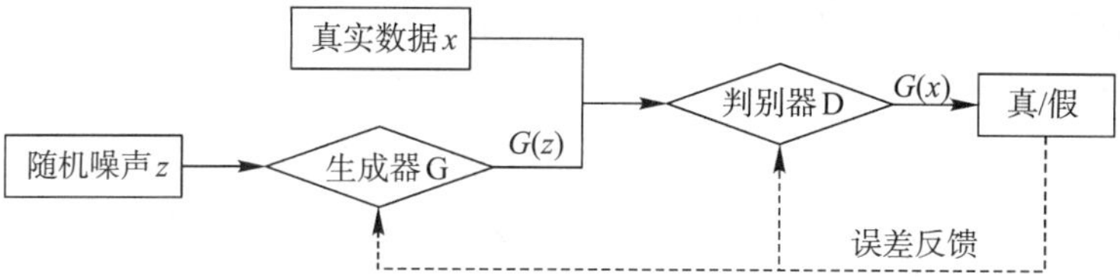

图5-6　生成对抗网络的结构

在生成对抗网络的运作流程中，当噪声变量z被引入时，首先通过生成器的多层感知器或其他神经网络结构进行映射转换，进而生成新的数据样本$G(z)$。随后，真实数据x与这一生成的数据$G(z)$被并行送入判别器进行真伪鉴别。判别器依据其内部机制，对比输入的真实数据与生成数据，输出各自为真实样本的概率评估值。若判别器的响应与预设目标相悖，即真实数据x被赋予接近0的低概率，而生成数据$G(z)$则获得接近100%的高概率认定，这一现象可作为生成器生成数据高度准确的直观反映。

在生成对抗网络的训练进程中，生成器致力于创造足以迷惑判别器的逼真图像，而判别器则力求精准区分生成器生成的图像与真实图像，二者之间构成了一个动态的“对抗博弈”框架。

具体而言，生成对抗网络的学习机制本质上是一场生成器与判别器之间的极大极小博弈。判别器旨在提升其对生成器生成的图像$G(z)$与真实图像x的鉴别能力，通过将判别结果概率化——最大化$D(x)$（真实图像被识别为真的概率），同时最小化$D(G(z))$（生成图像被误认为真的概率），以实现有效区分。生成器则反向而行，不断优化其生成能力，力求让生成的图像与真实图像难辨真伪，迫使判别器陷入困境。随着这一对抗过程的持续深化，生成器与判别器的性能均得以提升。最终，当判别器对生成器生成图像$G(z)$的判定与对真实图像x的判定趋于一致时，标志着二者均达到了最优状态，实现了训练的最终目标。

（三）生成对抗网络算法

为了了解生成器在数据x上的分布p_g，应首先定义一个噪声先验分布$p_g(z)$，定义数据空间的映射为$G(z;\theta_g)$。其中，生成器是由具有参数θ_g的多层感知器表示的微分函数。然后是输出单个标量的多层感知器$D(x;\theta_d)$。$D(x)$表示x来自数据而不是$p_g(z)$的概率。为了最大化将正确标签分配给来自生成器G的训练示例和样本的概率，而对判别器进行了训练。同时，为了最小化log（1-D(G(z))），对生成器进行了训练。

生成对抗网络的目标函数可表述为

$$\min_G \max_D V(D,G)=E_{x\sim p_{\text{data}}(x)}[\log D(x)]+E_{z\sim p_g(z)}[\log(1-D(G(Z)))] \tag{5-17}$$

式中，真实数据x服从真实数据分布$p_{\text{data}}(x)$；噪声z服从先验噪声分布$p_g(z)$；E为期望值，判别器的数据来自$p_{\text{data}}(x)$和生成数据分布$p_g(x)$。

一般而言，我们期望判别器的性能达到最大化，以精确区分输入数据是源自真实分布还是生成分布。与此同时，生成器则致力于最大化$D(G(z))$，即在判别器视角下的“以假乱真”能力。在优化这一对模型时，可采用交替优化的策略：首先，固定生成器，同时优化判别器以提升其判别准确性；其次，固定判别器，转而优化生成器以增强其生成能力。这一过程循环往复，直至真实数据分布$p_{\text{data}}(x)$与生成数据分布$p_{\text{g}}(x)$趋于一致，标志着系统达到了最优解的状态。

生成对抗网络训练方法采用的是小批量随机梯度下降，迭代次数为k。

第k次迭代时，从噪声先验分布$p_{\text{g}}(z)$中抽取m个小批量噪声样本$\{z^{(1)},z^{(2)},\cdots,z^{(m)}\}$，从真实数据分布$p_{\text{data}}(x)$中抽取$m$个小批量样本$\{x^{(1)},x^{(2)},\cdots,x^{(m)}\}$。

更新判别器的随机梯度，有

$$\nabla_{\theta_{\text{d}}}\frac{1}{m}\sum_{i=1}^{m}\left[\log D\left(x^{(i)}\right)+\log\left(1-D\left(G\left(z^{(i)}\right)\right)\right)\right] \tag{5-18}$$

从噪声先验分布为$p_{\text{g}}(z)$中抽取m个小批量噪声样本$\{z^{(1)},z^{(2)},\cdots,z^{(m)}\}$。

此时，通过随机梯度下降法来更新判别器，有

$$\nabla_{\theta_{\text{g}}}\frac{1}{m}\sum_{i=1}^{m}\log\left(1-D\left(G\left(z^{(i)}\right)\right)\right) \tag{5-19}$$

判别器和生成器的优化过程实质就是寻找极大极小值的过程，其目标函数就是式（5-17）。

当真实数据分布$p_{\text{data}}(x)$与生成数据分布$p_{\text{g}}(x)$相等时，达到全局最优。

优化判别器时，首先将生成器保持固定不变。此时，判别器为

$$D_G^*(x)=\frac{p_{\text{data}}(x)}{p_{\text{data}}(x)+p_{\text{g}}(x)} \tag{5-20}$$

在生成器G为任意时，判别器D的训练条件为

$$V(G,D)=\int_{\text{g}}\left[p_{\text{data}}(x)\log\left(D(x)\right)\text{d}x+p_{\text{g}}(x)\log\left(1-D(x)\right)\right]\text{d}x \tag{5-21}$$

判别器的训练目标函数最大化可以用条件概率$P(Y=y|x)$来估计。其中，表示Y的x来自$p_{\text{data}}(y=1)$或者$p_{\text{g}}(y=0)$。此时，目标函数可写为

$$\begin{aligned}C(G)&=\max_D V(G,D)\\&=E_{x\sim p_{\text{data}}(x)}\left[\log\frac{p_{\text{data}}(x)}{p_{\text{data}}(x)+p_{\text{g}}(x)}\right]+E_{x\sim p_{\text{g}}(x)}\left[\log\frac{p_{\text{g}}(x)}{p_{\text{data}}(x)+p_{\text{g}}(x)}\right]\end{aligned} \tag{5-22}$$

那么什么时候$C(G)$能达到全局最小呢?此时式（5-22）的值又为多少呢?

当$p_{\text{data}}(x)$与$p_{\text{g}}(x)$相等时，$D_G^*=\frac{1}{2}$，有

$$E_{x\sim p_{\text{data}}(x)}(-\log 2)+E_{x\sim p_{\text{g}}(x)}(-\log 2)=-\log 4 \tag{5-23}$$

式（5-23）减去$V(D_G^*, G)$可得

$$C(G)=-\log 4+\text{KL}\left(p_{\text{data}}\middle\|\frac{p_{\text{data}}+p_{\text{g}}}{2}\right)+\text{KL}\left(p_{\text{g}}\middle\|\frac{p_{\text{data}}+p_{\text{g}}}{2}\right) \tag{5-24}$$

式中，KL为Kullback-Leibler散度（相对熵）。模型判别和数据生成过程之间的Jensen-Shannon偏差为

$$C(G) = -\log(4) + 2 \times \mathrm{JSD}\left(p_{\mathrm{data}} \| p_{\mathrm{g}}\right) \tag{5-25}$$

Jensen-Shannon偏差作为两个分布间差异的度量，其性质为非负，且仅在两分布完全重合时取值为零。因此，训练条件$C(G)$的全局最小值得以实现的充要条件，是真实数据分布$p_{\mathrm{data}}(x)$与生成数据分布$p_{\mathrm{g}}(x)$达到一致。在此最优状态下，式（5-20）的计算结果将精确为$-\log 4$。

判别器的优化为

$$\max_D V(D,G) = E_{x\sim p_{\mathrm{data}}(x)}[\log D(x)] + E_{x\sim p_{\mathrm{g}}(z)}[\log(1-D(G(z)))] \tag{5-26}$$

在优化判别器的过程中，首要步骤是固定生成器。假设此时已生成样本$G(z)$，目标是仅针对真实样本$D(x)$进行优化，旨在使真实样本经过判别器处理得到的概率值尽可能趋近于1，以此作为优化效果优良的标志。相应地，对于假样本即生成样本$G(z)$，理想状态是优化后其被判别为假的概率应最小，即$D(G(z))$越小越好，直至接近0。然而，这一目标与原始最大化目标相悖。为此，可采取转换策略，将假样本的判别目标改写为最大化$1-D(G(z))$，以此确保在优化框架下的一致性。

生成器优化为

$$\min_G V(D,G) = E_{x\sim p_g(z)}[\log(1-D(G(z)))] \tag{5-27}$$

在优化生成器时，判别器被设定为固定状态，此过程独立于判别器的即时调整。因此，优化目标聚焦于生成样本，力求生成样本能够逼真地模拟真实样本，即期望$D(G(z))$的值越大越好，越接近1表示生成效果越佳。然而，为保持公式形式的一致性，我们将这一目标转化为最小化$1-D(G(z))$，即希望其值越小越好。综合两个优化后的模型，便构成了生成对抗网络的完整目标函数。

那么博弈的最后期望结果是什么呢?在理想情境下，生成器能够创造出足以“以假乱真”的图像$G(z)$，使判别器在鉴别这些图像时面临极大挑战，难以明确区分其真伪，导致$D(G(z))$趋近于0.5的模糊边界。此时，生成器便实现了其作为生成模型的终极目标，即生成逼真的图像。

（四）改进的生成对抗网络

1. 深度卷积生成对抗网络（DCGAN）

DCGAN通过将卷积神经网络巧妙地融入生成器与判别器的设计中，提升了其生成性能。鉴于其良好的改进方向，众多生成网络的后续优化与改进均纷纷借鉴了DCGAN的成功经验，力求在性能上实现更进一步的提升。

DCGAN的架构设计涵盖了以下几大关键改进情形。

（1）革新性地以判别器和生成器替代了传统深度卷积神经网络中的池化层，实现了架构上的重大突破。

（2）为提高网络稳定性，设计中去除了全连接层，这一调整增强了模型的稳健性。

（3）在生成器与判别器中普遍采用了批量归一化技术，不仅促进了梯度在网络各层间的高效传递，还有效防止了生成器将所有样本错误地收敛至单一模式。

（4）针对生成器，其内部结构设计精巧，除输出层特别选用tanh激活函数外，其余层均统一采用ReLU激活函数，以优化非线性映射能力。

（5）至于判别器，则全网络层一致应用Leaky ReLU激活函数，这一策略赋予了DCGAN相较于传统生成对抗网络更优越的生成性能、更快的训练收敛速度及更高的稳定性。然而，值得注意的是，DCGAN在具有上述优势的同时，也面临着生成图像分辨率偏低等挑战。

2. 半监督生成对抗网络（SGAN）

SGAN通过创新性地将真实数据x及其类别信息c一并输入判别器，赋予了判别器双重职能：不仅能够精准区分图像的真伪，还能准确判定图像的所属类别。这一设计不仅提升了判别器的综合判别能力，而且得益于类别信息的引入，有效促进了生成器在生成图像质量上的大幅提升。相较于传统生成对抗网络，SGAN在性能上展现出了更为优越的表现。

3. 互信息生成对抗网络（InfoGAN）

InfoGAN作为传统生成对抗网络框架的拓展，创新性地融入了一个潜在代码c，该代码富含多维度变量，为生成过程增添了丰富的控制维度。在InfoGAN的生成器设计中，为避免传统生成对抗网络中可能遭遇的无监督困境，巧妙地利用了潜在代码c，并通过在目标函数中增设互信息项$I(c; G(z, c))$，量化了c与生成样本$G(z, c)$之间的信息共享程度。这一设计不仅增强了网络的监督学习能力，还赋予了用户通过调整c来灵活操控生成图片属性的能力，如轻松调整生成数字的粗细与倾斜度，从而极大地丰富了生成内容的多样性和可控性。

4. 条件生成式对抗网络（CGAN）

CGAN作为对传统生成对抗网络不可控性的针对性改进，通过巧妙引入条件变量c，不仅引领了传统生成对抗网络的学习方向，还实现了对传统生成对抗网络性能的提升。在此框架下，无论是生成器还是判别器，均被赋予了条件变量c，这一变量灵活多变，既可以是具体的类别标签，也可以是丰富的模态数据。通过将c无缝融入生成器与判别器的交互中，构建了功能更为强大的CGAN模型。若c承载的是类别信息，则CGAN实现了从纯粹无监督到精准有监督的华丽转身，为传统生成对抗网络的应用开辟了新的天地。在CGAN的生成器中，其输入扩展为$p_g(z)$与c的组合，这一创新设计赋予了生成器更精细的生成能力。值得注意的是，尽管引入了额外的条件机制，CGAN的最终目标函数仍遵循传统生成对抗网络的经典范式——极大极小值博弈，确保了模型优化路径的一致性与有效性。

CGAN的目标函数为

$$\min_G \max_D V(D,G) = E_{x \sim p_{\text{data}}(x)}\left[\log D(x|c)\right] + E_{x \sim p_g(x)}\left[\log\left(1 - D\left(G(z|c)\right)\right)\right] \tag{5-28}$$

三、小样本学习

深度学习的成就根植于雄厚的计算力、精巧的神经网络架构及海量数据集的支持三大基石。然而，面对隐私保护、安全顾虑及高昂的标签成本等挑战，尤其是在医疗、军事、金融等关键领域，往往难以获取充足的带标签训练样本。这促使机器学习与深度学习领域的研究者们积极探索：如何促使系统仅凭极少量的样本，即能高效学习并泛化其认知能力，这已成为他们迫切追求的技术愿景。小样本学习作为机器学习领域的一个前沿分支，正是致力于解决这一难题，其核心在于从有限的监督信息中提炼知识，以获得完成任务的能力。与此紧密相关的概念还包括零样本学习（在无须任何实例样本的情况下进行识别）、单样本学习（要求系统从单个示例中学会新概念）。这些概念共同构成了小样本学习领域丰富多彩的探索图景。

（一）小样本学习概念

小样本学习（few-shot learning，FSL），亦称“少样本学习”，其研究渊源可追溯至21世纪初叶。此概念初现于计算机视觉领域，并在此后的岁月里，尤其在图像分类任务中，催生了众多表现卓越的算法模型，广受瞩目。然而，在自然语言处理领域内，小样本学习的进展则相对迟滞，这主要归因于图像与语言在本质属性上的差异。具体而言，图像因其客观性较强，在样本稀缺情境下，特征提取较文本显得更为直接和高效。尽管如此，近年来，随着研究的深入，小样本学习在自然语言处理领域也逐步展现出其独特的潜力和发展态势。

小样本学习的形式化定义如下。针对某一任务T，我们设定有两个数据集——包含少量监督信息且与T直接相关的数据集D_T，以及虽与T不直接相关但富含先验知识的辅助数据集D_A。在此框架中，x代表输入数据，y为对应的监督信息，而X和Y则分别表示输入数据空间和监督信息空间的集合。小样本学习的核心旨在构建一种目标函数，该函数需充分整合D_T中稀缺的监督信息和D_A中丰富的先验知识，以实现将输入x精准映射至目标输出y的任务目标。

小样本学习领域常提及的N-way K-shot问题，其形式化定义聚焦于一种特定的学习场景：在包含多元类别的训练集中，每个类别均配备有限样本。训练过程中，系统随机选取N个类别，并从每个类别中抽取K个样本（共计NK个样本），构建支撑集用于模型训练。随后，从剩余数据中选取属于这N个类别的样本作为查询集，以测试模型能力。简而言之，模型需在NK个训练样本的基础上，学会辨识并区分这N个不同类别，此类学习任务即被界定为N-way K-shot问题。

（二）小样本学习类型

小样本学习任务中，先验知识的来源涵盖模型、数据及算法三大方面。据此，当前的小样本学习研究可细致划分为三大流派：一是聚焦于模型改进的策略，通过优化模型结构或参数以融入先验知识；二是基于数据增强的方法，利用先验知识丰富样本多样性，缓解数据稀缺问题；三是算法优化途径，通过调整或设计新型算法，更有效地利用先验知识指导学习过程。这三大流派各具特色，共同推动了小样本学习领域的持续发展。

1. 基于数据增强的方法

数据增强技术旨在利用辅助数据或信息来扩充小样本数据集或强化其特征表现。具体而言，数据扩充通过引入新数据（包括带标签数据、无标签数据或合成数据）来丰富原有数据集；而特征增强则是在原样本的特征域内增加判别性特征，以增强特征空间的多样性。基于此，数据增强策略可细化为3类：利用无标签数据、数据合成技术及特征强化手段。实践中，数据增强操作（如平移、裁剪、翻转、加噪声等）虽直观易懂，但其有效性往往受限于特定数据集，缺乏广泛的适用性。此外，设计这些操作时需要对特定领域有深入理解，限制了其在不同数据集间的灵活迁移，许多现有工作因此难以普适化。

2. 基于模型改进的方法

在模型改进的策略中，模型微调作为一种经典方法，其操作路径清晰：首先，在大规模源数据集上预训练一个分类模型；其次，在目标小样本数据集上精细调整该模型以适应新环境。为了优化微调效果，选取合适的微调技巧成为考量关键。然而，模型微调虽简便易行，但在面对源数据集与目标数据集间差异显著的真实应用场景时，易引发目标数据集上的过拟合现象。为克服这一局限性，迁移学习被引入小样本学习领域，旨在通过知识迁移策略，有效缓解因数据集差异导致的过拟合问题，为小样本学习开辟了更为广阔的应用前景。

在模型迭代求解过程中，每个阶段均趋近于获取问题的近似解。面对有限样本的挑战，缩小假设空间成为提升求解效率的关键。除模型微调这一传统策略外，基于模型改进的策略还涵盖了以下四种创新方法。

（1）多任务学习框架：因能同时应对多元任务而展现出强大的普适性和泛化能力。在处理并行任务时，模型参数既可共享优化，亦可依任务特性灵活关联。

（2）嵌入学习技术：通过将样本映射至低维空间，有效缩减假设空间范围，使得在有限样本条件下亦能高效求解模型近似解。此映射策略细分为任务定制型（依据任务特性定制映射）、通用型及混合型（融合任务与通用特征）。

（3）外部记忆辅助学习方法：首先从小样本数据集中提炼知识并存储于外部记忆中，随后对于新样本，则利用这些外部知识进行表示与匹配，显著缩小了搜索假设空间的难度。

（4）生成模型策略：核心在于学习小样本数据集的数据分布规律，进而构建出适用于广泛任务的模型基础，为后续任务提供强有力的数据生成与泛化能力。

3. 基于迁移学习的方法

迁移学习作为目前研究的前沿阵地，其核心在于将既有知识智慧迁移至全新领域。依据其学习架构，迁移学习方法可细化为度量学习、元学习及图神经网络三个分支。在度量学习框架下，一系列高效能的小样本学习模型应运而生，诸如原型网络与匹配网络等，均展现出优越性能。元学习方法则另辟蹊径，不仅聚焦于目标任务的模型训练，更在广泛的任务集合中获取元知识。面对新任务时，这些元知识如同钥匙，解锁模型参数的快速调整之路，促使模型迅速收敛至最优状态。近年来，图神经网络的崛起为小样本学习注入了新活力。研究者们巧妙地将图神经网络融入其中，不仅拓宽了研究视野，更在实践中取得了丰硕的成果，有力推动了小样本学习领域的发展。

（三）小样本学习经典方法

孪生神经网络作为度量学习框架下小样本学习领域的经典之作，其核心概念根植于度量这一数学基石。度量即距离函数，用于量化两个元素间的相隔远近，是相似度评估的桥梁。在相似度学习（亦称“度量学习”）的语境下，利用预设的距离函数来测度样本间的距离，进而判断其相似程度。在深度学习领域内，欧氏距离、马氏距离及余弦相似度等作为主流的距离度量工具，被广泛采纳。将这一度量学习框架巧妙融入小样本学习场景，旨在通过精确计算待分类样本与已知类别样本间的距离，寻找最近邻类别，以此为依据准确判定待分类样本的归属，实现高效且精准的分类目标。

孪生神经网络亦称“双生神经网络”，构建于两个相互耦合、结构一致且权重共享的神经网络之上。如图5-7所示的孪生神经网络结构图，该网络框架特色鲜明，包含两个平行的子网络分支，它们各自独立接收输入x_1与x_2，并将其映射为向量表示$G_w(x_1)$与$G_w(x_2)$。随后，采用特定距离度量E_w对这两组向量进行相似度评估，从而量化输入间的关联程度。

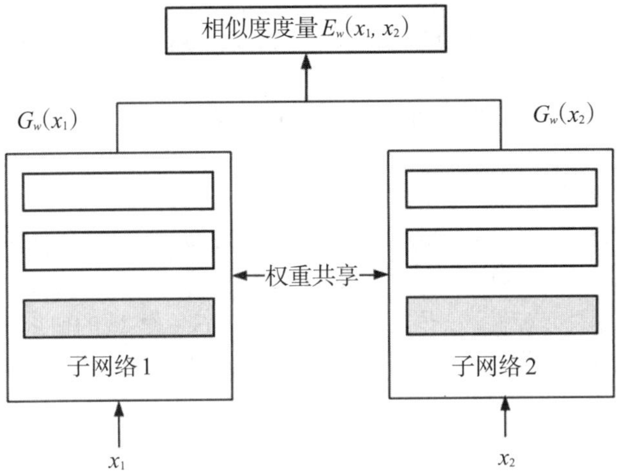

图5-7　孪生神经网络结构图

孪生神经网络中常用的相似度度量函数是对比损失函数。若输入为一对从训练数据中随机选中的样本（x_1，x_2），则对比损失函数为

$$L(x_1,x_2)=\frac{1}{2}(1-Y)E_w(x_1,x_2)^2+\frac{1}{2}Y\{\max(0,m-E_w(x_1,x_2))\}^2 \tag{5-29}$$

式中，Y为二值变量，用于指示样本（x_1，x_2）是否属于同一类别（同类为1，异类为0）；m为预设的安全阈值距离，当x_1与x_2之间的距离小于m时，对比损失函数值归零。孪生神经网络通过迭代优化过程，旨在最小化同类样本间的损失，同时最大化异类样本间的损失，以此训练出一个能够有效判别物体相似性的网络模型。在小样本学习场景下，通过比较查询集图片与支持集中图片的相似度，选取相似度最高的匹配项，往往能够取得较为理想的效果。然而，当孪生神经网络应用于多类别识别任务时，该逐一比对过程可能会面临效率瓶颈，影响整体处理速度。

四、持续学习

在当今多元化的任务场景中，基于学习的方法普遍展现出良好性能，但这强烈依赖于一个核心前提：训练集与测试集数据分布的高度一致或相似性。一旦环境变迁，系统往往难以自如应对，暴露出局限性。对于追求真正智能的系统而言，其不可或缺的能力之一便是对环境变化的灵活适应。在探索智能系统适应性的诸多路径中，迁移学习与持续学习并驾齐驱。迁移学习侧重于知识的跨任务传递，旨在将旧任务中学到的宝贵经验有效迁移至新任务，其核心聚焦于提升系统在新任务上的表现。相较之下，持续学习则秉持更为全面的视角，它不仅要求系统在新任务上保持竞争力，同时强调系统在过往任务上性能的稳定与延续，以此确保系统知识的持续增长与无缝衔接。

（一）持续学习概念

持续学习，亦称“增量学习”或“终身学习”，作为一种先进的机器学习方法，其核心在于让模型能够不断吸纳新知，而非对旧有知识库进行全盘重建。该方法赋能模型，使其能在动态且日益复杂的环境中持续进化，逐步累积并整合新知。在持续学习的框架下，模型以一种流式学习的姿态，随着训练数据的持续注入，逐一应对并吸收每批数据及其伴随的任务，从而实现对所有既定任务的渐进式掌握。这一过程凸显了持续学习的本质：无须预知全局数据，而是采取“即来即学”的策略，灵活应对每一个学习机会，最终实现全面的能力构建。

尽管深度神经网络模型在广泛的任务领域内展现出优越性能，但其在通过梯度下降法执行增量学习时，常面临严峻的挑战：显著的干扰效应及旧知识遗忘问题。具体而言，当模型为适应新任务而调整参数时，这一更新过程会不可避免地干扰其先前习得的旧任务解决能力，导致所谓的“灾难性遗忘”。持续学习作为这一领域的研究焦点，致力于探索有效策略，以缓解或消除此类干扰与遗忘，确保模型在持续学习过程中能够稳固积累并灵活运用新旧知识。

当前，持续学习尚未确立一个普遍公认的确切定义，这在一定程度上导致了其与在线学习、迁移学习及多任务学习等概念之间的界限模糊。尤需关注的是，持续学习与在线学习之间的根本差异：在线学习强调数据的一次性使用原则，且数据集专注于单一任务；持续学习则跨越多个任务，且在推进至新任务前，允许对当前任务数据进行多次迭代处理。

概括而言，持续学习的核心特征包括以下几点。

（1）知识累积性：在吸纳新知的同时，能够有效保留并应用过往学习的绝大部分知识，确保模型在旧任务与新任务上的双重高性能。

（2）资源效率性：随着处理任务数量的增加，系统的计算需求与内存占用应保持稳定或仅适度增长。理想情况下，一旦某任务学习完成，其相关观测数据即可安全丢弃，以节省资源。

（3）持续适应性：展现出对新任务与新数据的持续学习能力，无论这些新任务何时出现，模型都应保持可训练状态，灵活应对变化。

（二）持续学习的类型

根据任务信息在持续学习过程中的使用方式和信息存储方式，持续学习可以分为以下三类。

1. 基于正则化的持续学习

该类学习方法的核心理念在于，通过向新任务的损失函数施加约束性策略，有效防止旧知识被新知识学习过程中的信息覆盖。正则化持续学习方法尤为引人注目，其优势在于无须依赖旧数据来回顾已掌握的任务，从而展现出最为简洁与高效的持续学习范式。此类方法涵盖了多种基于正则化的技巧，以灵活应对持续学习的挑战。

（1）微调策略在持续学习中的挑战：由于缺乏旧任务参数与样本的直接指导，采用微调方法时，模型在旧任务上的性能往往下降明显，此现象成为该方法不可忽视的局限。

（2）联合训练的局限：作为持续学习领域的性能标杆，该方法通过整合所有已知数据对模型进行全面重训，尽管能实现最佳效果，但其高昂的训练成本却常令研究者望而却步。

（3）特征抽取法的局限：该方法聚焦于利用现有数据训练模型，并固定用于新任务的共享参数，从而保持对旧任务的记忆稳定。然而，该方法也限制了模型对新任务独特特征的有效捕捉能力，导致模型在新任务上的性能表现不尽如人意。

2. 基于回放的持续学习

该类方法秉持“温故而知新”的理念，即在训练新任务之际，精心挑选并保留部分具有代表性的旧数据，旨在使模型在学习新知的同时，亦能巩固既往所学。因此，核心议题聚焦于如何甄选旧数据中的关键部分，并设计高效策略将其融入新数据的训练流程中。基于回放机制的持续学习，虽成效明显，却也面临挑战：它要求额外的计算资源与存储空间以支撑旧知识的回顾，随任务种类扩增，成本攀升与样本代表性衰减的风险并存。尤为值得注意的是，在实际部署场景中，数据隐私的安全性问题亦不容忽视，可能构成潜在威胁。

3. 基于参数隔离的持续学习

该类方法通过为每项任务分配专属模型参数，有效解决了知识遗忘的难题。在模型规模无严格约束时，可灵活选择为每项新任务增设独立模型分支或复制整个模型。若模型规模受限，则需要维持静态结构，并为每个任务划定并锁定模型的一个独立分支。新任务学习之际，策略性地遮蔽旧任务相关模型结构，以确保训练过程的纯净性。然而，参数隔离法常受限于多头任务模型框架内，对于多任务共享场景，其效能或有所折扣。

相比之下，基于正则化与回放机制的持续学习备受瞩目，更贴近持续学习的核心追求。参数隔离法因对参数与计算资源的高额需求，往往适用于较为简化的任务增量学习场景，难以全面应用于复杂多变的实际应用之中。

（三）持续学习经典方法

持续学习作为深度学习领域的一项长远追求，旨在使模型能够顺序处理一系列任务，并有效迁移过往知识以加速学习进程。渐进式神经网络作为一种创新的网络架构，专为应对持续学习挑战而生，特别是在处理连续涌现的任务时展现出突出能力。渐进式神经网络通过为新任务动态实例化神经网络列（子网络），并构建侧向连接以桥接这些列，实现了知识的跨任务传递与持续累积。此架构良好地平衡了新旧知识的保存与更新，有效规避了传统神经网络在持续学习场景下易遭遇的灾难性遗忘困境，为深度学习的持续进步开辟了新路径。

渐进式神经网络的工作机制的精练阐述如下。

（1）初始化基石：开始时，模型奠定基石，以单列神经网络为核心，该列内置多层隐藏结构，专为初始任务量身打造。

（2）任务适应性扩展：面对新任务挑战，模型灵活应变，即时实例化全新神经网络列。此新列的初始参数随机散布，随后于训练过程中逐步精调至优。

（3）知识桥梁——侧向连接：在训练过程中，新建列与前辈列间巧妙搭建侧向通路。此连接让新知得以汲取旧知之精髓，知识迁移自然而然，水到渠成。

（4）旧知守护——参数冻结：新建列锐意进取之时，前辈列之智慧结晶则被精心保护，参数冻结以防新知风暴之侵扰。

（5）持续进化之路：随着任务接踵而至，模型展现无限活力。它们通过侧向连接紧密相连，共同编织成一张庞大的知识网络。在这条持续迭代的道路上，模型不断壮大，处理新任务越来越高效精准，展现了深度学习的魅力。

渐进式神经网络巧妙地将持续学习任务内置于模型架构核心，通过为每项待解任务动态实例化一全新神经网络列（即子网络），有效应对了灾难性遗忘的挑战。此外，利用与已学习列特征间的横向连接机制，渐进式神经网络实现了知识的顺畅传递与累积。该网络架构始于单一列，即一个包含L层隐藏层的神经网络，为持续学习之旅奠定坚实基础：$h_i^{(1)} \in \mathbf{R}^{n_i}$，其中$n_i$表示这一层的每个单元，参数$\Theta^{(1)}$经过训练而收敛。当切换到另一个任务时，参数$\Theta^{(1)}$被冻结，新的参数$\Theta^{(2)}$进行初始化，同时层$h_i^{(2)}$同时从$h_{i-1}^{(2)}$和$h_{i-1}^{(1)}$接收。具体来说，生成$K$个任务的模型表示为

$$h_i^{(k)} = f(w_i^{(k)} h_{i-1}^{(k)} + \sum_{j<k} U_i^{(k:j)} h_{i-1}^{(j)}) \tag{5-30}$$

式中，$w_i^{(k)} \in \mathbf{R}^{n_i \times n_j}$表示从第$j$列上第$i-1$横向连接的权重；$f(\cdot)$表示一个非线性的元件：$f(x)=\max(0,x)$。图5-8所示为当$K=3$的时候，渐进式神经网络的工作流程示意图。

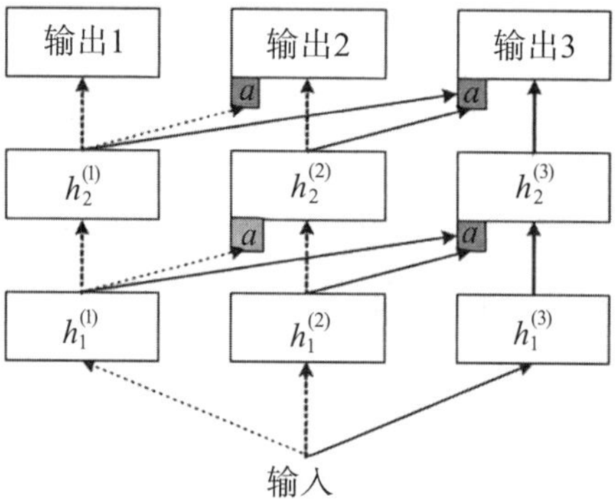

图5-8　渐进式神经网络的工作流程示意图

渐进式神经网络在不损害既有学习成果的基础上，实现高效迁移学习，在强化学习领域广受好评。值得注意的是，渐进式神经网络虽为序列任务学习构筑了坚实基石，但仍面临诸多挑战。其面临的挑战之一即随着任务数量的攀升，参数规模也呈现扩张态势。深入分析揭示，新增容量中仅部分得到实质利用，且此趋势随列数的增加而加剧。为解决此增长瓶颈，策略可聚焦于缩减层数或容量、实施修剪或在线压缩等手段。另外，尽管渐进式神经网络在测试时能够维持解决全部K个任务的能力，但在推理阶段选择恰当的列进行应用，却需要依赖对任务标签的先验认知。这一发现为未来的研究指明了方向，即如何在保持高效学习能力的同时，进一步提升网络的灵活性与智能性。

（四）持续学习面临的问题和挑战

持续学习作为一个广阔而开放的研究领域，当前基于深度学习的探索多聚焦于有监督分类、任务增量及多头网络结构的框架内。然而，这类特定训练范式往往难以直接迁移至高度动态、非结构化的真实场景，尤其是多头网络架构下的持续学习，实则掩盖了解决该问题的本质难度。鉴于此，尽管当前研究侧重监督学习，但深入探索无监督持续学习及其他持续学习范式，以更贴近现实环境，显得尤为必要且意义深远。

值得注意的是，多数现有持续学习方法隐含新增任务与旧任务间性质差异不宜过大的假设，一旦差异过大，这些方法往往性能骤降，甚至不及基础模型。此外，广泛研究表明，尚无一种通用方法能在所有条件下均表现出色，多数方法均对模型架构、数据特性及超参数设定高度敏感。因此，开发一种能在各种任务设定下均保持稳健性能的持续学习技术，成为极具价值的研究方向。

本章小结

本章伊始，简要概述了深度学习的基本概念，随后采用由浅入深、逐层递进的方式，深入剖析了深度学习的核心理论与方法，并追溯了其发展历程。这些基石性的理论与技术不仅是深度学习领域的精髓所在，更为应对复杂机器学习挑战提供了强有力的工具与解决方案，为深度学习的广泛应用与持续进步奠定了坚实的基础，促进了人们对深度学习模型内在机制与性能表现的深刻洞察。值得强调的是，深度学习的理论体系正处于不断演进与完善的动态过程中，当前对深度学习模型的全面理解尚属未竟之业。

本章习题

1. 简要总结深度学习的概念及特点。
2. 简述深度学习中梯度消失、过拟合现象的产生机理。
3. 简述什么是生成对抗网络？
4. 深度学习的优化算法有哪些？
5. 深度学习的方法有哪些？

第6章

强 化 学 习

第一节 强化学习概述

一、强化学习的定义与特点

强化学习亦称“再励学习”或“增强学习”，是模拟生物学习机制的一种先进算法。该算法通过让智能体在感知到的环境中执行动作，并依据环境对这些动作的适应度反馈，对动作进行自动调整与优化，旨在不断提升动作策略，以更高效地适应复杂多变的环境。

在联结主义学习框架下，学习范式被精细划分为无监督学习、监督学习、半监督学习及强化学习四个类别。其中，强化学习独树一帜，其特征在于训练过程中需要环境提供即时反馈及具体的反馈值，而非依赖预设的标签或输出。强化学习不局限于分类任务范畴，亦非如金融反欺诈中辨别客户性质那般直接明确，而是侧重于引导训练对象在每一步决策中探索最佳行动策略，以实现特定目标或收益最大化。以 AlphaGo 围棋对战为例，AlphaGo 作为强化学习的实践者，其对于每一步棋并非进行简单的对错评判，而是基于环境反馈进行“好坏”的衡量。在特定棋局下，一步棋若能带来积极态势，则被视为佳作；否则可能为败笔。强化学习的精髓在于，AlphaGo 每一步行动均能获得环境清晰量化的反馈，明确指示其行动效果的优劣程度。在此场景下，强化学习的终极目标是引导棋子占据更多棋盘空间，从而赢得比赛的最终胜利。

强化学习致力于解决的核心问题是：主体如何通过学习来选择最优动作，以实现其既定目标。在此过程中，主体在环境中执行动作后，环境（或施教者）会反馈奖励或惩罚信息，以指示动作结果的正误性。以棋类对弈训练为例，当主体赢得游戏时，将获得正面回报；若失败，则遭受负面反馈；其余情况则无额外回报。主体面临的挑战在于，需要从这些非即时、带有时滞性的回报中提炼学习经验，以优化后续动作策略，从而最大化累积奖励。

强化学习作为机器学习领域的重要分支，其学习流程融合了监督学习与无监督学习的元素，且独具鲜明特色。其核心特点概述如下。

（1）动态试错性：强化学习是一个动态且充满试错的过程。在此过程中，训练主体需要与环境持续交互，依据环境反馈的信号，不断调整优化自身行为策略。这一过程无须外界直接指导，仅凭环境反馈的信号进行。训练主体通过不断试错，积累经验，逐步摸索出每一步的最佳行动方案。值得注意的是，环境提供的强化信号仅是对动作优劣的评价（通常以标量形式），而非指导如何生成正确动作的指令。鉴于外部环境信息稀缺，强化学习系统需要依靠自身经历进行自我提升，在行动与评价的循环中汲取知识，优化策略以适应环境变迁。

（2）延迟累积奖励：与监学习和无监督学习不同，强化学习采取了一种更为长远的评估方式——延迟累积奖励。这意味着学习效果的衡量并非基于即时的奖惩，而是整个决策序列累积的奖励总和。这一机制赋予了强化学习处理复杂长期依赖任务的能力，使之更能适应现实世界的挑战。

（3）序列决策优化：强化学习的核心任务之一在于解决序列决策问题，即在面对连续多个决策点时，如何做出最优选择以完成最终目标。这一过程要求系统不仅关注当前决策的即时效益，还需要前瞻性地考虑未来决策的影响与后果，实现全局最优而非局部最优。

二、强化学习的组成部分

强化学习的架构主要由智能体、环境、状态、动作及奖励五大核心要素构成。在此框架中，环境构成了学习任务的宏观背景，而智能体则扮演了训练与执行的关键角色，亦常被译为“代理”。状态反映了智能体与环境交互的即时情境，动作则是智能体基于当前状态所能采取的应对措施，如移动、落子等。二者紧密相连，状态直接决定了动作的可行范围。至于奖励，它是智能体执行特定动作后从环境中获取的反馈信息，既可能是正面的激励，也可能是负面的惩罚。在本书中，“奖励”一词被广义地用作环境反馈的统称，旨在涵盖所有形式的评价信号，无论是正向的鼓励还是负向的批评。

在强化学习过程中，智能体执行特定动作后，环境随即转换至一新状态，并伴随以奖励信号（正面或负面）作为反馈。随后，智能体依据新状态及环境奖励，遵循既定策略执行后续动作。这一过程体现了智能体与环境间通过状态、动作与奖励的紧密交互。据此，强化学习模型可概括为：智能体依据策略选择行动，随后观察新状态与即时奖励，并据此调整策略，其终极目标在于最大化累积奖励。强化学习的基本架构如图6-1所示。

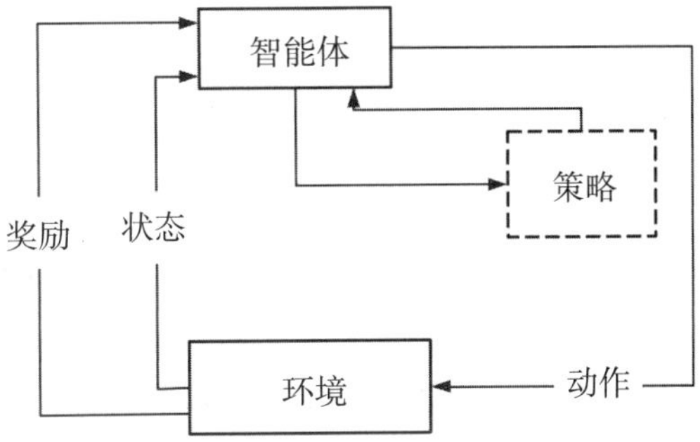

图6-1 强化学习的基本架构

强化学习的基本架构核心由智能体与环境构成，两者通过奖励、状态及动作三大信号实现紧密互动。设想智能体所处的环境被刻画为一系列可能的状态集合S，而智能体则拥有执行任意动作的能力，这些动作构成集合A。在强化学习系统中，环境状态s作为输入被接收，系统内部依据复杂的推理机制，输出相应的行为动作a。随后，环境响应此动作a，转变至新的状态s'。在此过程中，系统不仅获取新状态s'的输入，还即时获得来自环境的奖惩反馈，即立即回报r。具体而言，每当在状态s_t下执行动作a_t时，智能体即获得一个立即回报r_t，并观察到环境进入新的状态s_t+1。这一过程循环往复，构建出一系列由状态s_i、动作a_i及立即回报r_i组成的序列。图6-2清晰地描绘了强化学习的动态交互过程。

$$s_0 \xrightarrow[r_0]{a_0} s_1 \xrightarrow[r_1]{a_1} s_2 \xrightarrow[r_2]{a_2} \cdots$$

图6-2　强化学习的动态交互过程

对于强化学习系统而言，其核心目标是学习一种行为策略π：$S \to A$，旨在使系统所选动作能够最大化环境奖励的累积总和。简而言之，系统致力于最大化序列$r_0 + \gamma r_1 + \gamma^2 r_2 + \cdots$（其中$0 \leqslant \gamma < 1$，$\gamma$为折扣因子），以确保长期收益最优。强化学习技术的基本运作机制在于：当系统执行某一动作并获得环境正反馈（即奖励）时，该动作在未来被选择的倾向性将增强；相反，若导致负反馈，则此动作的未来被选择的倾向性将减弱。这一机制与生理学中的条件反射现象具有相似性，体现了学习过程中的正向强化与负向抑制原理。

第二节　强化学习的发展、元素及分类

一、强化学习的发展

强化学习这一概念，其渊源可追溯至20世纪60年代，由明斯基在其1961年的论文中率先提出，而试错学习的方法实则在此之前已悄然萌芽。如今，强化学习的发展脉络普遍被视为两大源流汇聚而成：一脉源自心理学，致力于模仿动物学习过程中的试错机制；另一脉则植根于求解最优控制问题的探索。这两条路径起初各自为营，独立演进。心理学中的试错法，自20世纪50年代末至60年代初，便成为推动人工智能进步的一股不可忽视的力量，间接促进了强化学习理念的深化。至20世纪80年代初，随着人工智能研究热潮的兴起，试错法更是受到了学者们的广泛瞩目与深入研究。与此同时，求解最优控制问题的方法，通过动态规划技术来追寻最优值函数的途径，亦在并行发展。直至80年代末，时间差分法的出现开辟了第三条道路，它巧妙地融合了前两者的精髓，不仅为强化学习注入了新的活力，更稳固了其在机器学习领域中的核心地位。

（一）心理学的动物学习

心理学领域内的动物学习机制，历来是早期人工智能算法探索的重要方向之一。那时的研究者们致力于通过模拟人类大脑与动物的学习过程，来构建智能模型与算法，其中试错学习作为核心策略占据了重要地位。20世纪50—60年代，包括明斯基、克拉克（Clark）及法利（Farley）在内的众多学者，均在此领域内深耕不辍，力求突破。然而，随着研究的深入，许多原本聚焦于强化学习的探索逐渐转向了监督学习算法的范畴，尽管这些算法中仍蕴含着奖励与惩罚的概念，但其核心已转向模式识别与感知学习系统。在此期间，多纳德·米琪（Donald Michie）所提出的MENACE（matchbox educable naughts and crosses engine）系统，作为解决Tic-Tac-Toe（井字棋）游戏的代表性方法，尤为引人注目。与此同时，在心理学的动物试错学习路径中，时间差分学习这一分支同样值得高度重视。它巧妙地吸收了动物心理学中的精髓，尤其是食物与疼痛等外界刺激对动物行为的影响，为强化学习领域注入了新的灵感。尽管在时间差分学习初期，其并未在试错学习领域内占据主导地位，但对于后续强化学习模型的演进，其作用却是不可估量的。

（二）最优控制

最优控制作为与强化学习紧密相连的另一重要研究领域，其概念在20世纪50年代末被明确用于阐述动态系统中控制器行为随时间变化的最小化问题。20世纪50年代中期，理查·贝尔曼（Richard Bellman）等学者在哈密顿和雅可比理论的基础上进行了关键性拓展，他们引入了状态信息及值函数的概念，进而定义了“最优回报函数”，这实质上正是求解强化学习通用框架所依赖的贝尔曼方程。通过求解贝尔曼方程，间接解决了最优控制难题，这一方法随后演化为动态规划技术，并采纳马尔可夫决策过程作为描述最优控制流程的核心框架。紧随其后，1960年，罗纳德·霍华德（Ronald Howard）提出了利用策略迭代法求解马尔可夫决策过程的新思路，进一步丰富了这一领域的理论体系。理查·贝尔曼与罗纳德·霍华德的上述贡献，共同构筑了现代强化学习理论与算法不可或缺的基石。

（三）时间差分

时间差分法的诞生可追溯至20世纪80年代末，其在无模型强化学习任务中占据了举足轻重的地位。理查德 S·桑顿（Richard S. Sutton）在时间差分法的研究上深受动物学习机制理论研究的启发。1981年，理查德洞察到先前研究者的诸多努力实则蕴含了时间差分与试错法的精髓，于是创新性地构建了“演员-评论家架构”这一强化学习新框架，并将其成功应用于极点平衡问题的求解中。1988年，理查德进一步剥离了时间差分中的策略控制概念，将其独立发展为强化学习策略预测的关键方法。

随后，克里斯·沃特金斯（Chris Watkins）等人在1989年推出了Q-learning算法，该算法巧妙融合了最优控制理论与时间差分法的优势，标志着强化学习领域的又一里程碑。此后，强化学习迎来了发展的黄金时期，克里斯·沃特金斯等人的贡献极大地推动了强化学习在人工智能、机器学习及神经网络等多个领域的快速发展。尤为值得一提的是，格瑞·特索罗（Gerry Tesauro）利用TD-Gammon算法在西洋双陆棋游戏中击败了顶尖人类选手，这一情况不仅彰显了强化学习的巨大潜力，也引发了公众与媒体的广泛热议。然而，随着PageRank、K均值聚类算法、KNN、AdaBoost、SVM、神经网络等机器学习算法的蓬勃兴起，强化学习因缺乏突破性进展而逐渐淡出研究前沿，步入了一段相对沉寂的时期。

（四）深度强化学习

2013年，深度强化学习（强化学习与神经网络的巧妙融合）的横空出世，不仅让强化学习以崭新姿态重返公众视野，更掀起了该领域的第二轮研究热潮。深度强化学习的核心理念在于通过时间差分学习的范例，依托值函数、策略、环境模型、状态更新及奖励等关键信号，运用逼近函数策略构建算法。深度强化学习作为近年来函数逼近领域的典范，与强化学习的结合更是相得益彰。

谷歌对DeepMind的收购成为一重要转折点，DeepMind随后以深度Q网络（Deep Q-Network，DQN）深度强化学习技术征战Atari 2600游戏，取得了一系列令人瞩目的佳绩。随后，AlphaGo围棋程序的诞生更是震撼全球，其先后击败人类围棋界的顶尖高手李世石与柯洁，彰显了深度强化学习的无限可能。自此，深度强化学习持续被广泛关注，研究者们聚焦于提升其样本效率、探索与利用的平衡、增强通用性及提升可解释性等核心挑战。同时，强化学习在现实应用领域的拓展也硕果累累，在机器人控制、自动驾驶、资源优化配置等领域均取得了明显进展。

综上所述，强化学习作为人工智能技术的重要组成部分，正经历从传统到深度学习的深刻变革，并在理论与实践层面实现了重大突破。展望未来，随着算法与技术的持续精进，强化学习必将在更多领域发挥重要作用，驱动人工智能技术的进一步发展。

二、强化学习的元素

强化学习算法的核心可由4个元素精准描绘：策略，作为智能体行为的导航；奖赏函数，衡量环境对智能体表现的反馈；值函数，记录每一时刻智能体执行任意动作所期望获得的报酬；环境模型，提供对外部世界状态转变的预测。这些元素共同构成了强化学习算法的基础框架。

（一）策略

策略定义为智能体在给定状态下应选取的动作，它是状态空间至动作空间的映射机制。在强化学习领域，策略普遍以π符号表示，而该领域的终极目标是探寻出最优策略π^*。此策略由一系列精心排序的动作组成，当智能体遵循此序列行动时，能够最大化其累积报酬，该报酬水平则由奖赏函数精确量化。

（二）奖赏函数

对于智能体而言，某一状态下某动作的值函数不仅涵盖了该动作的即时奖赏，还融入了执行此动作后所能获得的未来期望奖赏，即该动作-状态对的值函数是基于该动作执行后所有后续期望奖赏的加权和。常见的累积奖赏计算方式有两种：T步累积奖赏与γ折扣累积奖赏，前者关注固定步数内的总奖赏，而后者则通过折扣因子γ平衡了即时奖赏与长远奖赏的重要性。

T步累积奖赏：

$$E\left(\frac{1}{T}\sum_{t=1}^{T}r_t\right)$$

γ折扣累积奖赏：

$$E\left(\sum_{t=0}^{+\infty}\gamma^{t}r_{t+1}\right)$$

（三）值函数

值函数是整个强化学习算法得以进行的根基，对每一个动作–状态对的期望奖赏和进行求解更新是算法的核心内容。

（四）环境模型

上述3个元素构成了强化学习不可或缺的基础框架，而在强化学习过程中，智能体与环境的交互及其动态影响同样至关重要。鉴于强化学习的初衷是创造能在任意环境中高效运作的算法，其当前发展主要分为两大流派：有模型学习与无模型学习。这两者的核心差异在于智能体是否掌握或尝试构建环境的内在模型。由模型学习赋予智能体以模型为基预测未来状态、预先规划行动路径的能力，其优势显而易见。然而，模型构建过程中的误差不可忽视，这可能导致智能体虽在模拟环境中表现优异，但一旦转至真实场景，其效能却大打折扣。相比之下，无模型学习算法在实现与调整上展现出更高的灵活性。因此，目前主流强化学习方法普遍聚焦于无模型学习，以其作为推动技术进步的主要路径。

三、强化学习的分类

强化学习是一种机器学习方法，它让智能体在与环境交互的过程中，通过不断尝试和反馈，学习到最优的行为策略。强化学习算法可以根据不同的角度进行分类，具体如下。

（一）基于是否依赖模型

（1）model-based方法：根植于对环境的明确建模之上。智能体的首要任务是学习或构建一个预测模型，该模型能够精准预判在特定状态下执行某动作后可能引发的状态变迁及伴随的奖励。随后，智能体凭借此模型筹划后续行动序列，以期实现累积奖励的最大化。此类方法虽常展现出良好的样本效率，但精确构建环境模型的挑战亦不容忽视。

（2）model-free方法：摒弃了对环境显式建模的依赖，转而采用直接与环境交互的策略，以探索并学习如何最优地累积奖励。model-free方法进一步细化为两大分支：价值导向型方法与策略导向型方法，各自以其独特的方式追求目标的最优实现。

（二）基于优化对象

（1）value-based方法：聚焦于评估每个状态或状态-动作对的潜在价值（预期累积回报），从而指引智能体选择价值最高的动作。在该类方法中，Q-learning、SARSA（state-action-reward-state-action）及DQN（deep Q-network）等皆为典型代表。

（2）policy-based方法：直接聚焦于策略的优化，构建从状态到动作的映射机制。通过梯度上升等算法迭代更新策略参数，以最大化累积回报的期望。策略梯度方法是这一领域的标志性成就。

（3）actor-critic 混合方法：巧妙融合 value-based 与 policy-based 之精髓，引入演员-评论家（actor-critic）架构，actor 网络负责生成动作决策，而 critic 网络则担任评估角色，量化动作的价值或 Q 值（动作价值函数）。actor 网络依据 critic 网络的反馈不断优化策略参数，两者相辅相成。

（三）根据是否使用记忆

（1）on-policy 学习法：学习过程中的智能体与执行决策、与环境交互的智能体合二为一。换言之，智能体在实时学习策略的同时，也依据当前策略做出决策，并利用这些决策生成的数据反馈来迭代优化策略。

（2）off-policy 学习法：区别于 on-policy，此方法中学习与执行任务的智能体分离。off-policy 策略通过将目标策略与行为策略分离，实现了在保持探索精神的同时，追求全局最优解的目标。然而，其挑战在于如何有效利用一个策略下搜集的数据来优化另一个策略。Q-learning 是典型的 off-policy 学习方法。

（四）其他分类方式

（1）蒙特卡罗方法（Monte Carlo method）：其核心构思在于构建一概率模型或随机过程，其参数或统计特性直接映射于所求问题的解。随后，通过对该模型或过程的观测与随机抽样，计算得出所需参数的近似值或统计特征的估计，从而逼近问题的真实解。

（2）时间差分法：巧妙融合了动态规划的预测优势与蒙特卡罗方法的采样灵活性，成为强化学习领域的一大亮点。在时间差分法下，既有以 SARSA 为代表的 on-policy 策略，也有以 Q-learning 为代表的 off-policy 策略，二者各展所长。

值得注意的是，上述分类体系并非相互排斥，一个强化学习算法完全可能跨越多个分类边界。以 DQN 为例，它便是 model-free、value-based 及 off-policy 三种属性的集大成者，充分展现了强化学习领域的丰富多样与复杂性。在实际应用中，需要依据具体问题的性质与需求，精心挑选最为适配的算法策略。

第三节　强化学习方法

一、马尔可夫决策过程

基于马尔可夫决策过程框架，学习控制策略问题可一般性地表述为：主体能够感知环境的一系列状态集合 S，并拥有一系列可执行的动作集合 A。在每个离散的时间步 t，主体根据当前状态 s_t 做出决策，选择执行动作 a_t。随后，环境根据该动作和当前状态，通过确定的回报函数 $r(s_t, a_t)$ 给予即时奖励 r_t，并通过状态转移函数 $\delta(s_t, a_t)$ 确定性地生成下一个状态s_t+1。在马尔可夫决策过程的设定中，$\delta(s_t, a_t)$ 和$r(s_t, a_t)$ 仅依赖于当前的状态与动作，此处我们先考虑它们为确定的情况。主体的核心任务在于学习一个映射策略π：$S \to A$，该策略能根据当前状态s直接决定应采取的动作a_t，即$\pi(s_t) = a_t$，旨在使主体在整个决策过程中获得的累积回报最大化。

策略π从初始状态s_t获得的累积值为

$$V^{\pi}(s_t)=r_t+\gamma r_{t+1}+\gamma^2 r_{t+2}+\cdots=\sum_{t=0}^{\infty}\gamma^i r_{t+i} \tag{6-1}$$

在此情境中，回报序列$\{r_t+i\}$的生成始于状态s_t，并遵循策略π连续选取后续动作，具体为：$a_t = \pi(s_t)$，$a_t+1 = \pi(s_t+1)$，依次类推。其中，常数$\gamma(0 \leqslant \gamma<1)$扮演着重要角色，它精准地平衡了即时回报与未来延迟回报的权重。具体而言，未来的第i时间步的回报将依据γ的i次方进行指数衰减，体现了对未来价值的递减重视。式（6-1）所定义的$V^{\pi}(s_t)$被广泛称作策略π自初始状态s_t起所获得的、经γ折扣的累积回报的期望值。

学习控制策略的任务是，要求主体学习到一个策略π，使对于所有状态$V^{\pi}(s)$为最大，表示为

$$\Pi=\operatorname{argmax}V^{\pi}(s),(\forall s) \tag{6-2}$$

为简化表示，最优策略的值函数$V(s)$记作$V^*(s)$。$V^*(s)$给出了当主体从状态s开始时可获得的最大折算累积回报，即从状态s开始遵循最优策略时获得的折算累积回报。马尔可夫决策过程如图6-3所示。

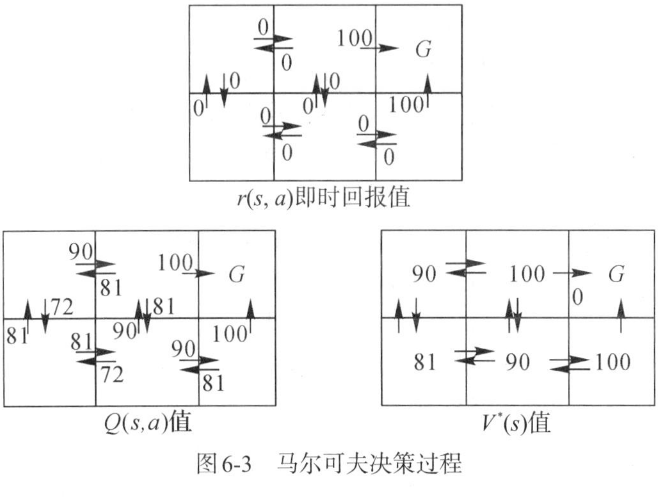

图6-3　马尔可夫决策过程

图6-3上部展示了一个简洁的网格状环境，其中每支箭头象征着主体可能采取的行动路径，即从一个状态跃迁至另一个状态。与箭头相连的数字标示了，当主体在相应状态执行相应动作时所能获得的即时回报$r(s, a)$。值得注意的是，在此特定场景下，除导向目标状态G的转换外，其余所有状态至动作转换的即时回报均被定义为0。状态G被视为终极目标，主体唯有进入此状态方能收获回报。一旦主体抵达G状态，其后续行动仅限于停留于此。

图6-3右侧则展示了各状态的$V^*(s)$值，假设折扣因子γ=0.9。聚焦于图示右下角的状

态，其$V^*(s)$值为100，因为在该状态下，最优策略指导主体选择“向上”动作，立即获得100的回报，并随即进入状态G，不再接收额外回报。同理，对于中下方状态，其$V^*(s)$值为90，这是因为最优策略引导主体先向右移动（即时回报为0），随后向上跃迁，获得100的即时回报。据此，该状态的折算累积回报计算为：0（向右）+ 100γ + 0（假设从G状态返回的中间步骤无额外回报，且忽略计算中的如20γ、30γ等小数项，以简化说明，实际计算应包含所有未来折扣回报）。

二、Q-learning

（一）Q-learning概述

Q-learning作为强化学习领域的一种经典算法，能够在缺乏环境先验知识的情况下，通过持续的试错、深入探索与不断学习，逐步逼近最优策略。该算法在游戏智能体决策领域，尤其是棋类对弈等场景中，展现出了广泛的应用潜力。Q-learning根植于动态规划的理论土壤，其核心在于利用一个Q函数（Q-function）来评估每个状态-动作对的长期价值（即状态-动作对的预期回报），进而指导智能体选择最优策略。

尽管Q-learning以其坚实的理论基础和广泛的适用性著称，但在实际应用中也面临着挑战，如可能陷入局部最优解等。因此，在部署该算法时，需要精心设计评估指标与调整参数，以期获得更佳的性能表现。特别地，当环境的状态与动作空间均呈现离散且规模较小时，Q-learning成为理想的选择。不同于传统策略优化方法，Q-learning并非基于既定策略进行优化，而是从零开始构建策略，该策略以表格形式呈现，其输入涵盖状态与动作，输出则是对各状态下各动作价值的评估。Q-learning的数学基石在于贝尔曼方程，该方程为动作价值函数的定义提供了理论基础，即在给定状态下，通过计算每种可能动作的价值（或预期奖励），来指导智能体的决策过程。贝尔曼方程的基本形式如下所述：

$$
\begin{aligned}
v(s) &= E[G_t|S_t=s] \\
&= E[R_{t+1}+\lambda R_{t+2}+\lambda^2 R_{t+3}+\cdots|S_t=s] \\
&= E[R_{t+1}+\lambda(R_{t+2}+\lambda R_{t+3}+\cdots)|S_t=s] \\
&= E[R_{t+1}+\lambda G_{t+1}|S_t=s] \\
&= E[R_{t+1}+\lambda v(S_{t+1})|S_t=s]
\end{aligned}
$$

式中，s为一个具体状态值；S_t与S_{t+1}则分别为当前时刻与紧接着的下一时刻的状态；R_{t+1}为t+1时刻所获得的即时奖励；G_t代表t时刻起的总累积回报，它涵盖了当前决策在未来各时间点可能带来的多种形式的奖励。这里的G_t不仅是对当前即时奖励的反映，更是对当前决策所带来的长期奖励的综合考量，称为“价值函数”。贝尔曼方程深刻揭示了当前状态的价值是如何由下一状态的价值及当前时刻的即时奖励共同决定的。

1. Q-table的定义

Q-learning算法过程是一种交互式方法，智能体通过探索环境并根据收到的奖励更新Q-table来学习。Q-table示意图见表6-1所列，其中$Q(s,a)$表示状态s下动作a的Q-function值。

表6-1 Q-table示意图

状态	动作			
	上(1)	下(2)	左(3)	右(4)
1	$Q(1,1)$	$Q(1,2)$	$Q(1,3)$	$Q(1,4)$
2	$Q(2,1)$	$Q(2,2)$	$Q(2,3)$	$Q(2,4)$
⋮	⋮	⋮	⋮	⋮
25	$Q(25,1)$	$Q(25,2)$	$Q(25,3)$	$Q(25,4)$

Q-table以其独特的行列结构，存储了特定环境下各状态对应最佳行为的预期奖励信息。这一工具赋能智能体，使其能够洞悉在不同情境下哪些行动更有可能促成积极结果。在Q-table中，行象征着智能体可能遭遇的多样状态，而列则映射出它可采纳的行动选项。随着智能体与环境互动，并基于奖励或惩罚的反馈进行学习，Q-table内的数值随之更新，精准反映智能体的学习成果。如此一来，智能体能够迅速查阅任意特定状态-动作对的预期未来收益，从而精准导航至更优状态。

2. Q-function的定义

Q-table与Q-function的概念紧密相连，后者作为一个数学表达式，直接以环境的当前状态及待考量行动为输入参数。Q-function随后输出该特定状态下，所采取行动的预期未来奖励值。依据贝尔曼方程的核心原理，Q-function得以明确定义如下：

$$Q(s,a) \leftarrow Q(s,a) + \alpha\left[r + \gamma \max_{a'} Q(s',\ a') - Q(s,a)\right] \tag{6-3}$$

式中，左端的$Q(s,a)$是状态s下动作a的新Q值；右边的$Q(s,a)$是原来的Q值；r是执行动作a后得到的奖励；$\max_{a'} Q(s',\ a')$是下一状态s'下，所有的动作α'中最大的Q值；α是学习率（控制每次更新的权重），$0\leqslant\alpha\leqslant1$；$\gamma$是折扣因子，$0\leqslant\gamma\leqslant1$，用于控制未来奖励的权重，表示对未来奖励的重视程度。

在实际应用中，常用其简化形式，取α=1，方程为

$$Q(s,a) \leftarrow r + \gamma \max_{a'} Q(s',a') \tag{6-4}$$

在强化学习中，$Q(s,\ a)$本来是状态s下采取动作a后的累积奖励，而贝尔曼方程说明，本步的奖励加上下一步的值函数$Q(s',\ a')$最大者，更接近$Q(s,a)$的真实值。Q-function用于更新Q-table中的Q值，表示状态s_t中动作a_t的最佳长期价值，智能体随后在每个后续状态中遵循最佳行为。

（二）Q-learning算法流程

Q-learning的学习流程始于Q-table的初始化，即将所有$Q(s,\ a)$值均设为0。随后，算法随机选定初始状态与动作，并依托贝尔曼方程进行迭代，持续更新Q-table中的值函数，直至算法达到收敛状态。最终所得的Q-table精确反映了各状态及动作的真实价值。训练完成后，智能体在决策时，针对每个状态均选择Q-function值最大的对应动作，从而高效、直接地导向最终目标。以下是Q-learning算法的简化伪代码表示。

```
Initialize Q(s,a) arbitrarily
Repeat (for each episode):
Initialize s
Repeat (for each step of episode):
    Choose a from s using policy derived from Q(e.g., ε-greedy)
    Take action a, observe r,s'
    Q(s,a)←Q(s,a) +a[r+γmaxa' Q(s',a') - Q(s,a)]
s←s';
until s is terminal
```

Q-learning算法的主要步骤如下。

（1）初始化阶段：初始化Q-table，Q-table用于存储每个状态-动作对的评估价值。确保针对每个可能的状态及其对应可行动作，在Q-table中均设有相应条目。

（2）环境互动环节：智能体开始与环境进行交互，依据当前环境状态及Q-table中的信息，智能地选择并执行一个动作。

（3）执行与观察：执行选定动作后，智能体密切观察环境的反应，记录下获得的即时奖励和由此产生的新状态。

（4）Q值更新机制：基于获得的奖励与新状态信息，利用Q-function对Q-table进行更新。此过程不仅考虑当前动作的即时回报，还融入了对未来潜在收益的预期，以优化策略选择。

（5）迭代学习与优化：智能体持续循环上述过程，不断与环境互动积累经验，并利用这些经验逐步细化Q-table，深化对环境的理解，直至找到最优的动作选择策略。

（6）目标达成：经过不断地学习，智能体终将抵达一个状态，其中所有可选动作均指向最大化的预期奖励，标志着智能体已掌握在任意给定状态下应采取的最佳行动。Q-learning算法的核心在于其无模型的特性，通过反复与环境交互并迭代更新Q-table，智能体能够在不依赖环境模型的前提下，自主学习并优化其决策策略，获得高效解决问题的能力。

三、DQN算法

（一）DQN算法概述

DQN，即深度Q网络（deep Q-network），是DeepMind团队于2013年提出的融合深度学习与Q-learning精髓的强化学习算法。该算法巧妙结合了深度神经网络的良好学习潜能与Q-learning的基本框架，专为解决复杂决策难题而设计，特别是在游戏领域内取得了非凡成就。DQN算法通过引入深度神经网络作为核心组件，有效应对了高维状态空间带来的挑战，显著提升了算法的表达力与泛化能力。相较于传统Q-learning依赖Q-table（状态-动作价值表）存储特定状态-动作对的预期奖励，DQN算法则采用深度神经网络来代替Q-table。此举不仅突破了Q-table在处理大规模状态与动作空间时的局限，还赋予了算法处理更加复杂的环境与决策任务的能力，实现了从简单映射到智能预测的跨越。

DQN算法可以看作Q-learning算法+神经网络。我们知道，Q-learning算法需要维护Q-table，其值按照下面的公式来更新：

$$Q(s,a) \leftarrow Q(s,a) + \alpha[r + \gamma \max_{a'} Q(s', a') - Q(s,a)] \tag{6-5}$$

Q-learning学习的过程就是更新Q-table，而DQN算法就是用神经网络来代替Q-table，其余相同。

DQN算法在游戏领域，尤其是在Atari 2600游戏平台上，展现出了良好的应用潜力。仅凭原始像素输入与游戏得分反馈，DQN算法即能匹敌乃至超越人类顶尖玩家的表现，这一表现有力地印证了其在应对复杂、高维状态空间任务时的良好能力。

（二）DQN算法基本结构

DQN算法的核心组成包括如下3个部分。

（1）经验回放策略：通过构建一个经验池，存储包括状态、动作、奖励及后续状态在内的经验元组，随后在训练过程中随机抽取小批量样本，有效缓解了数据间的高相关性问题，从而提升了训练的稳定性与效率。

（2）目标网络架构：为稳定训练流程，DQN算法引入了目标网络，其专门负责计算Q值的目标值。目标网络的参数定期从在线网络中复制而来，确保了学习过程中的稳定性与连续性。

（3）在线网络模型：作为Q-function的主要近似工具，在线网络依托深度神经网络的优势，轻松应对高维状态空间的挑战，有效解决了传统Q-learning面临的“维数灾难”问题。

在DQN算法框架中，两个神经网络各司其职，共同协作以精确估算Q值。

（1）在线网络：实时根据当前状态s预测智能体应采取的动作a，并持续通过与环境互动反馈来优化自身参数，不断提升对Q值的预测精度。在每个决策时刻，智能体依据在线网络的输出选择动作，并据此更新网络参数。

（2）目标网络：在Q值更新过程中，目标网络扮演着计算TD目标（temporal-difference target）即未来最优Q值的角色。其参数更新频率远低于在线网络，采取定期从在线网络复制的方式，此举有效遏制了因在线网络快速变动导致的训练不稳定性，确保了学习过程的平稳推进。

在线网络与目标网络在结构上保持一致，均采用深度神经网络架构，旨在精确估算Q值。两者均以智能体的当前状态为输入，输出则为针对各潜在动作预测的Q值。此双网络协同工作机制，赋予DQN算法在复杂多变环境中高效学习并探索最优策略的能力。

DQN算法的更新方式为

$$Q(s,a,w) \leftarrow Q(s,a,w) + \alpha\left[r + \gamma \max_{a'} Q(s',a',w) - Q(s,a,w)\right] \tag{6-6}$$

$$\Delta w = \alpha[r + \gamma \max_{a'} Q(s', a',w) - Q(s,a,w)] \cdot \nabla w Q(s,a,w) \tag{6-7}$$

式中，$Q(s', a', w)$为通过目标网络计算出的Q值；$Q(s, a, w)$为通过在线网络计算出的Q值。

（三）DQN算法训练过程

在DQN算法中，在线网络与目标网络虽同为关键组件，但其训练过程却各有侧重。

在线网络的训练紧密围绕智能体与环境的互动展开。每当智能体在环境中采取行动并接收反馈（新状态与奖励）时，即生成一训练样本（状态、动作、奖励、新状态）。此样本随即被用于调整网络参数，旨在使网络预测的Q值[Q (s, a)]逼近由样本计算得出的目标值，该目标值集成了即时奖励r与目标网络预测的未来折扣奖励$\gamma \cdot$ max_a' Q_target(s', a')。为实现此目标，可采用梯度下降法，以平方损失函数为度量，持续缩减网络预测Q值与目标值之间的差距，从而不断优化智能体的决策能力。

目标网络的训练过程并不直接涉及数据学习，其参数是定期（每隔固定步数）从在线网络直接复制而来。此策略旨在增强学习稳定性。在线网络参数在训练期间频繁变动，若直接以其计算目标值，易引发目标值波动，进而干扰学习稳定性。因此，引入一个参数更新频率较低的目标网络来计算目标值，能有效遏制此类问题，确保学习过程平稳进行。

在线网络与目标网络的协同作用，赋予DQN算法在复杂环境中高效学习的能力。在线网络持续通过与环境互动来更新其参数，力求精准逼近真实的Q值。同时，目标网络作为一个稳定的参照点，为在线网络的学习过程提供了支撑，确保了学习的稳定性与连续性。

在知道了DQN算法中两个重要网络的训练方法后，下面先介绍DQN算法的流程，后面会详细介绍其中涉及的目标网络、经验回放等技巧。DQN算法具体流程包括以下7个步骤。

（1）初始化网络，输入状态s_t，输出s_t下所有动作的Q值。

（2）利用策略（如ε- greedy），选择一个动作a_t，把a_t输入环境中，获得新状态s_{t+1}和r。

（3）计算TD目标：$y_t = r_t + \gamma \cdot \max_a Q(s_{t+1}, a, w)$

（4）计算损失函数：$L = 1/2[y_t - Q(s, a, w)]^2$

（5）更新Q参数，使$Q(s_t, a_t)$ 尽可能接近y_t，可以把它当作回归问题，利用梯度下降做更新工作。

（6）从以上步骤可得到一个四元组转换（transition）：(s_t, a_t, r_t, s_{t+1})，用完之后丢弃。

（7）输入新的状态，重复更新工作。

1. 目标网络

在DQN算法框架中，核心组件为在线网络与目标网络，两者虽结构相同，但职责迥异。在线网络直接参与训练过程，而目标网络则采取延迟更新策略，其参数定期同步至在线网络，以避免短期内的频繁变动。此举的初衷在于，面对非线性Q值函数逼近的复杂情境，目标网络的引入有效缓解了因即时更新导致的Q值震荡现象，促进了学习过程的稳定性。

DQN算法由上述两网络协同构建，其运作机制为接收状态s作为输入，随后输出针对所有可能动作a的评估分数。神经网络的训练本质上是一个优化过程，其核心在于定义一个损失函数，用以量化网络输出与期望标签之间的差异。训练的目标便是通过BP传播算法及梯度下降法，不断迭代调整网络参数，以最小化这一损失函数，从而优化DQN算法的预测准确性。

那么在线网络的标签值/目标值是什么呢？其实它就是TD目标：

$$y_t = r_t + \gamma \cdot \max_a Q(s_{t+1}, a, w) \tag{6-8}$$

利用式（6-8），在对在线网络进行一段实际的训练后，如每经过N轮迭代，将在线网络的参数复制给目标网络。

2. 经验回放

DQN算法的一大亮点在于其采用的经验回放机制。原始DQN算法存在以下两大局限。

（1）每当处理完一个transition［即状态-动作-奖励-新状态四元组（s_t，a_t，r_t，s_t+1）］后，若直接弃之不用，无疑是对宝贵学习经验的浪费。

（2）transition往往按序使用，导致相邻的transition之间存在高度的相关性。这种高度的相关性在训练DQN算法时，却可能成为阻碍其有效学习的因素。

经验回放机制有效突破了上述两大局限。

（1）通过打乱序列顺序，消除了transition之间的相关性，确保了数据遵循独立同分布原则，进而缩减了参数更新过程中的方差波动，加速了模型的收敛进程。

（2）提升了数据利用效率，允许经验的重复使用，这对于数据获取成本高昂的场景尤为重要。

在强化学习的实践中，与环境进行交互通常是最耗时的环节，而网络训练相对较快，这得益于GPU的加速能力。经验回放缓冲区的应用，有效减少了与环境直接交互的频率，因为经验不再局限于当前策略的即时生成，而是能够跨越策略界限，从回放缓冲区中反复提取并利用历史经验。这样，即便是在与特定策略π的交互过程中搜集的大量transition被存入缓冲区，这些经验可能源自多个不同的策略，而回放缓冲区仅在达到容量上限时才会淘汰旧数据，确保了经验的多样性和持续可用性。

经验回放的具体流程可概述如下：首先，构建一个回放缓冲区，用于存储n条transition，这些transition被视为学习经验；其次，按照既定步骤循环执行以下操作。

（1）从回放缓冲区中随机抽取一个batch大小的transition数据集，用于训练网络。

（2）基于选定的transition数据，计算其TD目标。

（3）针对多个随机梯度进行计算，并利用这些梯度的平均值来更新DQN算法的参数w。

第四节　强化学习面临的挑战

强化学习作为一种强大的机器学习工具，在多个领域得到了广泛的应用。这些应用场景既展现了强化学习的潜力，也揭示了其面临的挑战。以下是强化学习面临的一些主要挑战。

一、探索与利用平衡

智能体在学习进程中，需要巧妙融合探索与利用两大要素：前者旨在发掘未知的状态与动作空间，后者则力求最大化累积奖励。然而，这一平衡点的寻找极具挑战性，因过度探索易减缓学习速率，而过度利用则可能陷入局部最优的陷阱。目前，为解决此难题，研究者们已设计出多种策略，如贪婪策略（ε-greedy）与上置信界算法（UCB）等，这些策略均旨在精准调控探索与利用的比例，以期达到最优的学习效能。

二、高维状态空间和动作空间

智能体在应对高维状态空间与动作空间时，常面临计算复杂性与过拟合的双重挑战，这增加了学习与推理的难度。为克服此困难，探索并应用如特征工程、主成分分析（PCA）等降维技术，以及深度学习等先进方法，以压缩并抽象化状态空间与动作空间，不失为一种有效策略。此举旨在削减计算成本，同时促进学习效率的提升。

三、不稳定的学习过程

强化学习在复杂环境中的学习过程常常不稳定，智能体性能易波动。为应对此挑战，可采取多种策略以增强学习稳定性，包括应用更为稳健的优化算法（如Adam优化器）、巧妙融入正则化项、充分利用经验回放技术等。

四、多任务学习和迁移学习

智能体需要掌握多任务技能，并在任务间灵活转移与共享知识。面对任务间的潜在冲突，智能体需要展现出卓越的平衡能力。为此，深入探索多任务学习与迁移学习技术，如共享表示学习与元学习等策略，有望提升智能体的泛化效能与学习速度。

五、样本效率和数据依赖

强化学习，尤其是在深度强化学习领域，普遍面临对数据样本的多数量、高质量及多样性需求。然而，在现实场景下，获取理想的训练数据常成难题。为应对此挑战，可采用多种策略：利用模拟环境高效生成大量样本；借助无监督或监督学习技术，从原始数据中提炼出有价值的信息；运用迁移学习等。这些策略均能在不同程度上减轻对数据的过度依赖，推动强化学习应用的广泛化与深入化。

六、模型可解释性

随着深度学习在强化学习领域的深入渗透，模型的复杂度与不透明度上升明显，给模型行为的直观理解与合理解释带来了挑战。这制约了强化学习在医疗、金融等关键领域的广泛应用。为此，探索可解释性强化学习技术，诸如运用可视化手段及模型蒸馏等方法，成为提升模型透明度与可解释性的重要途径。值得注意的是，增强模型的可解释性亦是当前众多深度学习方法亟待攻克的共性问题。

本 章 小 结

强化学习作为当前机器学习乃至人工智能领域发展迅速的分支之一，其核心思想是智能体或算法在与环境的持续互动中汲取智慧。这一过程本质上是一个循环往复的学习轨迹，其中智能体依据环境反馈的奖励信号，不断优化其策略选择，以期最大化累积奖励。本章聚焦于强化学习的基本概念、核心理论及实现方法，旨在为读者构建一个清晰、全面的知识框架。

本章习题

1. 用一句话谈谈你对强化学习的认识。
2. 强化学习的使用场景有哪些？
3. 强化学习中所谓的损失函数与深度学习中的损失函数有什么区别？
4. 强化学习方法有哪些？
5. 马尔可夫过程是什么？马尔可夫决策过程又是什么？
6. 怎样求解马尔可夫决策过程？

第7章

自然语言处理

语言是信息传递的基石，汇聚了表达方法、共同约定与规范规则，构建了音义交织的词汇系统与语法框架。相较于形式语言或人工语言，自然语言特指用于人际交流的口头与书面表达，它富含情感与文化。自然语言处理作为计算机科学的分支，致力于探索如何利用计算机技术解析与生成人类语言。其宗旨在于实现对自然语言形态的文字及信息的智能化处理，跨越计算机科学、语言学、数学、认知科学、逻辑学及心理学等多学科边界，形成独特的交叉研究领域。从宏观层面看，自然语言处理旨在赋予机器执行人类所期待的语言任务的能力；从微观层面看，它则关注构建自然语言与机器内部表示之间的精准映射。因此，自然语言处理亦常被称作“计算语言学”，强调通过计算手段解析与利用语言。

第一节　自然语言处理概述

自然语言处理作为计算机科学、语言学与人工智能交汇的前沿领域，专注于探索计算机如何获得理解、解析、生成乃至模拟人类语言的能力，旨在达成与人类无缝交流的自然对话体验。该领域孕育了机器翻译、智能问答、情感识别、文本摘要等多样化应用，极大地丰富了人机交互的维度。在互联网与传统产业深度融合、信息化需求激增的背景下，自然语言处理领域吸引了众多研究者的目光，这一趋势不仅加速了自然语言处理技术的革新步伐，更推动了其在各行业的广泛应用与深入发展。

自然语言处理任务本质上是实现数据类型的转换，依据转换任务的不同性质，可划分为类别到序列的映射、序列到类别的判别、同步的序列间转换、异步的序列间转换四大核心类型，如图7-1所示。

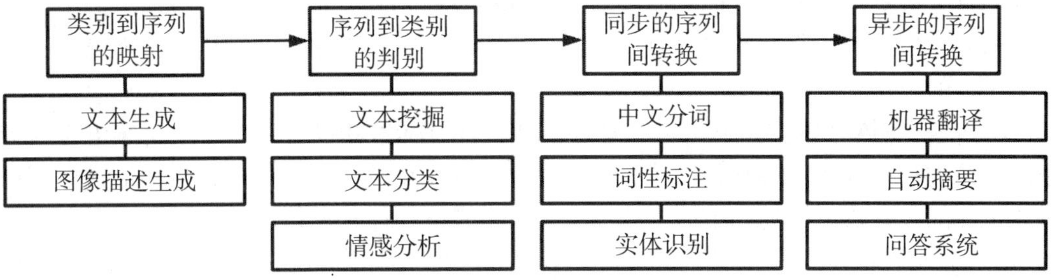

图7-1　自然语言处理任务类型

“类别”可视为标签或分类的代名词，而“序列”则指代连续排列的文本片段或数组。自然语言处理任务与众多机器学习模型在本质上具有共通性，因此，精通自然语言处理的技术体系往往也意味着对机器学习技术栈有了深刻的把握。

自然语言处理，聚焦于两大核心：自然语言理解与自然语言生成。自然语言理解深耕于文本深层含义的解析，广泛涉猎文本分类、命名实体识别、指代消解、句法分析及机器阅读理解等任务，旨在将人类语言的丰富内涵转化为计算机可理解的结构化数据。自然语言生成则聚焦于将计算机处理的信息转化为流畅、自然的文本表达，其应用领域包括自动摘要、机器翻译、问答系统及对话代理等，旨在促进人机之间信息的无障碍流通与理解。尤为重要的是，在实际应用场景中，自然语言理解与自然语言生成并非孤立存在，而是相互交织、密不可分的。例如，机器阅读理解作为问答系统的重要组成部分，体现了两者间的紧密联系与协同作用。它们共同推动着自然语言交互系统的智能化发展，为构建更加流畅、高效的人机沟通桥梁贡献力量。

第二节　自然语言处理的行业应用

在信息技术日新月异的今天，自然语言处理技术的应用已广泛渗透社会各领域，如客户服务、网络搜索、广告推送及语言翻译等。自然语言处理的研究领域宽广，其能够根据特定行业的需求，量身打造并实现智能化解决方案。其典型应用场景包括但不限于以下几个方面。

（1）文本纠错：识别文本中的错别字，给出提示和正确的建议。

（2）情感倾向分析：对包含主观信息的文本进行情感倾向性判断。

（3）评论观点抽取：分析评论关注点和观点，输出标签。

（4）对话情绪识别：识别会话者所表现出的情绪类别及置信度。

（5）文本标签：输出能够反映文章关键信息的多维度标签。

（6）文章分类：输出文章的主题分类及对应的置信度。

（7）新闻摘要：抽取关键信息并生成指定长度的新闻摘要。

（8）关系提取：从语料库中提取语义关系。语义关系发生在两个或多个实体（如人、组织和事物）之间。

（9）聊天机器人：人工智能的一种形式，其通过语音和文本与人类交流。它们中的大多数模仿人，使用户觉得在和另一个人说话。聊天机器人在健康产业被用于帮助患有抑郁症和焦虑症的人。

（10）社交媒体分析：如Twitter和Facebook，都有标签和趋势，并使用自然语言处理来跟踪和监控这些标签和趋势，以了解世界各地正在交谈的话题。此外，自然语言处理通过过滤负面的、有攻击性的和不恰当的评论和帖子来帮助优化过程。

（11）个人语音助理：如Siri、Alexa、小度等都是个人语音助理，其充分利用自然语言处理技术来理解和回应人类。

（12）语法检查：语法检查软件会自动检查和纠正语法、标点和拼写错误。

下面详细介绍聊天机器人和情感分析这两种具有代表性的应用。

一、聊天机器人

聊天机器人亦被业界称为“对话系统”，已成为当今技术领域的璀璨明珠。微软、苹果、谷歌及Slack等科技公司纷纷投身其中，掀起了一股旨在重塑人与服务交互方式的新创业浪潮。初期，聊天机器人多以面向消费者的形态出现，例如，用户在Facebook Messenger上简单输入“比萨”，Domino的机器人便能即时响应，引导完成订购流程。然而，实践表明，直接面向消费者的购物提醒往往难以获得用户的青睐，反而可能被视为打扰。鉴于此，众多企业已将聊天机器人的应用场景拓宽至人力资源等更为广阔的领域。其中，Talla便是优秀代表，它能够迅速响应并解答员工提出的各类问题，有效提升了企业内部沟通与管理的效率与便捷性。

聊天机器人依托计算机智能，自动解答用户疑问，其核心在于三大环节：深度解读人类语言意蕴、精准把握知识查询意图、高效挖掘并呈现精确信息。在处理用户提问时，系统首先精准捕捉问题精髓，提炼关键要素；其次，在庞大的语料库或知识仓库中精准搜寻、匹配最适解答；最后，将这一过程的成果以清晰、易懂的方式呈现给用户。此流程不仅融入了词法、句法、语义分析等基本技术，还深刻融合了信息检索、知识工程与文本生成等高级技术精髓。

基于目标数据源的差异性，自动问答技术可细分为检索式问答、社区问答及知识库问答三大流派。其中，检索式问答与社区问答侧重于浅层语义理解与关键词精准匹配，而知识库问答则致力于深化逻辑推理能力，推动知识应用向更深层次迈进。

二、情感分析

情感分析亦称“倾向性分析”或“意见挖掘”，是深度剖析蕴含情感色彩的主观文本，通过处理、归纳与推理，揭示其内在情感倾向的过程。此技术能够迅速捕捉舆论风向，有效应对负面舆情，并洞悉市场竞品动态。

目前，情感分析领域的研究多基于传统算法，如SVM（支持向量机）、信息熵、CRF（条件随机场）等，同时，机器学习以其对多元特征的强大建模能力而成为研究热点。此外，情感词典与深度学习等新兴方法也为情感分析注入了新的活力。

情感分析的核心价值在于评论内容的精准筛选与分类，它不仅助力企业洞悉消费者偏好，分析热门议题，还能助力企业有效监控并应对潜在的公关危机，为企业提供有用的决策依据。在电商平台上，商品评论的自动标签化便是情感分析技术的直接应用。同样，预测社交网络中公众舆论的演变趋势也是情感分析展现其独特魅力的又一舞台。

自然语言处理的核心技术涵盖以下几方面。

（1）基础语言处理技术：聚焦于词法与句法解析、词义解析、短文本相似度评估，以及深度神经网络语言模型的构建，旨在评估语句是否符合自然语言表达习惯。

（2）语用学与篇章分析：语用学深入探讨语言使用者的真实意图，与语境、个人知识背景、言语行为及思想意图紧密相连，是深化自然语言理解的基石。篇章分析则进一步将分析维度从单句拓展至段落及全文层面。

（3）语言处理应用深化：广泛覆盖用户情感倾向判断、评论观点抽取、文章深度分析、文本自动纠错、对话情感识别，并延展至舆情监测、机器翻译、高效信息检索等多样化应用场景。

（4）智能交互与理解技术：专注于构建可对话的人机交互系统，该系统由对话理解、管理策略及回复生成三大模块紧密协同，实现自然流畅的交互体验。

（5）文本审核与合规性检查：致力于自动识别并过滤文本中的不良内容，包括但不限于色情、暴力恐怖及政治敏感信息，确保内容安全合规。

（6）智能写作与自动化生成：依托大数据分析，运用算法对信息进行重组整合，采用预设格式高效创作。尽管目前智能写作在创意与深度上尚存局限，但其在处理速度与效率上已明显超越人工。

第三节　自然语言处理的发展历程

语言，无论是以文字符号的序列呈现，还是作为声流的延续，其内部结构均展现出鲜明的层次特性。在文字表达层面，词素汇聚成词或词形，进而构建词组直至完整句子；而在声音表达层面，则是音素组合成音节，音节再融合为音词，最终汇集成音句。这一过程的每一层级均受特定文法规则的严格约束，因此，语言的处理也应遵循层次化的逻辑框架。

语言学，这一专注于人类语言研究的学科，其探究领域广阔，涵盖语言的结构剖析、功能运用、社会影响、历史演变等多个维度，以及一切与语言紧密相关的议题。对于自然语言的理解而言，融合语言学专业知识与话题相关的深厚背景知识，是构建高效理解能力的关键所在。

自然语言处理的发展历程，可清晰地划分为三个阶段：基于规则的阶段、基于统计的阶段及基于深度学习的阶段。

一、基于规则的阶段

自然语言处理的研究旅程，其起点可追溯至机器翻译的先驱尝试。1947年，英国工程师范内瓦·布什（Vannevar Bush）与美国同行沃伦·韦弗（Warren Weaver）共同萌生了以计算机实现自动翻译的创想。两年后，即1949年，首次机器翻译专题会议在美国麻省理工学院成功举办，标志着该领域正式步入探索阶段。至1954年，一场具有里程碑意义的机器翻译试验宣告成功。尽管当时所用系统的词汇量仅限于250词，并依赖6条基础语法规则，却首次证实了机器翻译的潜在可行性，进而激发了美国政府对这一领域资助的热情。

在随后的20世纪50—70年代间，自然语言处理研究深受理性主义思潮影响，主要采用基于规则的方法，这一方法借鉴了人类学习语言的自然过程。然而，基于规则的方法亦面临局限：其一，规则的普适性不足，难以全面覆盖纷繁复杂的语言现象；其二，对研究人员的综合素质提出了高要求，既需要精通计算机技术，又需要具备深厚的语言学功底。因此，尽管该阶段解决了一系列基础问题，但自然语言处理技术距离大规模实际应用仍有一段距离。

二、基于统计的阶段

自20世纪70年代起，随着互联网技术的迅猛崛起与硬件设施的持续升级，自然语言处理领域悄然从理性主义范式转向经验主义路径，统计方法逐渐取代了规则方法的主导地位。

步入20世纪90年代，计算机性能的飞跃性提升为语音与语言处理的商业化开发铺设了坚实基石。随着网络技术的蓬勃发展，信息检索与抽取的需求日益凸显，成为时代的新呼唤。在此背景下，自然语言处理的应用边界大幅拓宽，超越了机器翻译、语音控制等传统领域，人们越来越意识到单一规则或统计方法的局限性。于是，融合统计、实例与规则的语料库技术应运而生，各类处理技术相互交织，共同推动了自然语言处理研究的又一次繁荣。此阶段，自然语言处理领域基于数学模型与统计方法的探索取得了里程碑式的进展，不仅深化了理论研究，更促使技术成果从实验室走向广阔的实际应用舞台，开启了自然语言处理的新纪元。

三、基于深度学习的阶段

自2008年以来，图像识别与语音识别领域持续收获累累硕果，激发了研究人员将深度学习技术引入自然语言处理领域的热情。从词向量的初步探索，到2013年word2vec技术的诞生，深度学习不仅深化了自然语言处理的研究深度，更在机器翻译、问答系统、阅读理解等多个领域取得了显著成就。如图7-2所示，基于深度学习的自然语言处理方法突破了传统处理方法的框架，呈现出一个端到端的全新流程。该流程依托多层级神经网络架构，数据自输入层始，历经各层非线性变换，最终抵达输出层。此过程要求精心准备输入至输出的全链条数据，并设计、训练相应的神经网络模型，以精准执行预设任务。在诸多自然语言处理技术中，循环神经网络因其独特优势成为常用的工具之一，而卷积循环单元、长短期记忆网络等模型更是接连掀起研究与应用的新高潮，不断推动自然语言处理领域向更深更广的方向发展。

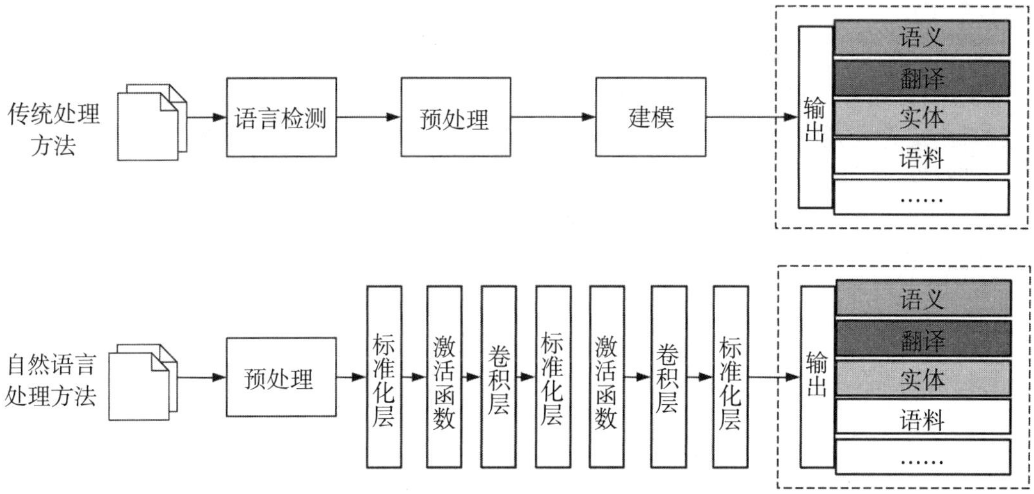

图7-2　基于深度学习的自然语言处理方法与传统处理方法的对比

步入深度学习的新纪元，神经网络以强大的数据特征自动提取能力，极大地减轻了研究人员在复杂特征工程上的负担，使他们能够更聚焦于模型算法的创新与理论边界的拓展。同时，深度学习技术自其在机器翻译领域的初步应用起，便迅速渗透自然语言处理的广阔天地，引领了一场技术革新，使传统经典算法的影响力逐渐式微。

第四节　自然语言处理的基本流程

自然语言处理的基本流程，一般可分为6个环节，即语料获取、语料预处理、标准化与特征工程、模型构建、模型训练、模型评估，如图7-3所示。

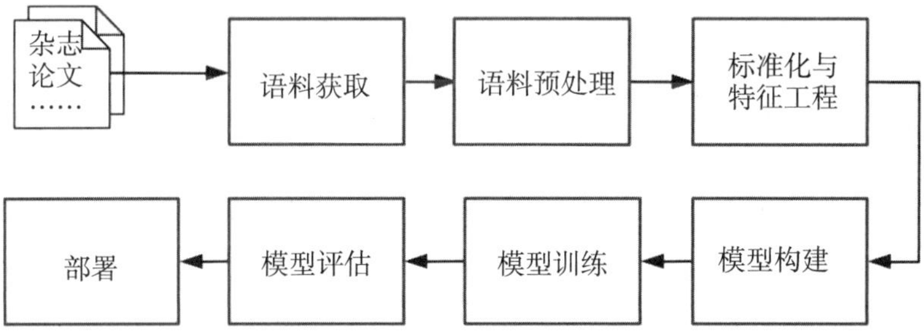

图7-3　自然语言处理的基本流程

一、语料获取

在着手自然语言处理任务之前，文本语料的获取是不可或缺的一环。语料的主要获取途径可归纳如下。

（1）直接利用现成的数据集或第三方语料库资源，此举能明显降低预处理成本，加速研究进程。

（2）从网络空间中抓取数据，特别是针对特定领域应用，当开放语料库难以满足需求时，可采用爬虫技术精准提取所需信息。

（3）制定并实施数据搜集策略，从业务需求出发，定向搜集相关数据，确保数据的有效性和针对性。

（4）与第三方合作，通过购买的方式获取特定需求的文本数据，这是快速补充或丰富语料库的有效手段。

二、语料预处理

获取语料后，还需要进行一系列预处理操作，以优化数据质量。常见步骤概述如下。

（1）清理非文本内容：由于文本数据中常混杂HTML代码、CSS标签及冗余标点符号等无用信息，所以需要实施针对性清除。对于简单的非文本元素，可直接运用Python正则表达式处理；面对复杂情形，则借助BeautifulSoup库进行深度清理。

（2）中文分词：为便于后续分析，需对中文文本实施分词操作。市面上存在多款高效的中文分词软件，如jieba、HanLP、THULAC、LTP等，它们均能有效支持分词操作。其中jieba作为一款纯Python实现的分词工具，安装简便，仅需通过“pip install jieba”命令即可完成部署。

（3）词性标注：自然语言处理中的关键步骤，旨在为每个词汇分配正确的词类标签（如名词、动词、形容词等）。当前，词性标注技术主要分为基于规则与基于统计两大类方法，两者各有优劣，可根据具体需求选用。

（4）停用词过滤：停用词是指那些在文本中频繁出现但对语义理解贡献甚微的词汇，如虚词、代词或某些无特定含义的实词。去除这些停用词，有助于提升文本分析的准确性和效率。因此，在预处理阶段，需要对中文文本进行停用词过滤处理。

三、标准化与特征工程

文本数据历经预处理流程，包括清理非文本内容、中文分词、词性标注及停用词过滤后，已呈现为较为纯净的文本形态。然而，此类文本尚无法直接应用于计算任务，需要进一步转化为特征向量，此步骤亦称为“文本向量化处理”。在此环节中，可选用多种模型对文本进行加工，如词向量独热编码、词袋模型（bag of words model）、TF-IDF权重分配、n元语法（n-gram）建模以及word2vec模型等。

构建特征向量时，针对具体问题精选高效、表达力强的特征至关重要。以自然语言处理中的情感分析为例，若要评估“like”一词的情感极性（正向或负向），可预定义正向情感词汇集，如包含“good”等词，随后计算“like”与这些词汇的点间互信息，以量化两者之间的相关性，从而辅助情感极性的判断。

特征选择环节充满挑战，往往需要结合深厚经验与专业知识，并辅以多种成熟算法以实现优化。当前，主流特征选择技术涵盖文档频率（DF）、互信息（MI）、信息增益（IG）、卡方检验（CHI）、加权对数似然比（WLLR）及加权频率秩序（WFO）等6种策略，这些策略各有千秋，可按需选择。

四、模型构建

文本向量化处理完毕，依据文本分析的具体需求，精心挑选合适的模型进行构建，同时准备多个同类备选模型以便后续效果对比。值得注意的是，复杂的模型并不总意味着更优的性能；实际上，模型的复杂度与其训练时间呈正相关关系，即复杂度提升往往伴随着训练时长的增加，而最终结果的精度却可能与简约模型相去不远。在自然语言处理领域，模型大致可分为机器学习模型与深度学习模型两类。在机器学习领域，KNN、SVM、朴素贝叶斯、决策树、K-均值聚类算法等模型备受青睐；在深度学习领域，RNN、CNN、LSTM、Seq2Seq、FastText及TextCNN等模型则展现出强大的应用潜力。

五、模型训练

模型构建完备后，随即进入模型训练阶段，该阶段涵盖模型微调等关键环节，具体训练技巧可参考第5章第3节关于深度学习训练技巧的阐述。为规避大批量数据训练引发的耗时过长问题，建议初期以小批量数据进行试验性训练。在训练过程中，务必警惕两个问题：一是过拟合现象，即模型在训练集上表现卓越，却难以在测试集上复现同等佳绩；二是欠拟合问题，即模型未能充分捕捉数据内在规律。此外，还需要密切关注梯度消失与梯度爆炸的潜在风险，确保训练过程的稳定性。

单次训练往往难以直接达成理想的精度与效果，故需要通过模型调优迭代，逐步优化模型性能。这一过程复杂且耗时，需要不断对模型参数进行微调，同时平衡模型的精度与泛化能力，力求在提升精度的同时，有效遏制过拟合现象。值得注意的是，现实世界中数据分布常随时间变迁而变动，甚至可能出现急剧变化，此即分布漂移现象。当模型面对新数据集时，若其表现持续下滑，则表明模型已难以适应数据的新变化，此时需要对模型进行重新训练，以确保其持续有效。

六、模型评估

模型训练圆满结束后，需要评估其性能。模型评估体系中，核心指标包括准确率、精确率、召回率、F1分数、ROC曲线及AUC值等。值得注意的是，模型类型各异，所适用的评估指标亦有所差异，如分类模型常侧重于准确率、精确率及ROC曲线等评估指标。同时，同一评估指标亦展现出跨模型类型的广泛适用性。

在真实生产环境中，模型性能评估的侧重点常因业务场景的不同而有所偏移。不同业务对模型精度及稳定性的要求不同。例如，涉及经济风险的预测任务往往对模型精度提出更为严苛的要求，以确保决策的准确性与安全性。

第五节　自然语言理解

自然语言理解领域至少涵盖三个核心挑战。首先，系统需要整合大规模的人类知识库，语言行动深刻描绘着复杂世界中的种种关联，这些关联知识构成了理解系统不可或缺的基石。其次，语言结构的层级性显著，从词素组合成单词，单词再汇聚成短语与句子，这一过程遵循着非随机的模式与顺序。缺乏对这些语言构成元素及其规则性使用的准确把握，将严重阻碍有效交流的实现。最后，语言行动是主体（无论是人类还是计算机），在个体及社会环境交织的复杂背景下所产出的。每一语言行动均承载着特定的目的与意图，体现了主体与周遭环境的互动与沟通。

就微观层面而言，自然语言理解聚焦于将自然语言无缝映射至机器内部逻辑；从宏观视角审视，自然语言理解则体现为机器能够履行人类期望的多样化语言功能。这些功能具体涵盖以下几个方面。

（1）问题解答：机器能够精确回应以自然语言输入的询问，确保信息传递的准确性。

（2）摘要生成：机器能够智能提取输入文本的核心内容，生成精练的摘要。

（3）意义重构：机器能以不同词汇和句式重新阐述输入的自然语言信息，展现语言的灵活性。

（4）语言翻译：机器能够实现跨语言的无缝转换，将一种语言精准地翻译成另一种语言。

在处理层级的划分上，众多语言学家共识性地将自然语言理解解构为三大基石：词法分析、句法分析及语义分析。词法分析聚焦于文本字符串的细致拆解，涵盖切分、词性标注与实体识别；句法分析则深入探索词语间的结构纽带，解析句子的构筑法则；而语义分析则致力于解读句子内部词语间的深层意义关联。三者的技术难度逐级攀升，同时深化了对语言意义的洞察。若输入形式为语音流，则需要在上述层级之前增设语音分析环节，以桥接声音与文字的鸿沟。对于追求更高语言处理精度的场景，语义分析之后还需要引入语用分析，以洞悉语言使用的具体环境与意图。值得注意的是，尽管各分析层次在逻辑上有所区分，但它们之间实则相互交织、互为支撑，共同构成了自然语言理解的完整框架。这种层次化架构不仅精准映射了语言的内在结构，也为构建高效、模块化的自然语言处理系统奠定了坚实基础。

接下来将逐一深入自然语言理解各层级，详尽阐述其关键技术及应用。

一、语音分析

语音分析就是根据音位规则，从语音流中区分出一个个独立的音素，再根据音位形态规则找出一个个音节及其对应的词素或词。

二、词法分析

词作为能够独立运用的最小语言单位，奠定了自然语言处理各领域（诸如句法分析、语义分析、文本分类、信息检索、机器翻译及机器问答等）的基础，其处理成效深刻影响着后续各项任务的性能。词法分析的核心使命在于，将输入的文本序列（句子、段落或更长的文本）精准地转换为一系列富含意义的词元或词素，并同步赋予这些词元或词素词性标签（如名词、动词、形容词等），以及其他关键语法与语义信息。

词法指词位的构成和变化的规则，主要研究词自身的结构与性质。词法分析的主要目的是找出词汇的各个词素，从中获得语言学信息。先看以下两个文档。

文档1：学校有关于人工智能的书籍，学校开设人工智能课程。

文档2：学校推动教学改革，推动人工智能课程改革。

然后对文档1、文档2进行如下分词。

文档1：学校/有/关于/人工智能/的/书籍，学校/开设/人工智能/课程。

文档2：学校/推动/教学/改革/，推动/人工智能/课程/改革。

上述分词其实是我们根据自己的语言习惯进行的。不同语言的词法分析是不同的。如图7-4所示为英文和中文的词法分析过程的异同。

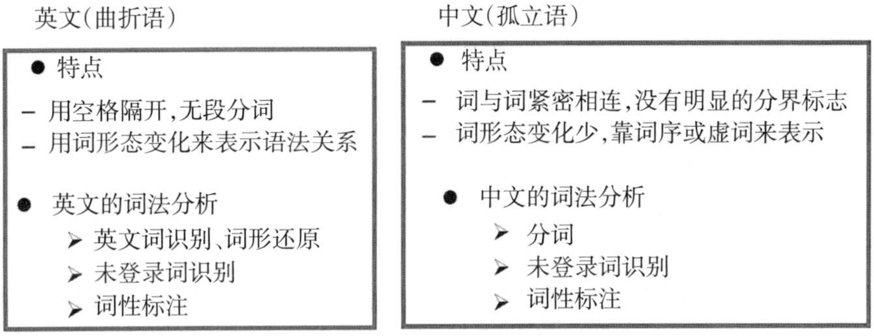

图7-4　英文和中文的词法分析过程的异同

以句子“警察正在详细调查事故原因”为例，对于中文词法分析而言，具体任务包括自动分词和词性标注两部分，如图7-5所示。

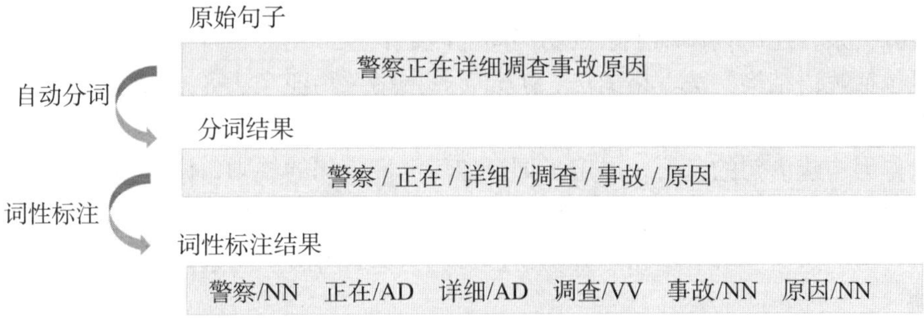

图7-5　中文词法分析

词是语言的建筑材料，是语言描述的中心。人工智能要解决的是机器怎样进行分词，其过程如下。

（1）标记化文本：将输入文本划分成词法单元。

（2）识别词法单元：根据定义的规则识别出各种词法单元。将识别到的词法单元称为“标记”或“Token”，每个标记都有一个类别和一个对应的文本值。人工智能应用中，通常将现代汉语分为15个类别：名词、时间词、方位词、数词、量词、代词、区别词、动词、趋向动词、能愿动词、形容词、副词、介词、连词、助词。

（3）过滤无关信息：忽略文本中的无关信息，如空格、注释等，只保留有意义的标记。

（4）输出：词法分析的输出是一个标记序列，这个序列将被传递给后续的语法分析阶段。

词法分析中的关键是排除兼类词歧义，所谓兼类词也就是词类的歧义，这是汉语自动处理的难点之一。试比较：

我在北京上学（“在”为介词，“上”为动词）。

我在床上（“在”为动词，“上”为方位词）。

上面的例子中，“在”为“动-介”兼类，“上”为“方位-动”兼类。汉语中往往越是常用的词，用法就越多，兼类现象也就越多。

工程上已经解决了机器进行中文分词的问题，怎样解决的呢？以文档2为例，增加文档2的另一种分词结果，将上述文档2的分词罗列如下。

文档2：学校/推动/教学/改革/，推动/人工智能/课程/改革。

学校/推动/教学改革/，推动/人工/智能/课程改革。

在构建语料库时，机器能根据语料库自动计算上面两种不同分词方式各自出现的概率，哪种分词方式出现的概率大就使用哪种分词方式。

三、句法分析

针对汉语文本，词汇自动处理后的结果表现为每个词均从连续的汉字序列中被精准切分，其间以空白分隔，并附加了丰富的机器可处理信息。然而，这一过程虽实现了词的独立识别，但词与词之间的词法关联、词组间的结构层次在句子中仍显模糊，亟须深入解析，此即句法自动处理的必要性所在。句法作为语言历经悠久岁月沉淀而成的共识规则，其分析旨在深度剖析句子与短语的内在结构，明确词、短语间的相互作用及其各自在句中的功能与角色，进而以清晰的层次结构予以展现。这种层次结构不仅揭示了元素间的从属与直接成分关系，还深刻体现了语法功能间的内在联系。当前，自动句法分析技术百花齐放，主要包括短语结构文法、格文法、扩充转移网络及功能文法等方法，每种方法均以其独特的视角与机制，为复杂句法结构的解析提供了强有力的支持。

句法作为构建语句的基石，界定了词汇如何汇聚成句的规则，详尽描绘了句子架构与词汇间错综复杂的依存关系。句法分析则是这一过程的逆向工程，通过精细剖析词语间的组合逻辑，揭示出潜藏的句法结构脉络。执行此项任务的专门工具或程序，我们称为“句法分析器”。

句法分析的领域广阔，依据其分析目标的差异，其可大致划分为两大类：完全句法分析与局部句法分析。二者的区别在于分析焦点的不同，前者致力于全景式地捕捉并解析整个句子的句法全貌，力求精确无误地还原句子结构的每一细节；后者则采取了更为聚焦的策略，仅将视线锁定于句子中的特定片段或成分，进行更为深入细致的剖析。

下面通过一个简单的乔姆斯基范式语法类型G，演示计算机自动识别句子的各个句法单位和它们之间相互关系的过程，这个过程英文为parsing，可译为自动句法分析。设语法类型G：

G=（VN，VT，S，P）

VN={S，NP，VP，V}

VT={熊猫，吃，竹叶}

S={S}

P：

S→NP+VP (i)

VP→V+NP (ii)

VP→V (iii)

NP→{熊猫，竹叶} (iv)

V→{吃，玩耍} (v)

需要说明的事项：S是初始符号，它属于集合VN，集合VN中的符号是用来描述语法的，可将NP、VP、V依次解释为名词短语、动词短语、动词。VT是该语言中的词汇，是终极符号。

P叫作“重写规则”，共有i～v 5条，箭头左边的符号简称为“规则左边”，右边的符号简称为“规则右边”，（VN，VT，S，P）四元组定义了语法G=（VN，VT，S，P）。下面用该语法G分析句子“熊猫吃竹叶”。

从初始状态S开始，写出句子“熊猫吃竹叶”的推导过程：

推导过程	所用规则		
S	开始		
NP	VP		(i)
NP	V	NP	(ii)
熊猫	V	NP	(iii)
熊猫	吃	NP	(iv)
熊猫	吃	竹叶	(v)

上述推导过程，也就是句子的生成过程，可用句法树表示，如图7-6所示。

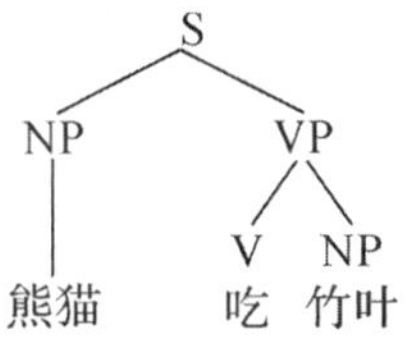

图7-6 句法树

尤为值得强调的是，当前句法分析领域面临两大挑战：歧义现象与庞大的搜索空间。自然语言以丰富多变的特性区别于严格规范的人工语言，其中最为显著的特征便是无处不在的歧义现象。人类凭借深厚的先验知识能有效消解此类歧义，但在机器学习领域，机器受限于表示与获取能力的不足，难以达到人类在处理语句歧义时的灵活与高效。

此外，句法分析任务的复杂性不容忽视，随着句子长度的增加，潜在句法结构（候选树）的数量呈指数级膨胀，构建了一个广阔的搜索空间。在此情境下，设计高效的解码器成为关键，它需要在有限时间内精准定位并解码出模型所定义的最优句法结构，以确保分析过程既快速又准确。

四、语义分析

语义分析作为自然语言处理领域的基石，其核心在于深入挖掘词义、结构内涵及其交织意义，旨在精确捕捉并诠释语言背后的真实意图与概念。在此框架下，义素分析法与语义网络作为两大重要形式模型，扮演着重要的角色。以下将简要介绍这两者的精髓与应用。

（一）义素分析法

义素是意义的基本要素，也是词的意义的区别特征，或者说，词的意义是一些语义特征（义素）的总和。例如，“哥哥”的意思是［+人］［+亲属］［+同胞］［+年长］［+男性］等义素的总和，“妹妹”的意思是［+人］［+亲属］［+同胞］［–年长］［–男性］等义素的总和。“+”表示肯定，“–”表示否定，例如，［–男性］就是［+女性］。一组词的义素可以用义素矩阵来表示，汉语中，亲属词义素矩阵见表7-1所列。

表7-1　亲属词义素矩阵

表属词	［人］	［亲属］	［同胞］	［年长］	［男性］
哥哥	+	+	+	+	+
弟弟	+	+	+	–	+
姐姐	+	+	+	+	–
妹妹	+	+	+	–	–

可见，义素矩阵反映了相应亲属词的基本语义特征，而义素分析法是语义形式化描述的一种好方法。

（二）语义网络

语义网络作为描绘人类联想记忆的利器，其精妙之处在于能够借助有向图这一直观形式加以呈现。语义网络由一系列精心构造的三元组（节点1、弧、节点2）紧密联结而成，如图7-7所示。

节点作为核心元素，承载着概念；而弧则扮演着连接与导向的角色，它不仅具有明确的方向性，还携带了丰富的标记信息。弧的方向性，微妙地揭示了节点间的主次关系——节点1为主，节点2为辅；而弧上的标记，则是对这一关系或节点1固有属性的刻画。从逻辑表达的角度来看，语义网络中的每一三元组均可视为一个二元谓词的具象化体现。网络内纷繁复杂的概念关联，主要通过诸如ISA（类属关系）、PART-OF（聚类关系）、IS（属性关系）等谓词来精准表达。以此逻辑为基，命题“墙上有黑板”展示的PART-OF关系如图7-8所示。

图7-7　语义网络三元组的表示法

图7-8　PART-OF关系

在运用语义网络描绘事件脉络时，语义网络中的节点间关联得以进一步拓展，涵盖了施事（AGENT）、受事（PATIENT）、位置（LOCATION）等多重维度。以“张忠老师帮助王林同学”这一事件为例，其内在逻辑与角色关系如图7-9所示，实现了对事件全貌的刻画与传达。

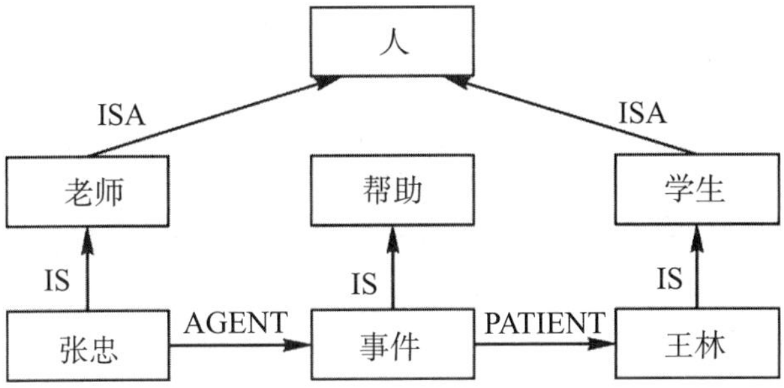

图7-9 事件的语义网络

五、语用分析

语用学深入探索的是外部环境如何微妙地塑造语言的使用方式，它细致地描绘出语言运作的情境知识，以及语言使用者与特定语言环境之间错综复杂的互动关系。对于注重语用信息的自然语言处理系统而言，其核心聚焦于构建更为精准的讲话者/听话者模型，而非单纯解析话语中内嵌的结构性信息。学界已提出诸多计算模型，旨在全面刻画语言环境的复杂性，这些模型不仅描绘了讲话者的交流意图，还深入剖析了听话者如何重新组织并解读讲话者传递的信息。然而，构建此类模型的挑战在于，如何有效地整合自然语言处理的多重视角，以及如何将各种不稳定的生理、心理、社会和文化等背景因素融入一个既完整又连贯的框架之中，从而实现对语言使用全貌的深入理解。

第六节 文本处理

人类运用文字这一精妙工具进行信息传播的历史悠久，文字作为信息流通的基石之一，其影响力深远，渗透日常生活的每一个角落。而今，机器对文字的智能化识别与处理正悄然改变着人类的生活方式，提升了生活效率，引领人类步入一个更为便捷与高效的新时代。

一、文本识别原理

文本识别旨在精准捕捉、解析文字信息，并据此输出合理的逻辑判断指令，其核心在于高效提取文字中的有效信息。当前获取文本内容的方法可分为两类：其一为传统的人为输入方式，其操作模式类似于直接下达指令以获取文本内容；其二则是先进的光学字符识别（optical character recognition，OCR）技术，它模拟人眼识别机制，实现了更为高效、自动化的文本信息提取，堪称文本识别领域的佼佼者。

一般而言，文本识别流程可划分为四大环节：一是精确提取文本信息，二是有效分离独立字符，三是高效识别单个字符，四是准确连接字符成句。其中，前两者聚焦于文本处理技术的范畴，而后两者则归属于文本识别技术的领域。具体而言，单个文字识别是借助计算机字典的强大能力，对媒介（如纸张）上展现的数字、英文符号或汉字进行快速辨识的过程。

文本识别的核心在于精准分类，这通常依赖于特征提取及特征匹配。特征提取机制根据各类文字（如英文、汉字）共有的规则集（如区域特征、边界特征等），进行高效分类，无须深入具体文字的细节知识，而是借助结构分析实现字符识别。至于特征匹配方法，则依据文字体系的特点，采取形式匹配的策略。根据技术实现路径的不同，特征匹配方法又可分为两类：一是直接全域匹配法，即将输入的二维图像与字典中存储的图像进行全面比对，此方法适用于数字、英文符号等小规模字符集；二是局部匹配结合知识对照法，即抽取部分图像特征，结合其在字典中的位置与形态知识，综合判定，此方法在处理汉字等大规模字符集时尤为有效。文本识别流程如图7-10所示。

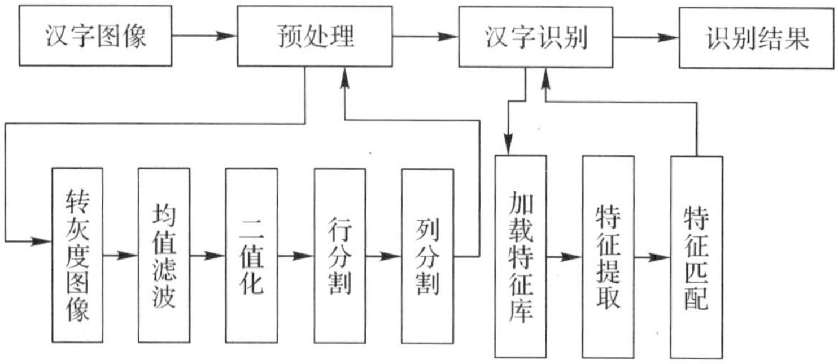

图7-10　文本识别流程

二、面向简单文字输入的文本解析的实现

本案例以较为简单的文字输入方式，对文本进行解析。文本识别的主要原理是利用Arduino芯片中的串口功能，在计算机上通过串口助手输入汉字，然后配置好串口号、波特率等。芯片在读取到数据后，根据对应的数据字典对文本进行解析。数据字典中汉字由十六进制的字符组成，例如：

灯亮对应的十六进制的字符：灯“B5C6”　亮“C1C1”

灯灭对应的十六进制的字符：灯“B5C6”　灭“C3F0”

以下是对串口技术的简明阐述。串口作为一种高效的转换器，能够将CPU输出的并行数据字符序列化为连续的串行数据流进行传输，同时亦能将接收到的串行数据流反序列化为并行数据字符，供CPU处理。其通信原理直观易懂，即基于位（bit）级别的数据传输与接收，实现了字节的串行或并行传递。值得注意的是，串口通信本质上可划分为串行与并行两大类别。以字节（通常由8位构成）为例，若逐位通过单一线路依次传输，则属于串行通信模式；而若8位数据同时借助8条并行线路并行传输，则构成了并行通信模式。进一步地，串行通信中蕴含了3种主要的数据传输方式（如图7-11所示），每种方式均以其独特的机制促进了信息在设备与设备间的无缝流通。

（1）单工通信：数据传输严格限定于单一方向，常见于监视器、电视机等场景，信息流通单向且固定。

（2）半双工通信：虽具备双向传输潜力，但任意时刻仅支持单一方向的数据流通，类似于对讲机模式，即双方交替进行收发，无法实现同时的双向对话。

（3）全双工通信：实现了数据的双向同时传输，作为两个独立单工通信的集大成者，它要求通信设备必须同时具备独立的发送与接收功能，如电话通话般，双方均可自由发言并即时聆听对方反馈。

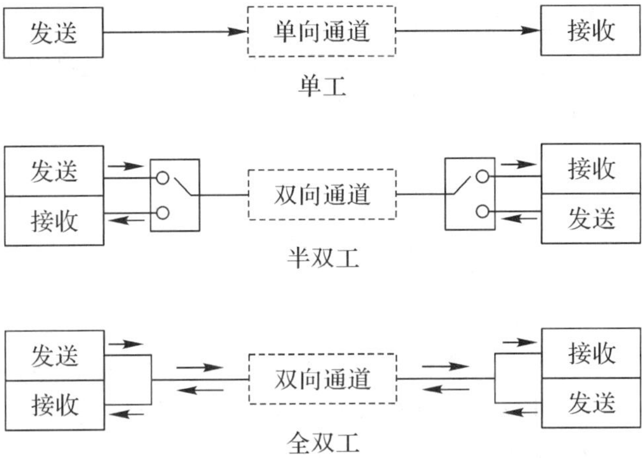

图7-11 串行通信的3种数据传输方式

串口通信的核心参数包括波特率、起始位、校验位、停止位等，这些参数在两个通信端口间必须严格匹配以确保通信顺畅。

波特率作为衡量数据传输速率的关键指标，指的是单位时间内信号调制后载波参数的变化次数。若每秒传输240个字符，每个字符含10位（起始位1位、停止位1位、数据位8位），则波特率为240字符/秒，而实际比特率则为10位×240字符/秒=2400比特/秒。

起始位作为数据传输的序曲，它以持续一个比特时间的逻辑0（低电平）形式出现，标志着字符传输的正式开始。发送方通过发送起始位启动字符传输，而接收方则利用这一信号同步其接收时钟与发送方的数据节奏。

校验是串口通信中的一种简易错误检测机制，通过在数据位后添加一个校验位来实现。当然，也可选择不使用校验位。

停止位作为数据传输的句点，不仅标示着数据传输的结束，还为设备间时钟同步的微调提供了机会。停止位数量越多，虽能提升时钟同步的容错能力，但相应地，数据传输效率也会有所降低。

三、面向OCR输入的文本解析的实现

OCR（optical character recognition，光学字符识别），作为将图像中文本字信息转换为可编辑文本格式的关键技术，广泛应用于扫描与识别印刷体及手写文档领域，实现了纸质资料向数字化文本的便捷转换。从图像提取文字符号并解析其深层语义信息，其重要性无可估量。OCR识别图像中文字的流程通常包括以下几个关键步骤。

（1）图像预处理：对输入图像实施一系列预处理措施，包括灰度化、二值化及降噪等，以优化图像质量，提升后续字符识别的精确性与稳定性。

（2）文本区域定位：利用边缘检测、轮廓分析等先进的图像处理技术，精准识别并界定图像中潜在的文本区域，这些区域往往界定了字符或文本行的确切边界。

（3）字符切割：针对已定位的文本行，依据字符间的间距、连通性等自然特征，精确

地将它们分割为独立的字符单元。

（4）特征提取：针对每个分割后的字符，提取其独特的形状、角度、纹理等特征信息，将其转化为可供高效处理的数值化表征，为后续的分类识别奠定坚实基础。

（5）字符分类识别：运用机器学习算法或深度学习模型等先进分类技术，对提取的特征进行精确分类，将字符准确识别为相应的类别。分类器既可采用预训练模型，也可依据特定需求进行定制化训练。

（6）后处理优化：对初步识别的字符实施进一步的优化处理，如错误纠正、倾斜校正、冗余去除等，以提升最终输出结果的准确性与阅读体验。

（7）输出格式化文本：将经过精细识别的字符有序组合，形成连贯的单词、句子乃至完整文本，以满足多样化的数字化处理需求。

OCR技术的萌芽可追溯至20世纪初，由德国科学家保罗·陶舍克（Paul Tausheck）在1929年提出来。随着计算机技术的日新月异，OCR技术逐渐从抽象的理论构想转化为具体的实践应用。20世纪60年代，全球范围内正式拉开了OCR研究的序幕，首批OCR系统应运而生，但初期主要聚焦于数字和英文字符的识别。时间推进至20世纪70年代末，中国也踏上了汉字识别技术的探索之旅，并在后续科研中推出了多元化的OCR产品。此后，OCR技术的开放源代码运动蓬勃兴起，众多知名OCR开源项目如雨后春笋般涌现，它们各自独具特色，为OCR技术的普及与应用贡献了宝贵资源。表7-2便列举了一些具有代表性的OCR开源项目。

表7-2　OCR开源项目

项目	优点	缺点
Tesseract	(1)项目非常活跃 (2)支持多种语言的文本识别,可以处理多种语言的文本 (3)提供了扩展接口和工具,可以自定义训练和优化OCR模型	(1)不是专门针对中文场景 (2)相关文档主要是英文,阅读和理解起来有一定困难 (3)学习成本比较高 (4)对于复杂字形和字体的识别准确性较低 (5)与其他OCR相比,准确率可能相对较低
Pad-dleOCR	(1)项目非常活跃 (2)模型只针对中文进行训练 (3)提供了多种预训练模型和接口,支持用户进行自定义训练和优化 (4)识别的精确度比较高	(1)安装和配置相对复杂一些,需要一定的技术知识和经验 (2)对于一些较小的文字或低分辨率的图像,性能可能受到影响 (3)使用的训练模型是基于百度公司自己的PaddlePaddle框架,对于小公司来说并不主流,所使用深度学习框架无法为后续其他深度学习做很好的铺垫 (4)项目整体比较复杂,学习成本较高

续表

项目	优点	缺点
EasyOCR	(1)项目比较活跃 (2)支持的语言非常多 (3)识别的精确度尚可	(1)从官方的页面体验来说,识别的速度较慢 (2)识别的文字种类多,学习难度较大 (3)相关的官方文档是基于英文的,学习难度较高,对于新手不太友好 (4)由于模型较大,内存占用较高
chineseocr	(1)项目比较活跃 (2)是专门针对中文进行学习和训练的模型 (3)具有一定的准确性和可扩展性	(1)需要一定的技术知识和经验来进行安装和配置 (2)文档和社区支持相对较少
chine-seocr_lite	(1)项目比较活跃 (2)是专门针对中文进行学习和训练的模型 (3)比较轻量级,具有较小的模型和内存占用 (4)由于模型较小,具有较快的文本识别速度	(1)在复杂场景下的效果不佳 (2)准确率相对较低 (3)功能和扩展性相对有限
CnOCR	(1)高准确率:CnOCR利用深度学习模型实现高准确率的中文文本识别 (2)简单易用:CnOCR提供了简单易用的API和命令行界面,方便用户集成和使用 (3)快速识别:CnOCR经过优化,能够快速处理图像并进行实时的中文文本识别	(1)CnOCR依赖深度学习框架,因此在使用之前需要安装相应的框架和依赖库 (2)CnOCR主要用于中文文本识别,对于其他语言的文本识别支持有限

这些OCR开源项目各有特色，适用于不同的应用场景和需求。在选择时，可以根据项目的具体需求、支持的语言、准确性、易用性等因素进行综合考虑。

第七节　机器翻译

语言是以有限工具实现无限表达的奇迹，人们所使用和理解的句子范畴无限广阔。机器翻译作为计算机技术的一项壮举，旨在将一种自然语言的文本自动转换为另一种自然语言的表达。其核心在于，凭借预设的有限规则，机器能够将源语言中无数句子转换为目标语言中的句子。

机器翻译不仅是计算语言学的一个分支，更是人工智能追求的理想之一。其两大支柱领域——文本翻译与语音翻译，正引领着该技术的发展。当前，文本翻译以传统统计方法与神经网络技术为主导，谷歌、微软、百度、有道等企业竞相提供便捷的免费在线翻译服务。文本翻译以高速、低成本及广泛应用见长，然而，其在灵活应对语义细微差别与语境变化方面仍有局限，常需要人工后期校正以提升精度。

在机器翻译的创新浪潮中，语音翻译尤为耀眼。搜狗等公司的机器同传技术，已被成功应用于会议场景，实现了演讲语音到文本的即时转换与同步翻译，展现了低延迟的高效沟通体验，旨在逐步替代传统人工同传，促进多语言交流的无障碍化。此外，图像翻译技术亦取得显著进展，谷歌、微软、Facebook及百度等企业竞相开发技术，使用户能够更便捷地搜索或整理未标记图片信息。视频翻译与VR翻译作为新兴领域，虽尚处于成长阶段，但其应用潜力已初露锋芒。

机器翻译的研究历程可追溯至20世纪三四十年代，其发展历程如图7-12所示。在这些发展阶段中，有3种机器翻译方法尤为显著且至关重要，它们分别是基于规则的机器翻译、基于统计的机器翻译、基于神经网络的机器翻译。这3种方法共同塑造了机器翻译技术的演进轨迹。

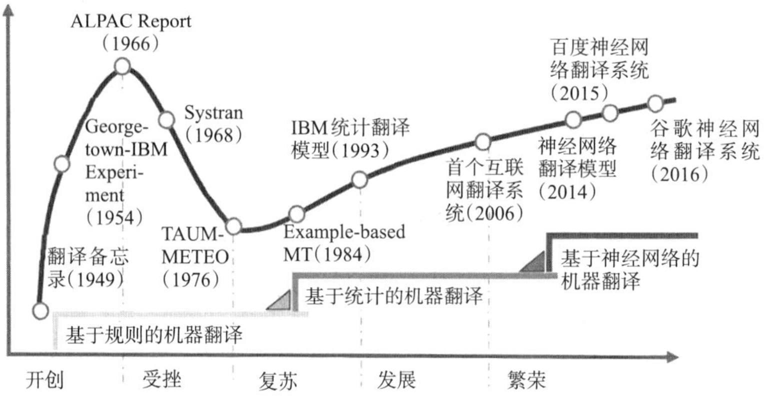

图7-12　机器翻译发展历程

一、基于规则的机器翻译

基于规则的机器翻译，采用规则型语言模型，以生成语言学为基础，人工编制语言规则，这些语言规则主要来自语言学家掌握的语言学知识，难免有主观性和片面性。

一个完整的机器翻译过程可以分为6个步骤。

（1）源语言词法分析。

（2）源语言句法分析。

（3）源语言语义分析。

（4）目标语言语义生成。

（5）目标语言句法生成。

（6）目标语言词法生成。

这6个步骤形成“机器翻译金字塔”，如图7-13所示。

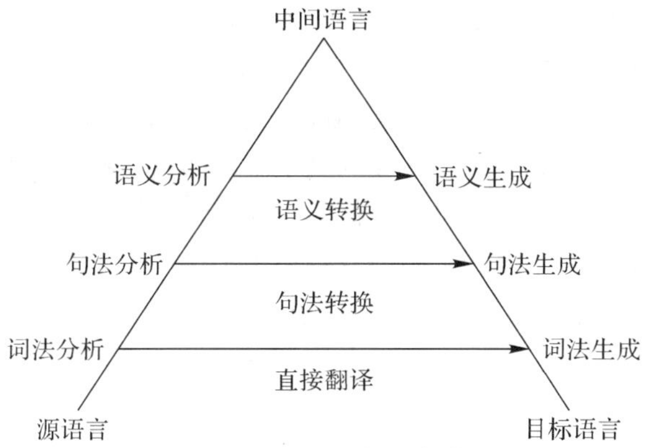

图7-13　机器翻译金字塔

显然，机器翻译金字塔为3层架构：左侧聚焦于源语言的深入分析，右侧则致力于目标语言的精准生成，而二者之间的桥梁则是源语言至目标语言的巧妙转换。此架构中，源语言分析与目标语言生成保持独立，仅在转换环节发生交汇，这一“独立分析—独立生成—交互转换”的设计理念，奠定了基于规则的机器翻译方法的基础。

二、基于统计的机器翻译

基于统计的机器翻译，依托统计语言模型，深度剖析大规模语料库数据。该模型内的概率参数由计算机精准计算，从而客观且全面地评估自然语言中各语言成分的出现概率。在这一框架下，机器翻译问题被创新性地转化为噪声信道问题，其示意图如见图7-14所示。

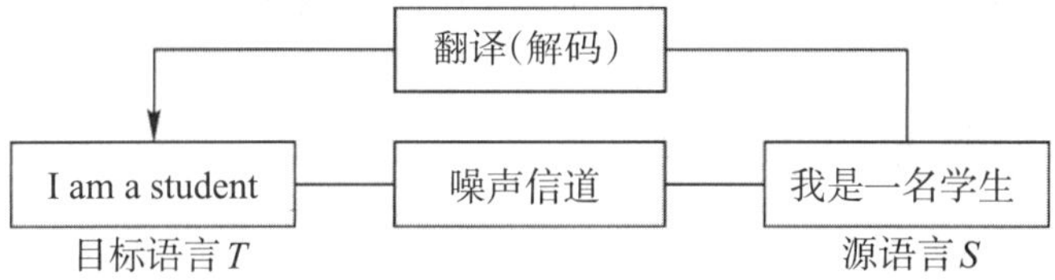

图7-14　噪声信道问题示意图

机器翻译可形象地理解为：语言T犹如穿越噪声信道的信号，经历扭曲变形后，在信道末端以另一种语言S的形式呈现。在此语境下，语言T扮演了信道输入的角色，对应于翻译目标语言；而语言S则作为信道输出，对应于翻译源语言。从这一视角出发，语言T中的任意一个句子均潜在地对应着语言S中多个可能的译句，但这些译句的出现概率不同。机器翻译的核心使命，即精准辨识并提取出那些出现概率最高的译句，即针对所有潜在的目标语言T表达，计算出其作为源语言S译文的最大可能概率值。

这样统计机器翻译系统的任务就是在所有可能的目标语言的句子中寻找出现概率最大的那个句子作为翻译结果，其概率值可以使用贝叶斯公式得到

$$P(T|S)=\frac{P(T)P(S|T)}{P(S)} \tag{7-1}$$

作为两门不同的语言，$P(S)$ 与T没有什么关系，因此求$P(T|S)$ 的最大值相当于寻找一个T，使等式右边分子$P(T)P(S|T)$ 为最大，即

$$\text{argmax}\ P(T)P(S|T) \tag{7-2}$$

式（7-2）被誉为“统计机器翻译的核心方程”。其中，$P(T)$ 作为目标语言的语言模型，衡量了译文的自然流畅程度；而 $P(S|T)$ 即在给定 T 的条件下 S 的翻译模型，反映了译文忠实于原文的能力。$P(T)$ 与 $P(S|T)$ 的乘积达到最大值，标志着该译文在忠实度与流畅度间实现了最佳平衡，从而确保了译文的高质量。因此，这一基本公式不仅精准捕捉了翻译实践中的核心诉求，也深刻契合了人们的翻译直觉与期待。简而言之，统计机器翻译的过程可视为一个高效的解码流程，如图7-15所示。

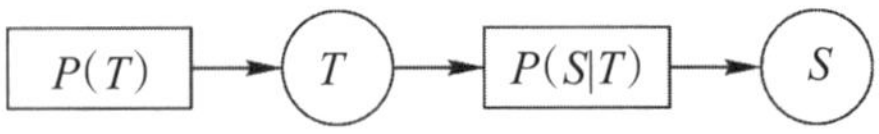

图7-15　统计机器翻译

图7-15中，$P(T)$ 与源语言 S 无关，$P(S|T)$ 是在考虑目标语言 T 的条件下，源语言 S 的条件概率，它是翻译模型，反映了两种语言翻译的可能性，与源语言和目标语言都有关。

统计机器翻译系统主要面临以下三大挑战：

（1）精确估算语言模型概率 $P(T)$，即量化目标语言译文 T 的流畅度水平；

（2）有效评估翻译模型概率 $P(S|T)$，以衡量目标语言 T 对源语言 S 的忠实程度；

（3）开发高效快速的搜索算法，旨在寻找最优解 T，使 $P(T)$ 与 $P(S|T)$ 的乘积为最大，从而确保译文在忠实度与流畅度上的最佳平衡。

统计机器翻译系统的框架如图7-16所示。

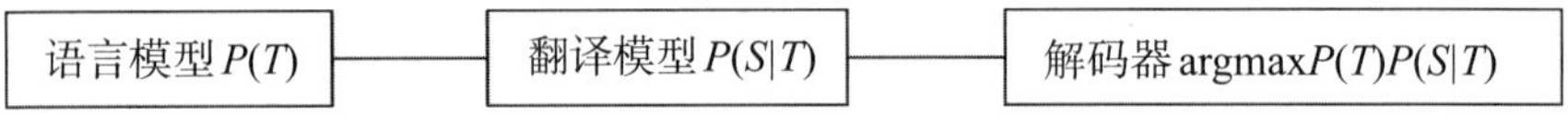

图7-16　统计机器翻译系统的框架

三、基于神经网络的机器翻译

神经语言模型（neural language model，NLM）是通过分布式表示法构建自然语言序列的模型，为每个词汇赋予独特的编码，进而识别并量化两个相似词汇及其上下文之间共享的统计强度。此模型学习的分布式词表示，能够捕捉词汇间的共同特征，促进信息共享。例如，若“狗”与“猫”在模型中映射至富含多重属性的表示空间，则包含“猫”的句子能辅助模型预测含“狗”句子的相关信息；反之亦然。这些词表示常被称为词嵌入，它们在嵌入空间中呈现为：意义相近的词汇彼此相邻，共同编织成一个意义丰富的语义网络。

机器翻译的编码器-解码器框架，如图7-17所示。

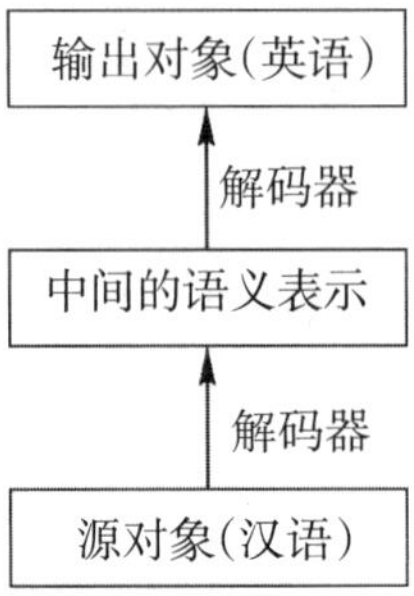

图7-17　机器翻译的编码器-解码器框架

神经机器翻译系统巧妙地融合了神经语言模型，其运作流程精妙而高效。首先，它采用RNN模型（或CNN等变体），细致读取输入序列，并提炼出高度概括性的数据结构，我们称为“上下文C”。此上下文C，无论是以向量的形式还是以张量的形态存在，均扮演着至关重要的角色，如图7-17中的“中间的语义表示”所示。其次，系统调动另一RNN模型，精准地解析上下文C，并据此逐字逐句地构建出目标语言的流畅表达。

第八节　语音辨识

在当今社会，语言作为人际交流的基石，无处不在地连接着每个人的思想与情感。在人类的对话交流里，听觉系统捕捉语音信号，大脑则将这些信号解码为思维内容，进而驱动行为。随着人工智能技术的兴起，人类语言与语音的智能识别技术正逐步渗透生活的每一个角落，丰富了人类的交互方式。如今，语音识别技术已广泛应用于多种场景，如智能手机中的语音助手、智能语音机器人等，为用户带来了前所未有的便捷体验。同时，许多科技公司在语音智能辨识领域崭露头角，不断推动着该技术的革新与发展。这标志着，在即将到来的智能时代，人机之间流畅无阻的对话交流正逐步从梦想走进现实。

如今，在智能产品中，语音智能辨识模块正如“机器人的耳朵”，精准地将人类的语言转化为文字或操作指令，使人机交互更加自然与高效。这一功能已成为众多产品与设备竞相追逐的焦点，引领着科技消费的新风尚。

一、语音辨识原理

语音辨识聚焦于人类或智能体的语音，通过信号处理与模式识别技术，赋予机器自动解析与处理语言的能力。这一技术核心在于将语音信号高效转化为可控的逻辑信息或指令，展现了先进的自动化处理能力。深度语音辨识领域广泛涉猎声学、语言学、信息论、系统模式识别理论及生物学等多个学科，形成了跨学科的紧密交融与互动。随着计算机与信息技术的飞速进步，语音辨识技术已成为社会新兴技术领域的璀璨明珠，引领着产业创新的风向标，展现出无限的应用潜力和广阔的发展前景。

语音辨识本质上是一种模式辨识系统，它包含3个基本部分：特征提取、模式匹配及模型库。其原理框架如图7-18所示。

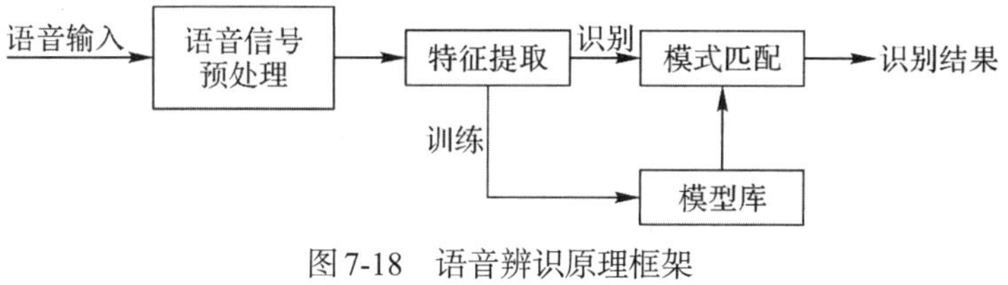

图7-18　语音辨识原理框架

语音信号经由输入话筒转化为电脉冲信号，随后进入智能辨识系统模块。该模块首先对语音信号进行预处理，随后依据人类语言特性构建语音信号模型。通过对输入语音信号的深入分析，系统提取出所需的信号特征，并基于这些特征构建出适应语音辨识需求的模型。在语音辨识过程中，系统会将存储的语音信息模板与提取到的语音特征信息进行智能匹配与搜索，以寻找与输入语音信号最为吻合的模板。此匹配过程依赖于模型库中的模板数据，通过高效的查表机制，系统能够迅速得出最佳辨识结果。值得注意的是，语音模型库的精确度直接决定了最终辨识结果的准确性。

语音辨识系统由两大核心部分组成：语音信号训练与语音信号辨识。前者通常在离线状态下执行，借助人工智能的机器学习与知识挖掘技术，深度剖析系统内存储的海量语音单元与数据库，从而构建出"语音声学模型"与"语音语言模型"，为语音辨识系统奠定坚实基础。后者则实现线上实时操作，即对用户发出的语音进行即时、自动地辨识处理。

进一步细化，语音辨识过程又可划分为"前端处理"与"后端分析"两个阶段。前端专注于预处理环节，通过滤波技术剔除静音段与语音非语音成分，有效降噪并精选关键特征；而后端则依托预先训练好的语音声学模型与语音语言模型，对用户的语音特征向量进行精准的模式识别，即解码过程。尤为值得一提的是，后端还内置智能反馈模块，赋予系统自适应能力与自我学习能力，持续优化辨识效果。此外，为持续提升准确率，语音声学模型需要定期进行校正与优化。

二、声音辨析实现

日常生活中，手机等设备常采用如MP3等压缩格式来存储声音与歌曲，以节省空间。然而，在实际应用中，为确保音质与处理效率，这些压缩文件需被转换为非压缩的纯波形格式，典型代表之一即为PCM格式的WAV文件。WAV文件由文件头与详尽的声音波形信息构成（如图7-19所示），直观地呈现了声音的波形形态，是音频处理中不可或缺的基础素材。

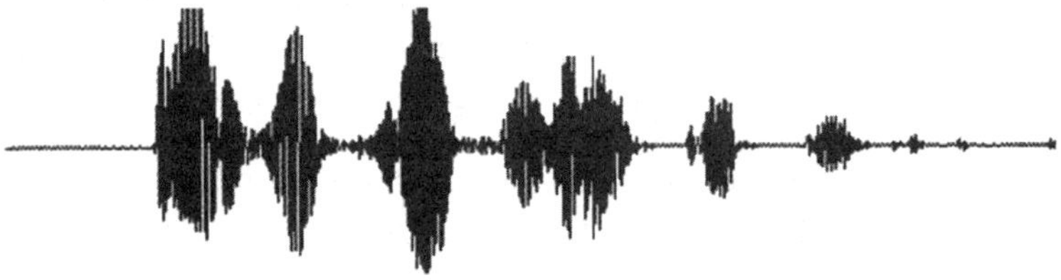

图7-19　声音的波形

声音辨识流程启动之初，首要步骤是剔除声音信号首尾两端的静音段，以降低其对后续处理流程的潜在干扰。这一过程专业上称为"VAD（voice activity detection，语音端点检测）"，旨在精准定位有效语音区间。随后，进入声音解析阶段，其核心环节为语音信号的分帧处理。此过程将连续的语音流切分为一系列短时帧，每帧被视为一个独立的语音单元，便于后续分析。设定每帧间隔为10 ms，每帧被时长固定为25 ms，通过此分帧策略，相邻两帧间将自然形成15 ms的重叠区域，如图7-20所示。这有助于增强分析的连续性与准确性。

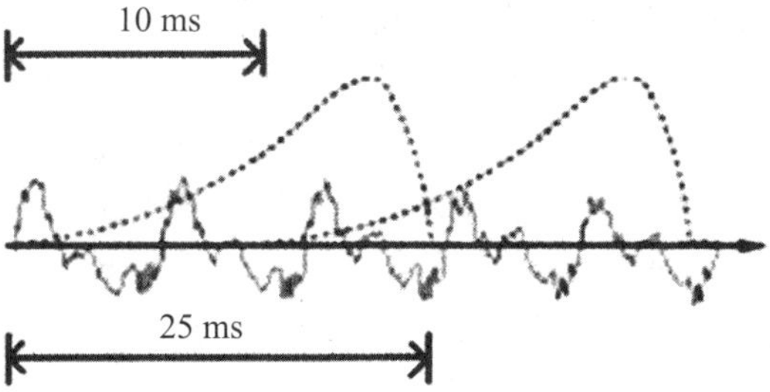

图7-20　语音声音解析分帧处理示意图

分帧处理后的语音小段，其波形在时间序列上的直接描述价值较为有限。因此，需要对语音波形进行转化，以适应进一步分析的需求。基于人耳生理特性的考量，可将分帧后的波形映射为多维向量形式，这一过程实质上是对语音内容的深层次编码，被称为“声学特征提取”。具体而言，提取的声学特征可构建为一个12维、N列的矩阵，其中N代表总帧数，该矩阵即为后续分析的基础——观察序列，如图7-21所示。在此图中，每一帧的数据均通过一个12维向量来精准描绘，而向量值的大小则直观地以色块颜色的深浅加以呈现，便于直观理解与分析。

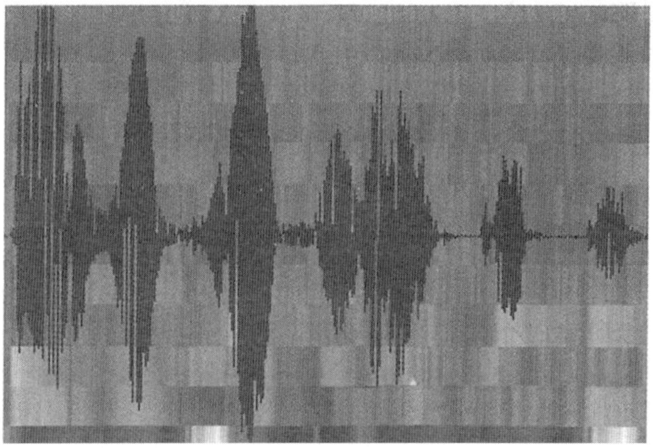

图7-21　语音声学特征观察序列示意图

接下来需要解决的问题是怎么将观察序列矩阵转换成文本信息。在观察序列矩阵数据变成文本信息之前，需要先了解转换过程的两个重要概念：音素与状态。音素即单词的发音，汉语直接应用声母和韵母作为声音模型的音素集；而英语常用的则是卡内基梅隆大学的一套48个音素组成的音素集。状态即比音素更小的语音单位。通常情况下，语音的一个音素包含3个状态。语音文本解析的过程就是，首先将帧辨识转换成状态信息点，接着将状态组合成音素，最后将音素组合成单词。

综上所述，语音辨识与文本解析的技术精髓，即在于这一帧帧信息到状态，再到音素，最终汇成文本的精准跃迁。

本 章 小 结

自然语言处理作为人工智能领域中的璀璨明珠，近年来伴随着人工智能技术的蓬勃发展而备受瞩目，已成为科研探索的热门方向。该领域致力于在广泛的应用场景中，搭建起人与人之间、人与计算机之间通过自然语言顺畅沟通的桥梁。本章首先详尽阐述自然语言处理的基本概念；其次，深入行业前沿，展示该技术如何在多个领域大放异彩，实现其价值；然后，梳理自然语言处理的发展轨迹，同时解析其基本流程与核心方法，为读者搭建起完整的知识框架；最后，随着学习的深入，本章进一步引领读者探索自然语言理解的奥秘，掌握文本处理的精髓，领略机器翻译的魅力，并洞悉语音辨识的前沿技术。这一系列内容不仅拓宽了读者的学术视野，更激发了其对于自然语言处理技术无限可能的思考与创新。

本章习题

1. 什么是自然语言?自然语言是由哪些要素构成的?
2. 自然语言处理的发展分为几个阶段？各个阶段的重点是什么?
3. 句法分析的目的是什么?
4. 句法分析的常用算法有哪些?
5. 语义分析的目的是什么?
6. 建立语料库的意义是什么?

第8章

知识图谱

当前，人工智能应用呈现前所未有的快速增长，这受益于深度学习技术的蓬勃兴起及其在众多领域的广泛应用。然而，深度学习固有的不可解释性特征，已成为其进一步发展的主要桎梏。在特定应用场景中，采用无法阐明决策逻辑的模型潜藏着巨大风险。试想，若疾病诊断系统仅凭复杂计算得出诊断结果，却无法合理解释其依据，这样的结论无疑难以被接受，系统亦难以赢得用户的信赖。因此，构建可解释的人工智能系统，才是通往广泛信任与应用的必由之路。

知识图谱基于事实性知识，为可解释人工智能的发展注入了新的活力。近年来，得益于知识表示与机器学习技术的快速发展，知识图谱的构建、推理、计算及知识服务等方面均取得了突破性进展。这些技术革新不仅让知识图谱在工业界大放异彩，收获了丰硕的实践成果，更吸引了众多科技公司目光，他们纷纷构建出大规模通用知识图谱，为语义搜索、智能决策、个性化推荐及智能问答等系统提供了强有力的支撑。知识图谱的价值不仅限于其实用性，其深厚的理论意义同样不容忽视。它不仅为传统知识表示与推理技术找到了新的应用舞台，也向这一领域提出了全新的挑战，引领着知识表示与推理技术的未来发展。

第一节　知识图谱概述

一、知识图谱的定义

知识图谱作为知识工程领域的一个分支，其学术定义尚待统一。普遍认为，知识图谱根植于语义网络的深厚理论基础，巧妙融合机器学习、自然语言处理、知识表示与推理等前沿技术，以结构化方式精准刻画现实世界中的概念、实体及其错综复杂的关系网络，旨在让机器在信息表达上更趋近于人类的思维模式。知识图谱的知识库，犹如机器之大脑，存储着丰富的知识资源。基于这一知识基底，结合精心设计的算法与规则体系，知识图谱能够在一定程度上模拟人类的思考过程，如同人类般灵活运用知识于各种场景之中。

知识图谱的概念由谷歌公司于2012年率先提出，旨在构建更加智能的搜索引擎体系，以期提升搜索精准度与用户体验。在传统模式下，搜索引擎仅通过关键词定位相关网页集合，并依据既定算法排序后呈现给用户，迫使用户自行筛选，过程烦琐且效率有限。随着互联网信息的海量增长，此方式越来越难以满足用户对高效、精准信息检索的需求。

为应对此挑战，谷歌引领技术革新，将搜索引擎从基于关键词的搜索提升至基于语义的智能搜索。此变革核心在于，通过深度理解用户查询背后的语义意图，并在丰富的语义知识库中精准检索匹配信息，从而实现了搜索结果的直接性与准确性，优化了搜索质量。

此后，国内搜索引擎（如百度、搜狗等）借助知识图谱技术深化搜索能力，推出了一系列创新商业应用，如百度的“知心”与搜狗的“知立方”等，引领了行业的新风尚。以百度搜索为例，用户只需要简单输入“苏轼的父亲”，即可获得如图8-1所示的直观、精确的搜索结果，这充分展示了知识图谱技术在实际应用中的价值。

图8-1　知识图谱在搜索中的应用实例

搜索引擎的反馈结果已明显优化，用户不再面对关键词堆砌的网页列表，而是直接收获了精确的答案“苏洵”，并伴随其详尽信息的呈现。进一步点击详情页，不仅详尽的个人资料跃然眼前，更展开一幅生动的人物关系图谱，囊括了其子苏辙与苏轼、其女苏八娘等关键人物关系，如图8-2所示。这一呈现使用户在获取主体信息的同时，亦能即时掌握其周边关系网络，提升了信息获取的全面性与便捷性。

图8-2 知识图谱对关系信息的展示

上述搜索体验，实则归功于搜索引擎背后强大的知识图谱支撑。知识图谱作为一种以有向图为核心架构的知识存储方式，精心构筑起一个庞大的知识体系，旨在详尽描绘现实世界中纷繁复杂的实体、概念及其错综交织的关联关系。

依据覆盖领域的广狭，知识图谱可大致分为通用型（开放型）与领域特定型（行业型）两大类。通用型知识图谱追求知识的广泛覆盖，致力于纳入更多元化的实体。典型的实例包括Zhishi.me、CN-DBPedia、XLore等，感兴趣的读者可查阅相关文献。相比之下，领域特定型知识图谱则紧密依托于特定行业或领域的数据资源，专注于垂直行业的深度挖掘，通过精细的知识推理助力分析决策。因此，其在专业性与准确性上要求更为严苛，如GeoNames地理数据库、中医医案知识图谱等。不同领域的知识图谱，其构建策略与应用场景亦各具特色，展现出多样化的实践路径。

近年来，国内许多企业，诸如百度、腾讯、阿里巴巴、明略科技等，纷纷推出了自家的知识图谱平台与技术。同时，为加速中文知识图谱数据的开放与互通，知识图谱领域的一些杰出专家与学者携手创立了中文开放知识图谱（OpenKG）联盟，其愿景在于深化知识图谱与语义技术的普及与应用，为中国人工智能的发展注入动力。OpenKG联盟精心构建了OpenKG.CN技术平台，已吸引多家机构加盟，形成了一个庞大的知识资源网络。该平台汇集了Zhishi.me、CN-DBPedia、XLore、PKU-PIE等一系列标志性的中文知识库，涵盖了常识、医疗、城市、金融、农业、生活、出行、科教等领域的开放知识图谱，为各界用户提供了丰富多元、深度关联的信息资源。

二、知识的定义

在深入探讨知识的定义之前，首要任务是厘清数据与信息的基本概念，并明晰它们与知识之间的界限与联系。

数据作为客观世界运动状态的直接映射，经由感官或精密仪器的捕捉，被转化为文本、数字、事实及图像等多样化的符号记录。这些记录保持原始形态，未经雕琢与阐释，尚未针对特定疑问提供答案，亦未在彼此间建立起沟通的桥梁，呈现出一种离散而孤立的状态。

相较于数据的原生面貌，信息则是对数据进行加工与整合的产物，它巧妙地构建了数据间的内在联系，从而生成了能够解答具体问题的文本，以及包含特定意义的数字、事实与图像。信息犹如隐藏在数据背后的密钥，等待着人类用智慧去发掘与解读。

而知识绝非数据与信息的简单堆砌，它是信息的升华，是指导实践的智慧结晶。知识源自人类在改造世界过程中的探索与体验，是认知与经验的汇聚，既涵盖了物质世界的奥秘，也触及了精神世界的深邃。知识作为数据与信息的高级抽象形态，是人类智慧与文明的集中体现。

知识源自数据与信息，然其定义迄今仍未达成共识，呈现多元化态势。柏拉图曾精辟地指出，知识需要同时满足3项条件：验证无误、准确无误、广受认可，此界定亦成为科学与非科学分野的关键标尺。

为赋能计算机处理知识，需要将知识转化为适宜其运算的格式，并借助高效的组织与存储手段，构建语义知识库。在此坚实基础上，实现知识的快速检索、精确计算与深度推理，从而支撑起知识图谱在多元场景下的广泛应用，推动智能化发展进程。

三、知识表示

知识表示即对知识进行的系统化阐述或约定俗成的描述，它构成了计算机理解和运用知识所依托的核心数据结构。作为机器迈向智能的基石，知识表示赋予了机器模拟人类知识应用能力的潜力。目前，知识表示领域百花齐放，方法众多，包括一阶谓词逻辑、产生式系统、资源描述框架、语义网络及本体表示等。在知识图谱的构建与应用中，本体表示、语义网络及资源描述框架尤为突出。

（一）本体表示

本体表示这一概念，在哲学语境下被界定为“对世界客观实体及其关系的系统阐述”。本体表示作为探究“存在”本质的科学，致力于解答“存在为何”“万物共通之特性”等哲学命题，其精髓在于对客观现实深层次抽象本质的追寻。随着本体表示理论框架向计算机科学的渗透，基于本体的知识表示方法应运而生，成为连接现实与数字世界的桥梁。在计算机领域，本体扮演着语义层面知识描述的关键角色，作为领域知识共通的概念化模板，它超越了具体实例，构建起知识的通用框架。德国学者施图德（Studer）于1998年为本体赋予了更为精准的定义：本体乃是对共享概念模型的形式化、规范化阐述。这一定义深刻地揭示了本体的4层含义：其一，它明确界定了领域内概念的边界；其二，阐述了概念间错综复杂的关系网络；其三，确立了领域内公认的基本原理或公理；其四，它强调了概念、关系及公理之间逻辑自洽、紧密相连的体系性。通过对这4层含义的剖析，本体的全貌得以清晰展现，为知识表示、信息共享与智能应用奠定了基础。

（1）概念化：本体对于事物的描述表现为一组概念，是对客观世界中存在的事物或者现象，以及它们之间关系的概念化抽象。

（2）明确性：本体中全部的术语、属性及公理都有明确的定义。

（3）形式化：本体能够被计算机处理，是计算机可读的、可理解的和可推理的。

（4）共享性：本体的表示要建立在领域内共同认知的基础上，本体中体现的知识是被共同认可的，反映到领域中公认的术语集合，因此可以有效地促进知识共享。

本体作为领域知识的精练概括，是对现实世界在特定学科领域内抽象化的概念模型。此模型囊括了领域内的核心概念及其错综复杂的关系网络，精准描绘了领域内术语间的内在联系。值得注意的是，本体所囊括的概念集合必须获得该领域内的广泛认同，领域本体示例如图8-3所示。因此，在构筑领域知识图谱的过程中，基于本体的知识表示法扮演着不可或缺的关键角色。

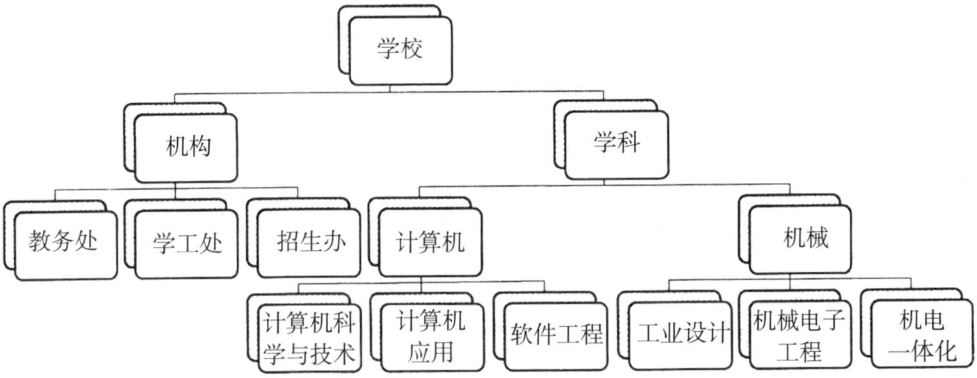

图8-3　领域本体示例

一般而言，本体框架应囊括五大要素：概念、关系、函数、公理及实例。在知识图谱的构建中，概念、实例与关系尤为关键。

（1）概念：作为领域内共性对象的抽象化表述，概念是构建知识框架的基石。无论是教育领域中的教师、学生、课程，还是影视领域中的电影、演员、导演，均属此列。从面向对象编程的角度审视，概念可视为类的具象化表达。

（2）关系：指的是概念间或概念与实例间的联结纽带，亦可称为“属性”。这种联结不仅涵盖了如“绵羊是羊的一种”这样的层次关系，还深入性别、年龄等细化特征描述，从而全面刻画了概念本质。关系的广泛性使其不仅能关联实例，还能绑定具体数值或字符串，如“张三的国籍是中国”与“李四的年龄是20”，分别展示了关系与属性的实际应用。

（3）函数：在本体语境下，函数被视为一种特殊的关系，它通过建立映射关系，确保前$n-1$个元素能唯一决定第n个元素。例如，father-of函数明确了父子关系的唯一性，增强了本体在描述复杂关系时的精确度。

（4）公理：作为领域内公认的事实或规则，公理通过约束类或关系，保障了本体的一致性和严谨性。其形式既可简单如“所有猫都是哺乳动物”，也可复杂至逻辑表达式的层次，为构建复杂知识体系提供了基础。

（5）实例：作为概念的具体化体现，实例直接映射于现实世界的客观事物。从“人工智能技术基础”作为课程概念的具体实现，到“南京”作为城市概念的实例，无一不体现了实例的桥梁作用。在面向对象编程的视角下，实例等同于对象，如“北京大学”之于“大学”类，“泰坦尼克号”之于“电影”类，就进一步强化了本体与现实世界的联系。

综上所述，一个完备的本体系统由概念、关系、函数、公理及实例这五大要素紧密交织而成，它们相互支撑、相互促进，共同构筑起描述特定领域知识的坚固框架。在实际应用中，根据领域特性和需求差异，本体的构建过程可能需要更加精细化和复杂化的设计。

（二）语义网络

语义网络是由奎利恩（Quillian）于1968年深研人类联想记忆机制时提出的心理学模型，核心观点在于记忆的构建是基于概念间错综复杂的联系网络。时至今日，语义网络已跃升为人工智能领域备受青睐的知识表示手段，特别是在自然语言处理领域展现出良好的应用潜力。其中，知识图谱技术采纳了语义网络表示法作为其知识表示的核心策略之一，彰显了该方法在复杂知识体系构建中的独特价值。

语义网络作为一种通过节点与边构建的有向图模型，其核心在于利用概念及其丰富的语义联系（或称“语义关系”）来表征知识。在此架构中，节点扮演着多元化角色的载体，涵盖了事物、概念、情境、属性、状态、事件乃至动作等广阔范畴；而边则精妙地编织着这些节点间的多样关系网络，包括类属、包含、属性、时间、位置、相似、因果及组成等深层联系。得益于其贴近人类思维模式的自然特性，以及卓越且灵活的表达能力，语义网络已成为一种备受推崇的知识表示工具，被广泛应用于多个领域。特别是在那些需要深入复杂分类体系进行推理，或需要明确呈现事件、性质、动作间错综复杂关系的场景中，如关系推理、隐含关系探索、群体行为分析、社交网络剖析及情报综合等领域，语义网络更是展现出了明显的优势。图8-4直观呈现了一个语义网络表示法的简洁示例，该图以直观且全面的方式，精准地刻画了某一事实或知识的全貌，实现了知识的图形化、结构化展现。

（1）猪和羊是动物。

（2）猪和羊都是哺乳动物。

（3）野猪是猪，生活在森林里。

（4）山羊是一种羊，头上长着角。

（5）绵羊是羊，能够生产羊毛。

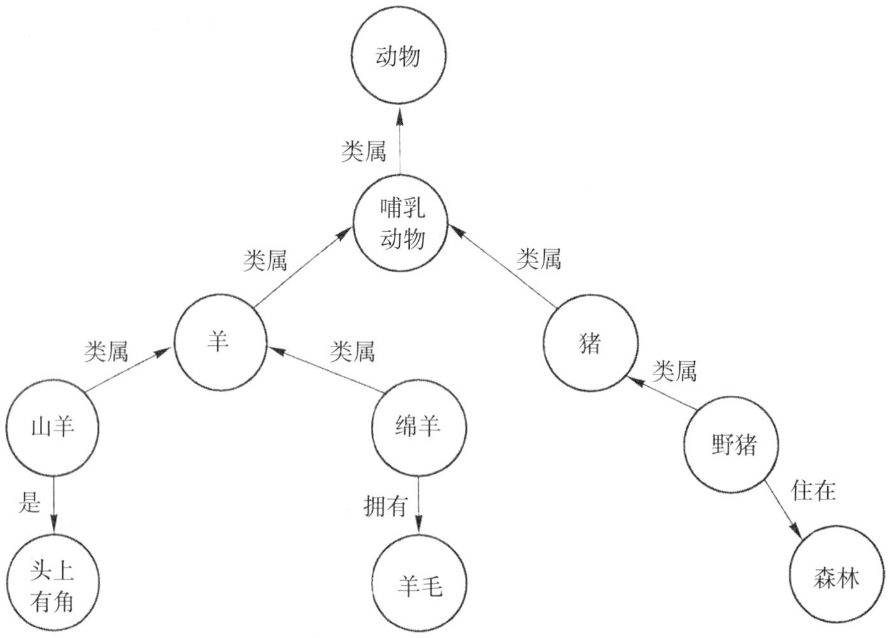

图8-4　语义网络表示法示例

语义网络中，边精准刻画了节点间的内在关联，其基础表示形态凝练为（节点1，边，节点2）这一三元组范式，此即资源描述框架的精髓所在，也是知识图谱构建中不可或缺的数据模型基石。

构建语义网络，需要深度融合机器学习与自然语言处理等技术，对海量文本数据进行深度剖析与提炼。通过词向量训练、语法及语义分析等手段，精准抽取出文本中的实体、属性及关系等关键语义要素，进而编织成三元组，构建起语义网络的框架。这一过程不仅丰富了知识的结构化表达，也拓宽了语义网络的应用边界。在搜索引擎、问答系统及智能推荐等领域，语义网络展现出了巨大的应用价值。它能深刻洞察用户查询背后的语义意图，助力实现更精准的信息检索，提升搜索的质量与效率。此外，语义网络还作为自然语言处理领域的强大工具，助力句法分析与语义分析任务的优化，为机器翻译、智能写作等复杂应用场景带来性能的提升。

（三）资源描述框架

资源描述框架自2004年被W3C（万维网联盟）正式确立为标准以来，便成为语义网络架构的基石之一。其核心贡献在于助力语义网络实现三大功能：其一，确保网络内容的语义精确无误，赋予其明确且一致的含义；其二，促进计算机对语义内容的深度理解与高效处理；其三，通过集成网页中的多元数据，实现数据的自动化整合与处理，推动数据利用的效率与深度。

资源描述框架中的以下几个核心概念至关重要。

（1）资源：任何可被赋予全球统一资源标识符（URI）的实体或概念。

（2）属性：作为一种特殊资源，它定义了资源之间的关联特性。

（3）陈述：构建于三元组（SPO）之上，即由主语（subject）、谓语（predicate）和宾语（object）组成。简言之，主语指向资源，谓语阐释关系，宾语则是该关系的对象或值。通常，主语与谓语均为资源形式，而宾语则灵活多变，既可是另一资源，也可是具体数值。例如，“中国的首都是北京”可简化为三元组（中国，首都，北京）。

通过有效整合这些资源描述框架三元组所承载的知识，构建起了庞大的语义网络知识库，即知识图谱。

（四）3种知识表示的区别

本体表示与语义网络，同为知识表示的重要工具与方法，二者虽形式相近，皆能以带标记的有向图展现知识，并应用于逻辑推理之中，但在描述对象与范围上却各有千秋。本体作为对共享概念模型的规范化阐述，其核心在于“共享”，意味着这些概念在特定领域内广受认可，因而它常聚焦于特定领域，旨在构建该领域的概念模型库，为知识图谱的搭建提供基础。反观语义网络，其数学本质亦是一种带标记的有向图结构，起初专为表达命题信息而设计。在此框架内，节点灵活承载物理实体、抽象概念或具体状态，而边则巧妙地揭示了这些元素间的内在联系。语义网络的灵活性体现在对节点与边的非限制性定义上，使其应用范围更为广泛，能够轻松涵盖如“我的汽车是红色的”这类具体语句的表述。相比之下，本体表示更倾向于从宏观视角勾勒整体架构，如组织的内部结构概览。在表示深度上，本体表示展现出更为严谨与深入的特质，这得益于其五大核心要素：概念、实例、关系、函数，以及作为约束条件的公理，这些要素共同确保了本体对描述对象的精确刻画。语义网络构建的门槛较低，无须深厚的专业领域知识，本体表示的构建则严格要求领域专家的深度参与，以确保其严谨性与准确性。因此，从构建难度上看，本体表示无疑更具挑战性。

资源描述框架作为万维网上资源描述的数据模型典范，确立了统一框架以阐述实体/资源及其属性间错综复杂的关系。其核心结构凝练为SPO三元组（主语—谓语—宾语），节点承载实体/资源及属性，边则巧妙勾勒出实体间及实体与属性间的内在联系。相较于本体专注于特定领域内概念、属性及关系的界定，资源描述框架则以其标准化的语言，为这些概念与关系的描述铺设了基石。在知识图谱的构建中，本体表示与资源描述框架携手并进，前者奠定领域模型之基，后者则负责将这些模型具象化为生动的实例。语义网络作为资源描述框架的前身之一，二者均依赖节点与边的编织来展现知识的广度与深度。然而，资源描述框架以其更为严谨的定义与标准化的表达，有效弥补了语义网络在量化、动态知识表征方面的局限。

综上所述，本体表示、语义网络与资源描述框架在知识表示与信息管理的浩瀚星空中，各自闪耀独特光芒，它们之间的互补关系如同星辰般紧密相连，共同照亮了人工智能与语义网等前沿领域的探索之路。

第二节　知识图谱的发展历程

知识图谱的概念虽由谷歌于2012年正式提出，但其发展脉络可追溯至1960年，起始于语义网络的萌芽，已历经数十年的演进与蜕变。图8-5清晰勾勒了这一发展历史，展现了知识图谱从初步构想到现代应用的跨越式发展。

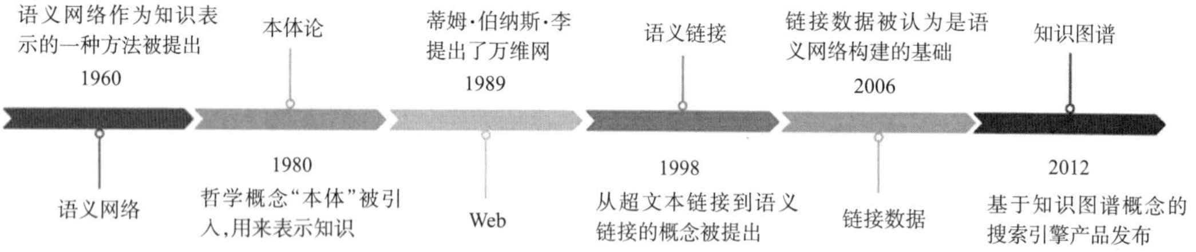

图8-5　知识图谱的发展历史

（一）早期知识图谱与逻辑推理

知识图谱的理论根基根植于20世纪后半叶的人工智能蓬勃浪潮中，其起源可追溯至诸多认知心理学家所倡导的语义网络理论。在这一理论框架下，多支研究力量并行不悖地孕育出相似的构想，其中，索沃（Sowa）等人于1984年构建的ConceptNet（概念网）尤为引人注目。在符号主义主导的时代背景下，众多早期知识图谱的构建遵循了将关系精练为几类核心基础关系的原则，如“属性归属”“因果链接”及“成员关系”等，并精心设定了一系列图谱内推理法则，旨在通过严谨的逻辑演绎推动智能的实现。

（二）语义网和本体论

语义网由万维网先驱、图灵奖得主蒂姆·伯纳斯–李（Tim Berners-Lee）提出，旨在攻克语义搜索的难题。20世纪初，自然语言理解尚处于萌芽阶段，细粒度网络自动查询犹如空中楼阁。时至今日，尽管智能语音助手（如Siri）已具规模，但其处理范围有限。蒂姆·伯纳斯·李独辟蹊径，构想若网页能自我标注为机器可解的三元组形式，则语义搜索之愿景可期。然而，受制于互联网创作初期的保守态度，语义网的全面实现至今仍未如期而至，其研究焦点亦悄然转向知识图谱领域。尽管如此，三元组结构信息的构建与本体研究的技术积淀，已成为自然语言处理领域不可多得的智慧宝藏，持续为技术进步贡献力量。

（三）大规模知识图谱

2012年谷歌知识图谱的发布，无疑再次将知识图谱领域推向了公众视野沿。然而，构建一个既庞大又高质量的知识图谱并非易事。提及谷歌知识图谱的前身，Freebase凭借其广泛的网络资源整合能力，纳入众多私人维基的内容，奠定了知识图谱发展的基础。与此同时，DBpedia作为知识图谱领域的佼佼者，其特色在于深度挖掘维基百科中的结构化知识，进而构建精细化的本体体系。而卡内基梅隆大学汤姆·米切尔（Tom M. Mitchell）教授领导的NELL项目，则引领了一项机器学习在知识图谱构建中的革命性应用，该项目致力于自动化地从网络信息中持续挖掘资源，进行事实探索与规则提炼，其间涉及的关键技术涵盖命名实体识别、同名消解及规则归纳等，彰显了技术创新的无限潜力。

（四）深度学习时代的知识图谱

在深度学习赋能的知识图谱领域，海量实体与关系的交织虽丰富了图谱的维度，却也带来了定义逻辑规则的挑战。知识图谱的“推理”过程逐渐转向黑盒模型预测的新范式，在这一转变中，神经网络成为不可或缺的研究工具。尤为瞩目的是神经张量网络的引入，它创造性地采用知识图谱中实体与关系单词嵌入的均值作为节点表征，进而训练神经网络以精准判断（头实体—关系—尾实体）三元组的真实性。神经张量网络在知识图谱补全与推理任务中展现出良好的性能，为领域发展开辟了新路径。

（五）从知识图谱到认知图谱

知识图谱的局限性，究其根本，源于“二元一阶谓词逻辑”作为知识表示框架的内在缺陷。长久以来，研究者不懈追求更优的知识表示方法。单纯依赖（头实体—关系—尾实体）的命题结构，虽能有效表征诸多简单事件与实体属性，但面对复杂知识的挑战时却显得力不从心。随着对知识理解细粒度要求的日益提升，这一短板成为知识图谱发展的瓶颈。

借鉴认知科学中的“双过程理论”，人类的认知体系被精妙地划分为两大系统：系统1，凭借直觉与无意识运作，根植于经验与联想；系统2，则独具人类特色的逻辑推理引擎，依托工作记忆中的知识进行缓慢却坚实的逻辑推演，这一过程是显性的，需要意识操控，彰显人类智慧的高级形态。受此启发，认知图谱应运而生，其创新之处包括以下几点。

（1）直接存储附带索引的文本数据，借助信息检索算法替代传统知识图谱的显式边，灵活访问相关信息；

（2）根据查询需求动态构建多步路径，利用实体识别模型动态生成图谱中的实体节点；

（3）在构建节点的同时，赋予其富含上下文信息的隐式表示，并通过图神经网络等模型实现可解释的关系推理，从而有效减少知识图谱构建中的信息损耗，将处理压力转移至检索与自然语言理解算法，同时保留图结构的优势，确保关系推理的可解释性。

第三节　知识图谱架构

一、逻辑架构

知识图谱在逻辑架构上可明确划分为数据层与模式层两大板块。数据层作为知识存储与管理的基石，聚焦于以事实为基本单位的信息组织，广泛采用三元组形式予以表征，这些事实性知识相互交织，共同织就了一个庞大的语义网络。而模式层则凌驾于数据层之上，扮演着知识图谱中枢的角色，它专注于存储与管理那些经过深度提炼与高度抽象的知识体系。模式层通常采用本体库作为管理框架，以实现对知识结构的系统整合与高效管理。知识图谱逻辑架构如图8-6所示。

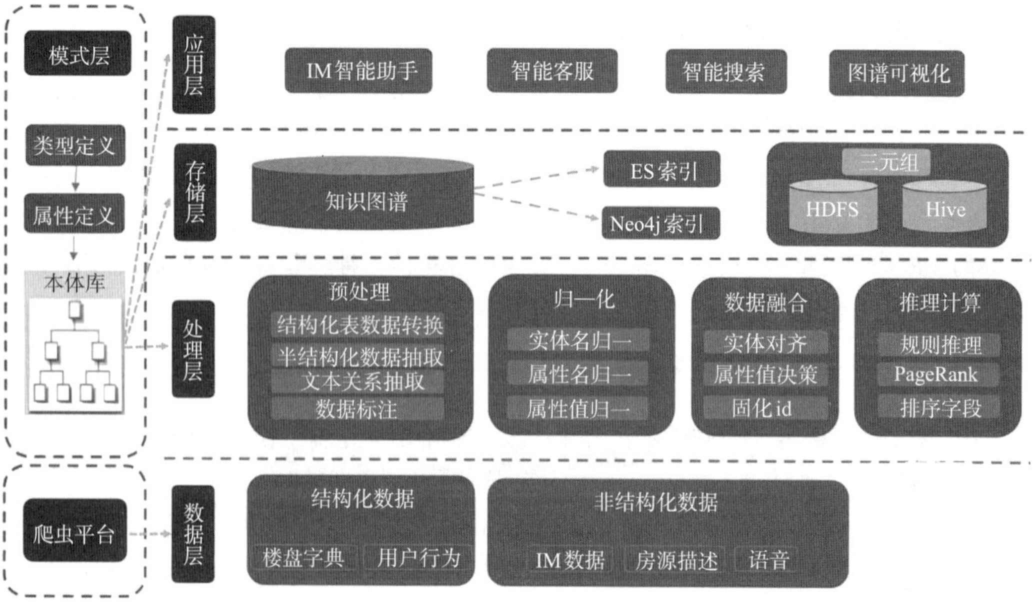

图8-6　知识图谱逻辑架构

（1）数据层：构建了一个网状知识库，通过（实体，关系，实体）或（实体，属性，属性值）三元组形式存储事实。实体作为知识图谱的基本构件，涵盖了广泛的具体对象，如人名（小龙女）、组织机构名、地名（北京、南京）及日期时间等。关系则描绘了实体间的语义联系，如小张与小王的夫妻关系，这些关系均依据模式层定义的关系实例构建。属性则深入刻画了实体的特性，如北京的面积与人口等，亦可视为一种特殊关系——"hasvalue"，连接实体与其属性值，形成如（北京，人口，2000多万）的三元组表达。在此层级，节点象征实体，而边则代表实体间的关联或实体的固有属性。

（2）模式层：作为知识图谱的概念框架与逻辑基石，它规范并约束着数据层的结构。本体常被用作模式层的实现方式，通过其定义的规则与公理来指导数据层的组织与管理，确保数据层遵循模式层的标准架构。换言之，知识图谱可视为本体的实例化体现，其数据层即本体概念的具体实例。在模式层中，节点承载本体概念，边则连接并定义这些概念之间的逻辑关系，为整个知识图谱提供了逻辑支撑。

二、技术架构

知识图谱的技术架构，作为其构建技术与模式的整体框架，不仅展现了其构建流程，还体现了其生命周期的演进，如图8-7所示。在图8-7中，虚线框左侧清晰标识了三大输入数据类型：结构化数据、半结构化数据、非结构化数据。这些数据来源广泛，只要对构建特定知识图谱有所助益，皆可纳入考量。虚线框内部即知识图谱构建的核心流程，这一流程涵盖了3个关键阶段：信息抽取、知识融合与知识加工，每一阶段都紧密相扣，共同推动着知识图谱的逐步成形。而位于最右侧的，则是经过上述流程精心打造的知识图谱成品。值得注意的是，此技术架构并非静态孤立，而是一个循环往复、持续迭代的动态过程。知识图谱的构建并非一蹴而就，而是随着数据的不断积累和技术的持续精进，逐渐丰富和完善，体现了知识累积的深厚底蕴与时间沉淀的价值。

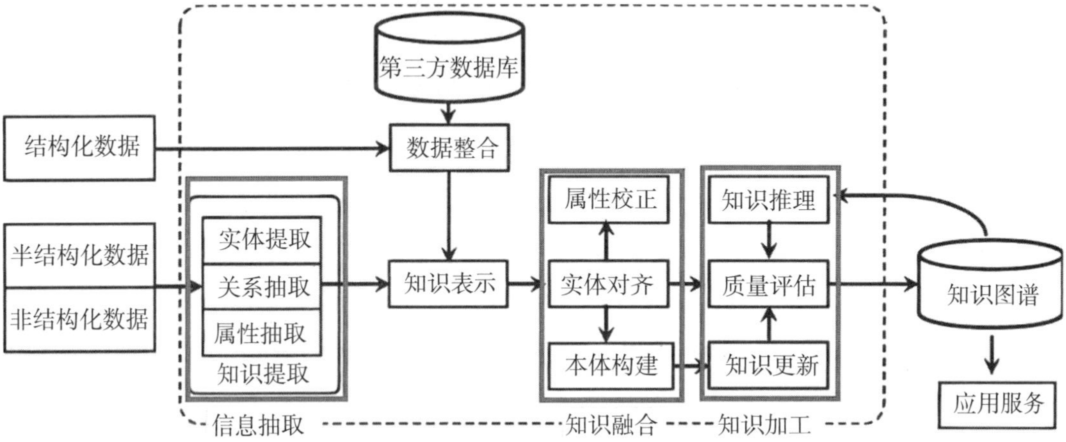

图8-7　知识图谱技术架构

信息抽取、知识融合与知识加工3个关键阶段的具体内容如下。

（1）信息抽取：广泛搜集各类数据源，精准提取实体、属性及其相互关系，进而构建出本体化的知识表达体系。

（2）知识融合：新知识的纳入需要经历整合阶段，旨在消除冗余与歧义，如统一实体表述、明确称谓与实体的对应关系等。

（3）知识加工：融合后的新知识需要经过严格的质量评估（必要时辅以人工审核），仅将符合标准的内容纳入知识库，以保障其整体质量。

知识图谱的每一次迭代更新，均紧密围绕上述3个步骤展开。鉴于现实世界信息的瞬息万变，如新实体的涌现、旧实体的消逝及实体间关系的动态调整，对知识图谱进行定期更新显得尤为重要。从逻辑层面而言，知识库的更新不仅涉及数据层的实时更新，更需要同步推进概念层的优化与调整，以确保知识图谱能够反映现实世界，为各类应用场景提供支撑。

概念层的更新聚焦于新增数据所引入的新概念，需自动将这些新概念整合至知识库的概念层中。至于数据层的更新，则主要聚焦于实体、关系及属性值的增删改查。在此过程中，确保数据源的可靠性、消除数据间的矛盾与冗余是不可或缺的步骤。优选在各数据源中频繁出现且准确无误的事实与属性，以丰富知识库的内容。

知识图谱的更新策略可分为以下两种。

（1）全面更新策略：以全面更新的数据集为基石，重启知识图谱的构建流程。此策略虽操作直接，却伴随着高昂的资源成本，系统维护亦成挑战。

（2）增量更新策略：聚焦于新近获取的数据，仅向既有知识图谱中添补新增知识。此策略降低了资源消耗，但当前仍高度依赖人工干预，如规则定义等，实施难度不容小觑。

三、知识图谱能力体系

知识图谱能力体系，作为一个集大成的框架，旨在结构化地描绘现实世界中的概念、实体及其错综复杂的关系网，进而实现高效的知识组织、精细化管理与深度应用能力。如图8-8所示，该体系全面覆盖了知识图谱从构建到存储、查询、推理直至应用的全生命周期，各个环节紧密相连，共同构筑起知识图谱的强大能力体系。

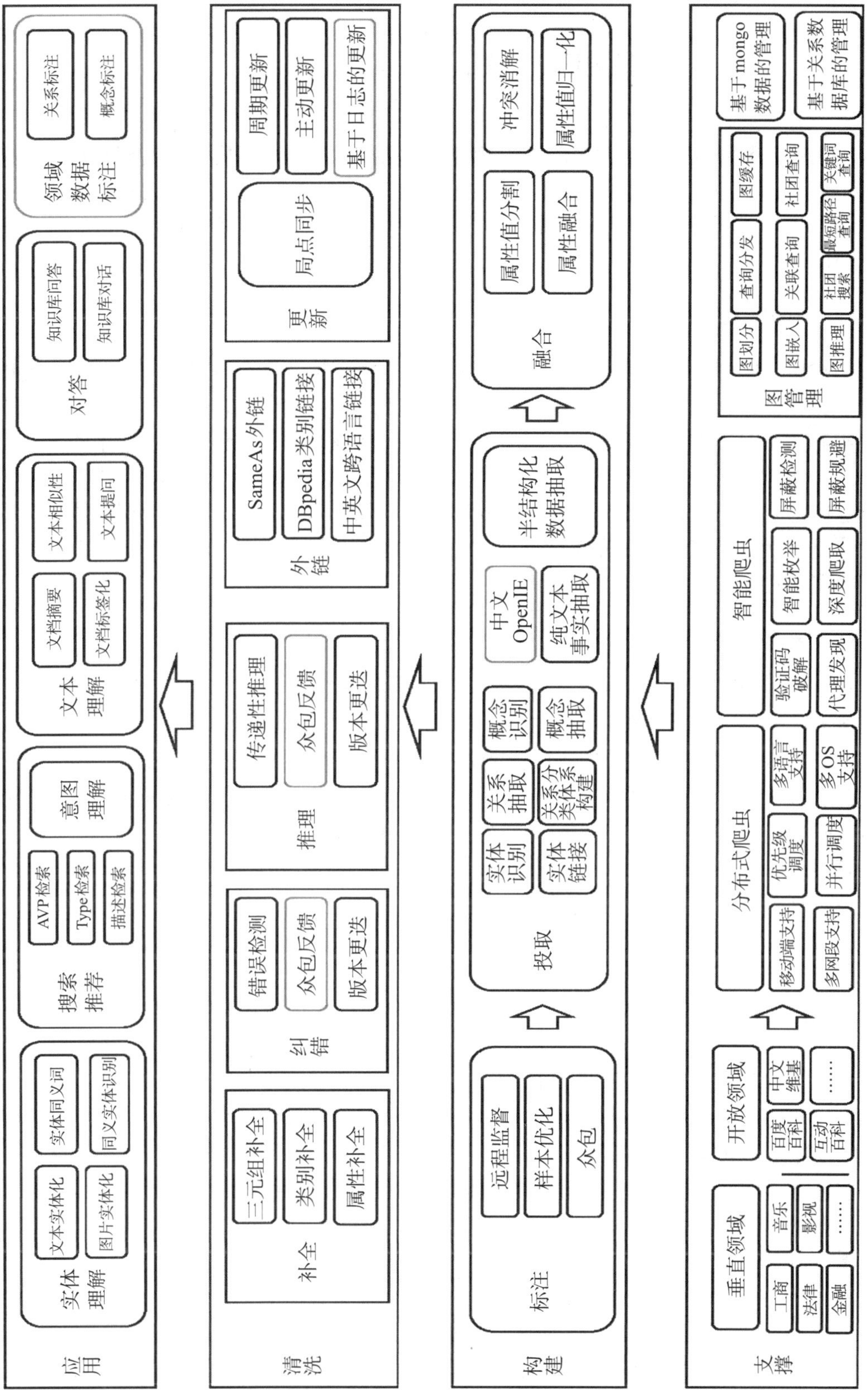

图 8-8 知识图谱能力体系图

第四节 知识图谱构建

基于知识图谱的逻辑架构，其构建历程实质上是模式层与数据层协同实现的过程。这一过程以原始数据为起点，包括知识建模、数据处理、知识抽取、知识融合、知识存储、知识计算等关键环节，最终汇聚成知识服务，通过服务接口向外界输出价值，以满足各行业的知识应用需求。

一、知识建模

知识建模，作为知识图谱概念模型的构建基石，旨在精确界定研究或应用领域中的核心概念、关键事件、既定规则及其内在联系，进而支撑知识图谱模式层的构建。在这一过程中，本体论作为不可或缺且广泛应用的理论工具，其核心在于构建知识图谱中的三个支柱：概念、实例与关系（含属性）。知识建模的精髓在于构筑领域概念的层次体系，即明确各概念间的上下位关系，通过精心设计的树状结构或有向无环图，将这一层次体系直观地展现出来，从而搭建起领域知识的框架。这一过程不仅深化了对领域知识的理解，也为后续知识图谱的丰富与发展奠定了基础。

（一）基本概念

下面对知识图谱模式层构建中涉及的几个基本概念进行说明。

1. 实体

实体，亦称“实例”，作为知识图谱构筑基石之一，指的是那些界限清晰、独立自存的具象化存在。实体之间存在着千丝万缕、各不相同的关系。这些关系如同纽带，将看似孤立的实体紧密相连，共同编织成一幅幅生动丰富的知识图谱。

2. 概念

概念（或称为“类型”）是将具有共同特性的实体归并为一的集合体，它是对世间万物的一种抽象化表述。诸如国家、民族、音乐流派、书籍类别等，均属此列。以城市为例，北京、上海、深圳等既各自作为独立实体存在，又共享着经济、文化、人口等共性特征。正是这些共同之处，促使我们将它们提炼并概括为“城市”这一概念。

3. 关系

关系作为联结概念间、概念与实体间、实体与实体间关联类型的抽象表达，可视为一种函数化的构造，它揭示了不同事物间所遵循的特定函数规律。例如，动物（概念）与哺乳动物（概念）间的类属纽带，小张（实体）与小王（实体）间缔结的夫妻关系，均为关系的具体展现。在此框架下，三元组（实体1，关系，实体2）模式则成为这些具体关系在形式化层面的刻画与体现。

4. 属性

属性作为对概念本质特征的定义与描绘，广泛涵盖了如年龄、性别、国籍、出生地等多元化维度，以及针对特定实体（如国家、城市）所特有的指标，如人口数量、地域面积、经纬坐标等。以国家为例，其概念内涵可通过人口规模、领土范围及首都位置等多重属性得以阐释。值得注意的是，属性不仅限于对概念特征的直接描述，它还深刻体现了实体间或实体与属性值间的复杂关系，是关系范畴内的一种重要表现形式。在三元组结构（实体，属性，属性值）中，属性正是这种关系的核心体现。

5. 值

值（或称为“属性值”）作为实体特定属性所承载的具体表现，主要包含字符串与数值两大类型。以“北京市”这一实体为例，其“面积”属性所对应的值即为“16 410 km^2”。这一过程揭示了属性在实体与属性值之间所扮演的桥梁角色，即北京市（实体）与“16 410 km^2”（值）之间，通过“面积”这一属性紧密相连，形成了关系纽带。

6. 域

域作为概念的汇聚之地，是对特定领域内广泛概念的抽象表达，勾勒出该领域的轮廓与范畴。例如，国家、城市、地区等均为表征地理位置的概念，当这些概念被精心整合至同一框架下时，便共同构筑了地理位置这一专有领域，即地理位置域。

（二）模式构建方法

知识图谱在逻辑上包括模式层和数据层，知识建模就是对知识图谱模式层的构建，其构建方法主要有自顶向下和自底向上两种，在实际构建过程中也可以两种方法搭配使用。

1. 自顶向下

确定领域内的核心概念、次级概念、相互关系、属性，以及概念间的层次与关联结构，首要步骤是构建领域知识框架，奠定知识图谱的模式层基础。模式层的本体可通过人工细致编辑直接构建，亦可利用如Protégé（protege软件）等本体编辑工具辅助完成，提高构建效率。这种自顶向下的策略，常见于特定领域知识图谱的构建过程中，需要领域专家的专业知识来精准界定模式层。该策略往往基于既有的结构化知识库，如Freebase的数据基石便源自维基百科的内容。

2. 自底向上

基于行业既有标准进行概念转换，或取自高质量数据源，构建知识图谱的概念模式。亦可借助人工智能技术，如聚类算法，从原始数据中学习并提取概念；再利用机器学习手段，解析并辨识概念间的层级关系。随后，结合算法评估与人工校验，优化并确认概念模式，奠定知识图谱模式层的基础。此自底向上的构建模式，是一种以数据为导向的方法，实现了从数据中衍生或提炼概念模式的过程。谷歌的Knowledge Vault与微软的Satori知识库便是这一方法的典型应用，它们的成功归功于知识抽取与加工技术的持续精进，且契合了互联网数据生成的特点。

模式层确立后，即可依据其知识架构与概念蓝图，从原始数据中精确抽取相关知识单元，构建知识图谱的数据层。其中，概念模式扮演着知识抽取模板的角色，指导对原始数据的模式匹配过程，确保仅抽取与模式层定义相符的实体、关系及属性，剔除无关项，实现数据的精准提取与高效组织。

二、数据处理

第三方数据库、知识库及互联网公开资源共同构成了知识图谱的多元数据源。这些未经加工的原始数据，尚处于“数据”形态而非“知识”层面，故需要经系统精心处理，依据模式层架构抽取关键信息，构建数据层，进而汇聚成知识库。数据处理的核心在于预处理阶段，旨在将纷繁复杂的原始数据转化为适合知识抽取的规范格式。随后，知识抽取模块将运用先进技术，自动识别并提取实体、属性、关系及属性值等核心知识元素。值得注意的是，原始数据形态多样，涵盖结构化、半结构化及非结构化3种类型。鉴于数据特性的差异，处理技术亦需要灵活调整，以确保数据处理的准确性和高效性。

（一）结构化数据处理

结构化数据作为知识图谱构建的关键基石，主要源自关系数据库的表结构，其数据质量普遍较高。此类数据常以二维表格形式展现，每一行记录一个实体的详尽信息，而列则作为属性的载体，每一列均对应唯一的属性定义。表8-1所列即为结构化数据示例。

表8-1　结构化数据示例

ID	Name	Age	Gender	Location
1	Wang Bing	20	male	Beijing
2	Zhang Wei	23	male	Nanjing
3	Li Dongmei	35	female	Shanghai
4	Zhao Yazhi	28	female	Hangzhou
5	Qian Jiang	25	male	Tianjin

结构化数据从数据源端开始需要经过抽取（extract）、转换（transform）、加载（load）的预处理过程，即ETL操作。原始数据经过ETL处理就成为高质量的数据，便可作为后续知识抽取阶段的数据源。

（二）半结构化数据处理

半结构化数据被视为结构化数据的特殊变换，虽不遵循传统关系数据库或标准数据表模型，却凭借内置标记与标签，巧妙区分语义元素，实现记录与字段的层次划分，故亦被称作“自描述性结构”。此类数据广泛见于网页，尤以HTML、XML、JSON等格式为主。

处理半结构化数据时，首要步骤是依据网页数据的独特性，精心设计与学习网页包装器（wrapper），其本质乃是一种定制化的网页信息抽取模板。针对不同特性的网站，需要量身打造专属包装器。然后，利用这些包装器，依据网页内嵌的数据标签，精准提取所需原始信息。其次，再施以与结构化数据处理相似的ETL操作，以确保数据质量。最后，将净化后的数据输入知识抽取模块，实现知识的有效抽取。

（三）非结构化数据处理

非结构化数据以其结构的不规则性或缺失性著称，缺乏预设的数据模型框架，难以直接通过数据库的二维表逻辑予以表征。此类数据涵盖各类文档、文本、图像、报表、音频及视频资料等多元形式。在处理这类数据时，核心挑战在于精准提取出对后续知识抽取至关重要的正文内容，这往往是非结构化数据处理领域的最大瓶颈。目前，从图像、视频、音频等非文本数据中高效提取文本信息的技术尚不成熟，然而，提取所得的文本信息，作为知识抽取流程的宝贵输入源，其价值仍不容忽视。

三、知识抽取

数据处理的核心成果在于从各类原始数据中提炼出适宜知识抽取的高品质数据（包括二维表数据及文本信息），这些数据是后续知识抽取流程的基础。知识抽取，顾名思义，是依据模式层所确立的概念模式，运用自动化或半自动化技术手段，精准捕获数据中的实体、关系、属性及其值等核心知识单元。此外，借助知识融合技术，还能将提取的新知识与知识库中既有知识无缝对接，最终以资源描述框架三元组的形式，结构化地存储于知识库中。

在构建知识图谱的过程中，关系数据库无疑是一个抽取高质量知识的宝库。其结构化特性使数据能够顺畅地转化为资源描述框架三元组，进而融入知识图谱的广阔知识体系中。这一过程，业界称为“RDB2RDF”，并已有D2R等成熟工具助力实现，促进了数据转换的效率与精度。

除关系数据库外，半结构化数据同样是高质量知识的源泉。针对半结构化数据的特性，知识抽取主要依赖于包装器技术，通过该技术学习并应用数据抽取规则。由于半结构化数据中存在大量重复性结构，所以仅需要少量标注即可利用机器学习手段，归纳出普遍适用的抽取规则，进而将这些规则推广至整个网站，实现对同类型或具有特定关系的数据进行自动化抽取。目前，市场上已出现多款高效工具，如XSPARQL，支持XML到资源描述框架的转换；Datalift则兼顾XML与CSV至资源描述框架的转换需求。

然而，从非结构化文本数据中抽取知识仍面临较大挑战。这一过程往往需要自然语言处理技术的支持，涵盖实体抽取、属性抽取、关系抽取乃至事件抽取等多个维度，依赖词向量构建、分词处理、词性标注、句法解析、依存句法分析及语义理解等自然语言处理核心技术。近年来，基于神经网络的深度学习模型，如BiLSTM+CRF，在知识抽取领域展现出良好性能，推动了该领域的发展。同时，众多开源自然语言处理工具（如斯坦福大学的CoreNLP、DeepDive等），也为研究人员提供了强大的技术支持与资源便利。

（一）实体抽取

实体抽取亦称“命名实体识别”（named entity recognition， NER），旨在从纷繁复杂的文本语料库中自动甄别并提取出命名实体。实体作为知识图谱的基本元素，其抽取的全面性与准确性对于确保知识图谱整体质量而言至关重要。实体抽取不仅是知识抽取流程的基础，更是其中不可或缺且至关重要的环节。

（二）属性抽取

属性抽取的核心在于为每个概念精心构建属性列表，如国家的核心属性便涵盖了面积、人口规模及地理位置等要素。属性值抽取专注于为这些概念的实例化——实体，分配具体的属性值。当前，针对属性与属性值的抽取，业界广泛采用的方法包括：从百科类站点深度挖掘，利用垂直网站的包装器技术进行规则归纳，从网页表格中直接提取，借助预先定义或算法生成的模式，以及从句子及日志文本中精准捕获。对于常见概念的属性框架及其对应实体的具体属性值，高效且直接的方式是解析百科类网站中的半结构化信息，如维基百科的信息盒区域或百度百科的属性展示表格，这些资源提供了丰富且结构化的数据基础。

（三）关系抽取

文本语料经过实体抽取，提炼出的是一系列独立的命名实体。为构建实体间错综复杂的联系网络，进而形成知识图谱的网状结构，需要深入相关语料，精准抽取实体间的关联关系。这一过程即关系抽取，它如同织网的丝线，将离散的实体紧密相连，共同编织出知识的网络。

（四）事件抽取

事件抽取旨在从丰富的文本语料中挖掘并提炼出事件的精髓，随后以结构化的形式详尽阐述事件的各个维度，包括其发生的时间节点、具体地点、诱发因素、参与者的角色等。在此过程中，精准定位事件的触发词成为首要任务，它如同开启事件之门的钥匙，引导我们深入探索。紧接着，需要细致识别并撷取描述事件的关键语句，进而在这些语句中区分并标注出各个实体在事件中所扮演的具体角色，以此勾勒出事件的全貌。

四、知识融合

在构建知识图谱的知识库过程中，鉴于不同渠道获取的知识常伴随着不一致性、歧义、冲突及冗余等问题，对知识进行多源整合处理显得尤为重要，这一过程即知识融合。融合后的知识精华将被系统地收纳至知识库中，以备后用。知识融合的核心使命涵盖三个方面：一是实体对齐，旨在确保不同来源的实体信息能够精准匹配；二是实体消歧，以解决同一实体在不同上下文中表述不一的问题；三是指代消解，旨在明晰模糊指代，确保知识表述得清晰无误。

（一）实体对齐

实体对齐亦称“实体链接”或“实体匹配”，是应对知识图谱数据多样性挑战的关键一环。面对不同数据源中可能存在的对同一物理对象的不同命名（如“金陵”与“南京”都指南京），实体对齐旨在消解这些实体间的冲突与不一致性，实现它们在知识图谱中的统一表示。该过程的核心在于利用实体间的相似性进行匹配。具体操作流程精简为：首先，从知识图谱的既有知识库中精选出一组候选实体；其次，从外部数据源中精准抽取相应的指称实体；最后，依托相似性计算，将外部实体精准链接至相应的候选实体上，完成对齐。相似性评估的核心依据在于实体的属性相似性与结构相似性，二者共同决定了实体间的亲疏关系。通过精心设计的相似性函数，我们能够量化这种相似度，为实体对齐提供坚实的数据支撑。

（二）实体消歧

面对同名实体可能映射至多元物理对象的情境，如“苹果”一词既可指代水果界的一种水果，亦可作为手机品牌的代称，实体消歧技术应运而生，旨在厘清此类同名异物的模糊地带。实体消歧作为一种主流的解决方案，其精髓在于借助空间向量模型，巧妙地根据实体所处的具体语境构建特征向量。之后，通过精密的相似性度量，计算不同向量间的接近程度，进而精准判定同名实体所指向的真实物理对象，有效消解歧义。

（三）指代消解

指代消解技术专注于厘清文本中人称代词或指示代词的确切指向，确保语境连贯无歧义。例如，在“王小明是我的同事，他今年25岁”这一表述中，“他”准确无误地指代了前文提及的王小明；同样，在“南京是江苏省的省会，这个城市很繁华”里，“这”字明确引领我们聚焦于南京这座城市的繁华景象。指代消解作为技术探索的难点之一，其破解之道多元化，涵盖了基于启发式逻辑的规则方法、统计模型驱动的方法，以及近年来兴起的深度学习技术。其中，监督式机器学习方法凭借其高效精准的优势，已成为当前研究与应用的主流趋势。

五、知识存储

知识图谱的核心知识表达形式为SPO三元组，其数据层展现为两种模式：一是“实体-关系-实体”结构，二是“实体-属性-属性值”结构。在存储层面，主要策略分为资源描述框架三元组存储与属性图存储两大流派，前者依托资源描述框架数据库，后者则利用图数据库作为基石，辅以关系数据库与NoSQL数据库。资源描述框架数据库以其对知识推理的天然支持而著称，而图数据库则以其对知识的高效检索与深度图挖掘能力见长。两者间的对比详见表8-2所列。

表8-2 资源描述框架数据库与图数据库对比

资源描述框架数据库	图数据库
三元组存储方式，支持实体和关系存储，不支持在实体上附加属性	属性图存储方式，支持实体和关系存储，且支持在实体上附加属性
支持标准的推理引擎	没有标准的推理引擎，需要自行构建
支持W3C标准	支持高效的图遍历、关系查询、图挖掘和计算
数据易于发布和共享	支持数据库的事务管理
主要用于学术界	普遍用于工业界

经上述对比分析，资源描述框架数据库相较于图数据库，其优势在于对标准推理引擎的直接支持，而主要短板则在于对属性的直接支持不足。鉴于当前技术条件下知识推理能力的局限，知识图谱的应用焦点仍聚焦于信息检索、关系剖析及图挖掘计算等领域。因此，工业界广泛采纳图数据库作为知识存储的主流方案，同时亦鼓励根据特定应用场景灵活融合两种数据库技术。资源描述框架数据库领域的佼佼者当属Jena，而图数据库阵营则百花齐放，包括Neo4j、Titan、OrientDB、JanusGraph、AllegroGraph、NebulaGraph，以及百度开源的HugeGraph等，其中Neo4j以其良好性能脱颖而出。以下将简要介绍图数据库的相关特性与应用。

图数据库的核心数据结构由顶点与边构成，二者协同组织数据架构。顶点代表知识图谱中的具体实体，而边则描绘这些实体之间的关联纽带。每条边明确连接起始顶点与结束顶点，并携带方向性信息，以指示关系发生的指向性。顶点和边均可附加属性与相应的属性值，这些属性信息常以键值对形式呈现，清晰界定属性列表及其对应值的关联。如图8-9所示为图数据库数据模型示例。

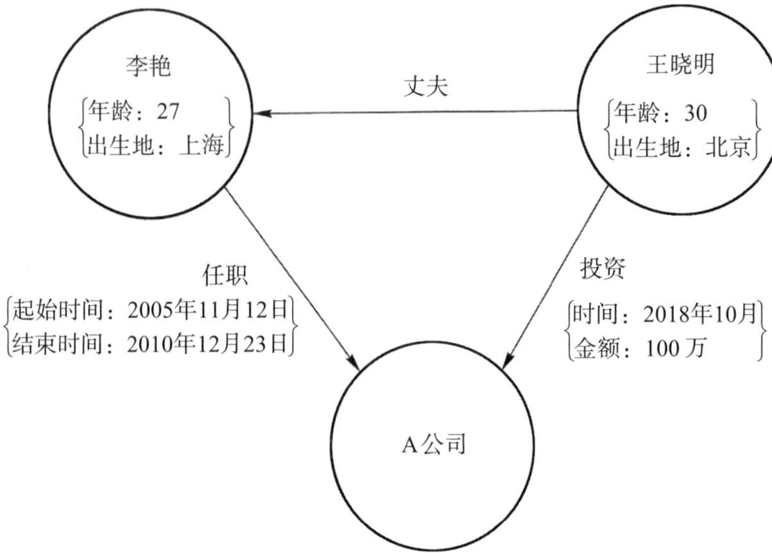

图 8-9　图数据库数据模型示例

图8-9中展示了由3个顶点构成的数据结构，分别对应实体王晓明、李艳及A公司。三条边指示了它们之间的3重关系：王晓明是李艳的丈夫，李艳在A公司任职，而王晓明则对A公司进行了投资。具体而言，实体“王晓明”携带两个属性：年龄为30岁，出生地在北京；实体“李艳”同样具备两个属性：年龄为27岁，出生地为上海。对于关系，投资行为标注了“时间：2018年10月”及“金额：100万”两个关键属性；而任职关系则详细记录了“起始时间：2005年11月12日”及“结束时间：2010年12月23日”。这样的数据表示方式不仅清晰地呈现了实体间的关联，还详尽地记录了每段关系及其特征，为后续的数据分析与挖掘提供了基础。

六、知识管理

知识管理主要包括质量评估和知识更新两个方面。

（一）质量评估

目前，知识抽取技术尚存局限，从公共开放域获取的数据中提取的知识质量参差不齐，易受抽取误差影响，如实体与关系识别的错误频发。同时，即便基于外部成熟知识库构建，因各库间质量标准的差异，亦会引起知识冲突。鉴于此，构建自有知识库时，知识入库前的质量评估环节至关重要。此环节旨在量化知识可信度，通过剔除低可信度信息，从而确保知识库整体的质量，进而提升信息应用的可靠性与有效性。

（二）知识更新

知识图谱的构建是随知识演进不断迭代的过程，其更新策略聚焦于模式层与数据层的双重优化。模式层更新即自动融入新数据涌现的新概念，丰富知识库的概念框架。而数据层更新则聚焦于实体、关系及属性值的增删改查，此过程需要严谨考量数据源的可信度与数据间的一致性。

七、知识计算

知识计算基于知识库与数据的丰富资源，借助知识图谱的概念框架与语义网络结构，通过对概念、实体、属性及关系的深度剖析，运用多样化算法执行知识的检索、分析与推理任务，旨在从海量数据中发掘显性与隐性知识及规律。其核心涵盖图计算与知识推理两大领域。

（1）图遍历：广泛搜索图的顶点与边，以搜集实体、关系、属性及其值等信息。基础算法如深度优先搜索（DFS）与广度优先搜索（BFS）及其优化版本，可助力高效遍历。

（2）路径计算：聚焦于探索两点间路径，涵盖最短路径发现（如Dijkstra算法，揭示实体间最紧密关系路径）与路径探寻（探索两点间所有N步关系路径）。

（3）社群计算：识别图中特征相似的群体，应用于社区发现等场景，算法包括社区发现、凝聚子群检测及相似子图识别，对社交网络分析尤为关键。

（4）权威节点分析：识别社群中的核心与影响力节点，如PageRank算法，可助力洞察社群动态与传播机制。

（5）相似节点发现：利用相似度计算方法（属性相似、结构相似等），识别具有共同特性的实体，简化同类物体辨识过程。

（6）本体推理：通过预设知识模型中的处理机制，挖掘隐含知识，解决本体定义冲突，优化表示并促进融合，同时丰富知识库内容。虽依赖预定义模式，但基于OWL等语言的推理机制增强了其实用性。

（7）规则推理：依据应用场景定制规则，通过规则引擎执行定制化知识推理，常用于计算机辅助决策系统。相较于本体推理，其优势在于高度的规则自定义灵活性。

八、知识服务

构建知识图谱的终极目标，在于其卓越的描述、分析及推理能力，为跨行业的应用系统提供坚实支撑。知识图谱不仅是知识的汇聚池，更是集存储、分析、计算于一体的技术高地，唯有深度融合特定领域或行业，方能最大化其效能与价值。当前，知识图谱技术已广泛渗透金融、教育、医疗、交通、公安、农业等多个领域，展现出强大的应用潜力。作为技术平台的核心，知识图谱的计算能力需要通过诸如Java API、Restful API等灵活接口对外开放，无缝对接各行业的应用系统。这一举措不仅简化了应用系统的开发流程，使开发者能专注于业务逻辑的深耕细作，更显著提升了行业应用的开发效率与业务处理能力，推动了各领域的数字化转型与智能化升级。

知识服务，即将知识图谱的计算能力封装为服务形式，赋能上层应用，使其通过服务接口调用知识图谱，满足多样化业务场景需求。知识服务涵盖知识检索、关系分析、群体挖掘、知识推理及图谱可视化等标准API，如调用知识检索API即可实现知识库的高效查询。

（1）知识检索服务：支持基于实体、关系、属性名称或值查询相关实体详情及关联信息。如输入“苏轼”，即可获取其详细信息及关系图谱，直观展示其社会关系网。

（2）关系分析服务：揭示实体间复杂关系链，挖掘隐含联系。在案件侦破中，即便A、B嫌疑人看似无直接关联，也可通过关系分析发现A—C—D—B路径，揭示隐藏关系，拓宽调查视野。

（3）群体挖掘服务：在海量数据中识别共性群体。以社交网络为例，根据用户偏好（如品牌、音乐风格、电影导演）聚类，实现精准广告推送，提升营销效率。

（4）知识推理服务：赋能智能问答，理解自然语言提问，通过推理引擎从知识库中抽取信息，形成简洁答案。如用户问“苏轼的父亲是谁”，系统能快速推理出“苏洵”。

（5）图谱可视化服务：将查询结果以直观图形（如力导向图、层次图、环形图）呈现，无须应用系统额外开发图形展示功能，简化开发流程，增强用户体验。

第五节　知识图谱典型任务

知识图谱最初由谷歌提出，旨在强化搜索引擎效能与用户体验，凭借其良好的知识容呈与推理能力，其应用边界已大幅拓展，超越了单一搜索范畴，广泛渗透金融、证券、公安、电商、娱乐、农业、医疗、制造等多个领域，成为当前人工智能领域的焦点话题。

一、智能语义搜索

智能语义搜索作为知识图谱最为成熟的应用典范之一，其基于该技术构建的搜索引擎能够即时呈现答案，并伴随相关关系图谱，引领用户便捷探索多维数据世界。在此应用中，知识图谱以其严谨定义的结构框架，通过有向图形式传递用户所需的结构化语义信息，依托庞大的知识库资源，对搜索关键词及文档深层内容进行精细语义标注，明显提升搜索结果的精准度与相关性。

二、金融反欺诈

在金融领域，知识图谱展现出高度适用性，其典型应用场景非反欺诈莫属。由于金融业务的复杂性，反欺诈数据来自多元渠道，且常伴随错综复杂的关联网络，这恰好为知识图谱提供了大展身手的舞台。知识图谱在处理异构数据及关系推理上展现出良好能力。

通过整合企业、个人、机构、账户、交易及行为等多维度数据，金融行业可构建起全面的知识图谱。结合领域专家的业务知识，设定规则，运用关系推理技术检测数据间的不一致性，知识图谱能深潜复杂网络，揭示隐藏的关联风险与资金流动异常。这不仅让嫌疑人的关系网络及异常线索无所遁形，更助力风控专家在庞大数据中精准定位、高效防范并化解业务风险。例如，张三与李四两位借款人，表面称是同事，却填报了不同的公司名称。知识图谱凭借敏锐的洞察力，迅速捕捉到这一信息矛盾，直指潜在的欺诈行为，及时发出预警。

三、智能制造

在智能制造的前沿探索中，通过集成制造装备的故障信息、传感器数据及时域、频域等多维度数据，精心构建工业物联网领域的知识图谱，实现对海量工业知识的深度提取、高效存储、动态更新、精准检索与全面追溯。结合先进的机器学习等人工智能技术，此知识图谱能够智能洞察装备系统的微妙异常，支撑实时状态监控、设备健康管理、系统故障超前预警、自动巡检流程及多维度数据分析等核心能力。这一模式不仅能有效遏制安全事故的萌芽，还能精准预测设备服役寿命与维护周期，提升制造装备的智能化水准，同时实现设备运行与维护成本的双重降低。

四、股票投研分析

运用知识图谱技术，自动且批量地从招股书、年报、公司公告、券商研究报告及新闻等半结构化表格与非结构化文本数据中提取公司股东、子公司、供应商、客户、合作伙伴及竞争对手等关键信息，构建出详尽的股票投资研究知识图谱。面对宏观经济波动或企业特定事件，投资研究领域的专业人士，如券商分析师、交易员及基金公司的基金经理等，可依托此知识图谱进行更为深入透彻的分析，进而制定更为科学合理的投资决策。以某上市公司因财务问题而遭股市停牌为例，若能迅速构建并解析其客户、供应商、合作伙伴及竞争对手的关联知识图谱，则即便在该公司停牌期间，也能迅速锁定可能受波及的国际国内上市公司，从而精准挖掘潜在投资机会或有效管理投资风险。

五、公安情报分析

在公共安全领域，依托人、事、地、物、组织等多元化数据，构建涵盖社会关系网与事件脉络的公安知识图谱。此知识图谱能够提供高效的线索研判与事前预警机制，实现案件线索的精准剖析、人案关系的动态推演、犯罪团伙的智能挖掘、时空轨迹的精细比对、高危人群的精准预测及情报数据的深度分析，从而明显提升公安机关的办案效率。例如，通过整合企业及个人银行交易明细、通信记录、出行与住宿信息、工商税务数据等，构建起“资金账户-个人-企业”互联互通的知识图谱。进一步地，结合从案件描述、笔录等非结构化资料中提取的受害人、嫌疑人、报案人、事件详情、物品、组织、账号、时间、地点等关键要素，构建出完整的证据链条，为公安机关侦办案件、深挖犯罪团伙提供有力支撑。再如，当银行与公安机关联动对资金账户实施监控时，一旦发现特定时间段内资金异常集中流动至某一账户，系统即能敏锐捕捉到非法集资的潜在风险，并即时触发预警机制，有效遏制犯罪活动。

六、智能问答

智能问答技术允许用户以自然语言的形式提出信息查询需求，系统则自动分析这些问题，并从广泛的数据资源中精确提取答案。作为信息检索领域的高级形态，智能问答系统不仅提升了效率，还降低了人工介入成本。在此系统中，知识图谱扮演了核心知识库的角色。系统首先对用户的自然语言问题实施语义与语法双重解析，随后将其转化为对知识图谱的专项查询，最终在知识图谱中精确定位答案。

百度小度、亚马逊Evi、苹果Siri及出门问问手机App等，均为业界基于知识图谱的智能问答系统实例。这类系统采用如SPARQL等图查询语言对知识图谱进行探索。在查询过程中，系统会对原始查询进行多次等价转换，优化查询路径。

面对知识库中无直接答案的情境，智能问答系统能灵活运用知识推理技术生成参考解答。若知识库存在局限，无法仅凭推理满足用户需求，则系统进一步调用搜索引擎反馈相关信息，并基于这些结果更新知识库，为未来更精准地回答奠定基础。

七、个性化推荐

个性化推荐依托用户特征画像，精准匹配其兴趣与偏好，为不同用户量身定制商品与内容推荐，其商业价值不可小觑。电子商务领域尤为典型，通过构建详尽的电商知识图谱，并深挖其内在知识资源，实现了商品推荐的个性化与营销的精准化。具体而言，当用户以关键词搜索商品时，知识图谱能够智能整合商品间的关联信息及网页抽取的多样化资料，即时呈现商品详情、使用建议与推荐搭配，同时，借助“您可能也感兴趣”“猜您喜欢”或“热门搜索推荐”等策略，引导用户探索更多潜在感兴趣的商品。这一过程不仅提升了用户的购物效率与满意度，还巧妙激发了用户对关联商品的兴趣，有效驱动了消费行为的增长。

本 章 小 结

知识图谱作为人工智能领域的一颗璀璨明珠，其根植于事实性知识基石之上，对推动可解释人工智能的发展具有举足轻重的意义。近年来，得益于知识表示与机器学习等技术的发展，知识图谱相关技术迎来了突破性进展，尤其是构建、推理与计算技术的革新，以及知识服务技术的蓬勃兴起，共同铸就了其高速发展的黄金时期。

本章首先深入浅出地阐述了知识图谱的基本概念及其演进轨迹，随后细致剖析了知识图谱的架构体系与构建策略。最后，聚焦于知识图谱的广泛应用领域，本章分别从智能语义搜索的精准高效、金融反欺诈的深度洞察、智能制造的智能化转型、股票投研分析的深度挖掘、公安情报分析的敏锐洞察、智能问答的人性化交互，以及个性化推荐的精准推送等多个维度，全面而深入地探讨了知识图谱如何赋能各行各业，引领时代变革。

本 章 习 题

1. 什么是知识图谱？
2. 知识图谱有哪些应用领域？
3. 知识图谱是如何构建的？
4. 知识图谱与人工智能有什么关系？
5. 知识图谱的未来发展趋势是什么？

第9章

人工智能的应用

目前，人工智能技术已渗透教育、安防、交通、工业等众多领域，其技术水平的提升与持续发展，已成为相关领域的关注焦点。如图9-1所示，这些领域构成了人工智能应用的主阵地，彰显了其在促进社会进步与产业升级中的重要价值。

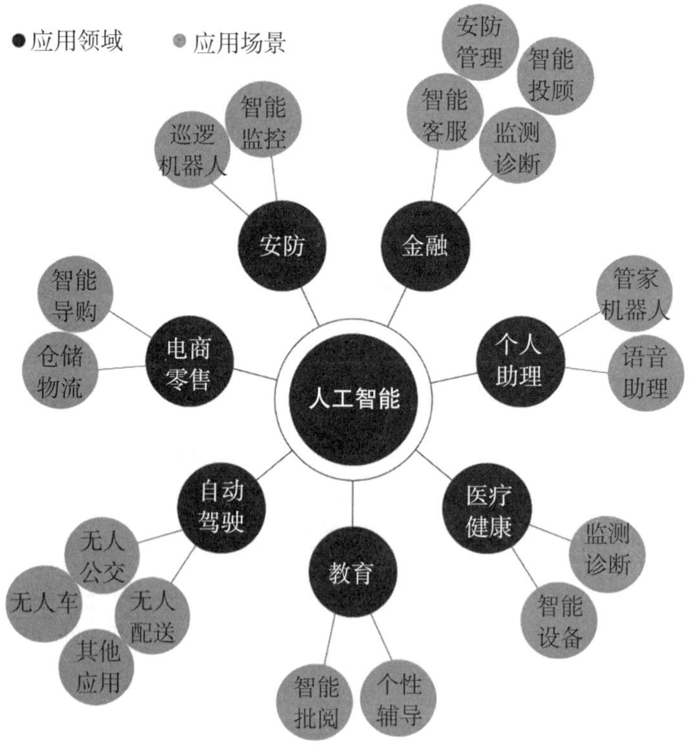

图9-1　人工智能主要应用领域

第一节　人工智能在教育领域的应用

一、人工智能在教育领域的应用概述

教育随社会的产生而产生，是个人与社会发展必不可少的手段，为一切社会所必需，又随社会的进步而发展。教育是传承人类文明、培育英才、构筑美好生活的基石，社会则依托教育，以育才兴邦，不仅传承已有知识，更致力于知识更新、新知探索与未知领域的开拓。新一代信息技术以人工智能为引领，正以前所未有的速度蓬勃发展，成为驱动教育改革的核心力量，深刻重塑着人类的教育模式与学习路径，引领人类迈向智能教育的新纪元。伴随人工智能、大数据、物联网等技术的迭代跃升，人才需求的多元化与教育形态的变革日益显著，这对传统教育的教学模式、理念、文化乃至体系提出了迫切的创新要求。人工智能多维度地渗透教育领域：作为教学内容的创新载体，它丰富了教学资源；作为教学手段的辅助工具，它革新了教学方法；作为管理手段的智能平台，它优化了教育治理；同时，作为数字化身，人工智能还扮演着教师与学习伙伴的双重角色。这些变革不仅直接革新了教与学的实践方式，更在深层次上触动了教育理念的转型、文化的重塑等。因此，积极探索人工智能与教育深度融合的新路径，是应对时代挑战、培养未来人才的关键所在。

在“人工智能+教育”深度融合的态势下，构建了一个以教育场景为基石、以人工智能应用为驱动的全新教育模式，旨在促进教育公平，提升教育质量，并引领教育向数字化、智能化、个性化的方向迈进。此模式的核心在于，既要根植于人工智能技术的精髓，即以基础教学数据与核心算法为教育赋能，又需要紧扣教育教学的本真，聚焦于目标设定与评价体系的完善。

具体而言，“人工智能+教育”是技术革新、模式探索与实践融合的综合体，涵盖了“计算智能赋能教育”“感知智能融入教育”及“认知智能引领教育”三个维度，展现了从数据存储与计算向听觉交互、视觉识别乃至理解与思考能力的递进式发展，最终实现教育领域的智能化。

人工智能为教育领域注入了新的活力，但伴随着机遇的是同样严峻的挑战。人工智能在教育教学、管理、学习评估等多场景的应用，使教育过程更趋科学、智能、系统与高效，同时也敦促教育体系加速适应这一深刻变革。在此转型之际，人才培养的目标正逐步由传统的“成绩导向”转向“学生中心”，强调个性化、智能化、合理性与定制化的教学服务体系，以满足每位学生的独特需求。教育信息化作为教育现代化的核心驱动力，“人工智能+教育”的蓬勃发展正引领其迈入智能化新阶段。

在我国，“人工智能+教育”的参与架构涵盖了政府、学校（作为用户与实施方）、研究机构与企业（推动产业创新）。“人工智能+教育”已成功落地于多个应用场景，诸如智能搜索、学情精准监测、口语自动评测、智能备课辅助、VR沉浸式实验、线上互动课堂、智慧校园生态系统及智慧图书馆等，推动了教育向信息化、在线化及智慧化的转型进程。

展望未来，人工智能在教育领域的应用场景将持续拓宽与深化，如引入智能学习伙伴、打造智慧型课堂环境、实现个性化定制家教服务等，旨在构建一个更加智能、开放、公平且可持续发展的教育环境。

二、智能教学

智能教学作为学校教育信息化的核心成果，聚焦于教学核心、课堂实践及师生互动，是通过整合人工智能、大数据、云计算、物联网及移动互联网等前沿技术，塑造的智能且高效的课堂生态。此模式以学生为中心，紧贴学校实际教学管理需求，贯穿课前、课中、课后全流程，集成教学、学习、评价与管理四个环节，深度融合信息技术与教学场景，构建起线上线下融合的创新学习空间。这一空间通过混合式教学模式，驱动学校在教学模式、服务形态与管理策略上进行变革与创新。智能教学利用语音识别、知识图谱、图像识别等先进技术，提供了一系列智能化工具，如实时翻译、中文字幕辅助、学生能力图谱分析、协同笔记平台及互动课堂系统等，旨在增强教学互动性，提升教学效率。

从教育教学活动的维度审视，当前教育场景可概括为“教”“学”“管”“考”四个板块，每个板块均已有成熟的人工智能教育应用落地。其中，“教”与“管”聚焦于教育者，前者涉及教研设计、备课授课、答疑解惑、命题阅卷等繁重任务，其核心在于减负增效，实现精准教学；后者则涵盖教职工管理、教学质量监控、招生分班、校园运营等复杂环节，旨在提升管理效率，促进科学管理。“学”与“考”则以学生为中心，在“学”的场景下，学生需要完成预习、听课、阅读、作业、复习、考试及实习等多项任务，鉴于学生的差异性，其核心在于提供自适应学习方案，实现个性化成长；而在“考”的场景下，大规模标准化考试带来的阅卷挑战，促使教育系统追求在保证准确性的同时，实现自动化阅卷，以应对高负荷与低效率问题。

三、智能评分

智能评分系统作为“人工智能+教育”中“评”环节的核心体现，聚焦于考试、测评及日常教学等场景，精准检测教学成效。该系统摒弃了传统的人工阅卷与作业批改模式，创新性地融合了考生智能终端、评委智能终端、服务器与管理中心，构建起一套系统化、智能化、科学化的学生学习成果评价体系。在教育教学评分领域，人工智能的应用场景广泛，涵盖机器组卷、口语自动化测评、智能阅卷、学情动态追踪、试卷高效分析等多个方面，全面提升了评分效率与准确性。

从“测”的视角审视，口语测评应用场景广泛涵盖朗读复述、陈述表达及演讲问答，各场景精准考查学生多样化的口语技能，同时逐步增强对学生表达主观灵活性的要求。转至“评”的维度，口语测评的核心在于自动化评分与反馈，即精准反馈学生口语能力的掌握情况，并导向性地提供练习与表达优化的建议。

智能阅卷系统革新了传统阅卷流程，借助智能扫描仪实现数据自动化采集、统计与分析。客观题自动判分，主观题则由教师人工批阅，维持批改习惯的同时，系统运用“留痕识别”技术精准统计分数，保留教师原笔迹批注，确保了阅卷的高效性与准确性。

学情追踪功能通过深度挖掘学生试卷数据，为教师提供多维度分析视角，涵盖班级概况、学生排名、成绩波动监测及学习短板识别。通过生成详尽的成绩报表、逐题分析等学情资料，并实时追踪学生答题情况，有效提供针对性辅导。

智能评分流程精简为输入、评分、输出三个环节。在考试测评应用中，智能评分系统由考生智能终端、评委智能终端、服务器与管理中心共同构成。考生智能终端采集并处理参赛信息，包括文本、音频、视频，将其上传至服务器；评委智能终端则负责监管考生智能终端并上传考场信息。服务器与管理中心作为系统核心，集成评分规则、信息管理、监考管理等功能，最终输出评分结果。

四、智能教室

在学校教育的核心——课堂教学环节，教学互动的质量直接关系到教学质量与水平的提升。然而，传统教学方式在签到、疑问确认、提问互动及课堂小测试等环节面临诸多挑战，包括纸质签到效率低下且易作弊，互动与测试数据难以精确统计与分析等。这些局限性凸显了传统模式对现代教育需求的适应性不足。因此，一种融合智慧教学、考勤管理、环境智能调控、视频监控与远程操控功能的新型智能教室系统正逐步成为教学改革的“新宠”。

智能教室不仅革新了教学模式，更为教育行业开辟了新的发展路径。它鼓励学生在课前自主预习，课堂上通过分组讨论与即时测试，使教师能够精准把握每位学生的学习状态，实施个性化指导。智能教室利用现代科技赋能教学过程，简化了教学流程，提升了教学效率与智能化水平，有效激发了学生自主学习的潜能。特别是在互动课堂的构建上，智能教室通过语音识别、视觉追踪等先进技术，精准捕捉课堂动态，包括学生的发言、动作乃至情绪变化，为教学质量提供实时反馈，助力教师灵活调整教学策略与节奏。此外，智能教室还广泛应用于人工智能考勤、举手识别、口语能力评估及智能课件生成等场景，进一步丰富了教学方式，提升了教学体验与效果。

第二节　人工智能在安防领域的应用

一、人工智能在安防领域的应用概述

随着人工智能技术的进步，其在安防领域的融合应用已成为当前科研与产业的热点议题之一。“人工智能+安防”展现出巨大的发展潜力与市场需求，推动了安防技术智能化、深度化的研究热潮。国内外商业与学术界已携手探索，将人工智能技术深度嵌入安防场景，不断创新研究方法，并在实践中迭代优化，引领安防领域迈向科学可持续发展的新篇章。

传统安防巨擘与新兴的人工智能企业并肩前行，积极从多维度运用人工智能技术，聚焦于模式识别基础理论、图像处理、计算机视觉及语音处理等关键方向，深入探索识别机制与高效计算策略，为解决实际安防问题奠定了技术基石。在产品应用层面，众多企业竞相推出了一系列前后端一体化的人工智能安防产品，理论上充分满足了多样化场景下的应用需求，展现出技术的实用性与前瞻性。随着技术迭代的步伐，传统的被动防御安防体系

正逐步转型升级为主动预判与预警的智慧安防系统。安防领域不再局限于单一范畴，而是向跨行业应用、生产效率提升、生活智能化等多维度拓展，为多行业带来更加直观、智能的解决方案。

目前，人工智能在安防领域，尤其是视频监控领域的布局，其产品形态与应用模式正逐步定型。安防领域的人工智能技术聚焦于人脸识别、语音识别、文字识别、车辆识别、行人检测及智能云服务系统等多个核心领域。

智慧安防已发展成为集业务管理、数据传输、视频监控、报警响应与智能控制等功能于一体的综合性系统，具备海量数据存储能力，并依托智能安防综合管理平台，实现智能化控制、深度分析、精准决策及高效管理等。该系统广泛应用于安保、家居、环境监控等多个领域，如智慧社区、智能家居、智慧工地等场景，展现了其跨行业应用的广阔前景与深厚潜力。

二、智慧社区

智慧社区作为社区管理领域的崭新理念与创新模式，植根于新时代背景下。它巧妙融合了人工智能、物联网、大数据、云计算及移动互联网等前沿技术，旨在为社区居民创造一个安全无忧、舒适便捷且高度智慧化的生活环境。这不仅是社区信息化、智能化转型的具象展现，更是一种全新的社会管理形态探索。智慧社区的建设，其深远意义在于推动经济结构的优化升级，并为现代服务业的蓬勃发展注入动力。智慧社区通过全时空、全方位的监控机制，实现对社区动态的精准掌握，为风险预警与防控提供了有力支持，展现出良好的响应效率与预见性。

从功能架构视角出发，智慧社区可划分为感知层、网络层、管理层与应用层四个层级，具有以下核心特征。

（1）精准感知：借助遍布社区的各类智能设备与系统，实现信息的即时感知、精确测量、高效捕获与无缝传输，确保社区动态被迅速捕捉并即时分析，为即时响应与长远规划奠定了基础。

（2）全面互联互通：依托云服务桥梁，将个人智能终端、物业管理系统中的海量分散数据无缝对接，实现信息的实时同步与交互共享。这不仅促进了环境与物业状态的透明监控，还助力从整体视角洞察问题，实现多方协作下的高效社区管理。

（3）人性化社区管理：在新一代信息技术的深度赋能下，社区管理强调以人为本的核心理念，充分考虑居民需求与体验，通过智能化手段优化服务，促进居民满意度提升，并作出更加人性化、科学合理的决策。

（4）深度智能化应用：对搜集的数据进行深度挖掘与分析，提炼出更加科学、系统、全面的数据，为社区治理提供坚实的数据支撑与决策依据，推动社区在优化决策与行动中实现更高水平的智能化发展。

智慧社区构建的核心要素涵盖智能门禁系统、智能停车场系统、智能社区服务平台。智能门禁系统作为安全防范的坚实屏障，巧妙融合了微机自动识别技术与现代安全管理理念，广泛采纳电子、机械、光学、计算机、通信及生物技术等前沿科技，成为守护关键区域出入安全的重要举措，是智慧社区建设中不可或缺的一环。智能停车场系统则实现了机械装置、电子计算机技术、自动化控制设备与智能IC（集成电路）卡技术的深度整合，通过高效的计算机管理系统，轻松实现车辆图像比对、自动缴费、数据即时存储等功能，极大提升了停车场管理的智能化水平。智能社区服务平台专注于物业管理的智能化转型，旨在通过集成化、便捷化的服务手段，提高居民生活的便利性与舒适度，为智慧社区营造更加宜居的环境。这一系列创新举措共同构筑了智慧社区的坚实基础，推动了社区管理的现代化进程。

三、智能家居

随着人工智能等新一代信息技术的飞速发展，其与家居产业的深度融合，引领智能家居产业迈向一个全新的发展阶段。在此过程中，场景、渠道、技术、产品、平台等多维度的创新，共同为智能家居的发展注入了强劲动力。人工智能赋予了智能家居系统更高的智慧水平；5G作为基石，构建起实时智能化的在线管理体系，让智能家居系统得以无缝连接；而云计算则解锁了海量家庭数据的深层价值，促使产品设计与用户需求实现更为精准的对接。

智能家居系统的兴起，提升了空间智能化的预判能力，为用户提供了更为精确、舒适、安全且人性化的体验与升级服务，深刻践行着家居生活的数字化、智能化与便捷化理念。在智能家居场景的精心构建中，环境安全、娱乐休闲、高效办公等多元化应用场景成为核心。其中，智能家居安全需求尤为凸显，智能门锁、高清摄像机、灵敏传感器等设备已成为支撑系统运转的关键。

构建智能家居平台的核心旨在深度融合人工智能、云计算、大数据等前沿技术，借助顶层战略规划，强化智能家居产品的智能化水平，进而优化用户体验，攻克跨品牌、跨类别智能终端间的互联互通壁垒，实现云端一体化集成、人工智能交互赋能、数据高效交互等。

目前，互联网、房地产、装修、定制家居等多领域商业体系正合力推动智能家居服务的全面升级，平台与设备的多样性持续增强。B/C端（企业/客户端）的功能应用日益丰富，渠道拓展更为广泛，场景化应用方案渐趋成熟。智能家居的发展已不仅局限于家庭环境的全面智能化，而是逐步向酒店、公寓、办公场所、养老机构、民宿等多元化泛家居空间拓展，引领着智能生活的新风尚。

四、智慧工地

智慧工地作为一种创新的施工场地管理模式，深度融合了人工智能、物联网、大数据与云计算等前沿技术，与传统建筑行业无缝对接。它通过信息化与智能化手段，以及精细化的施工管理，不仅降低了施工成本，还提升了施工现场的管控效率与能力，推动了工地管理的智能化、数字化与精细化转型。

在建筑行业信息化浪潮的推动下，以人工智能为引领的新一代信息技术迅速发展，革新了传统建筑工程的管理模式，有效解决了其复杂性与高成本的难题，引领建筑行业迈入了数字化、信息化与精细化管理的新纪元。这一转变深刻践行了“安全生产、科学管理、预防为主、综合治理”的核心理念与方针。

智慧工地的核心架构围绕物联网云平台展开，与劳务管理、安全帽检测、视频监控及环境监测等多个子系统紧密相连，实现了工地数据的全面采集、高效存储、深度分析及灵活应用。通过定制化接入各子系统模型，并根据实际管理场景灵活调整分析策略，构建起一体化、模块化、智能化与数字化的智慧施工生态系统。该系统凭借互联互通、知识共享、全面感知、智能决策、协同作业及风险预控等先进机制，为建筑施工提供了精细化管理的坚实支撑，助力企业做出科学、高效的施工决策，提升了建筑施工企业的监管效能与综合竞争力。

第三节　人工智能在交通领域的应用

一、人工智能在交通领域的应用概述

随着交通领域向数字化、信息化、智能化方向的深入发展，人工智能在该领域的应用日益凸显，其核心聚焦于交通数据的全面采集、高效处理、精准分析及智能控制，从感知、认知到控制的多维度赋能，提升了交通安全性与管控效率。

得益于人工智能在计算机视觉、语音识别、自然语言处理等领域的突破性进展，交通感知能力实现了质的飞跃。相较于传统依赖摄像头、激光雷达、毫米波雷达等传感器采集浅层信息的手段，如今的人工智能技术能够深入挖掘数据深层价值，如运用视频图像处理技术精准追踪车辆与行人轨迹、预测其动态，实现车辆行人检测、车道线识别及交通设施状态监测等精细化分析。在交通认知层面，人工智能通过对海量数据的深度学习与建模，为行车导航、路线规划、驾驶员行为分析、危险预警、违章监测等应用场景提供了强有力的支持，可以实现对交通状况的精准预测与分析。进一步地，经过感知与认知阶段的智能处理，相关信息能够实时反馈给相关人员与设备，形成快速响应机制，确保交通管理流程的闭环优化。以城市交通信号灯系统为例，该系统能够实时分析人流、车流等路况信息，智能调整信号灯配时，有效缓解交通拥堵，提升整体交通运行效率。

二、自动驾驶

近年来，随着互联网技术与数据科学的迅速发展，汽车工业正经历着前所未有的深刻变革。高精度地图技术的产生与人工智能的广泛应用，更是为智能驾驶技术的日益成熟注入了强劲动力。自动驾驶技术作为未来汽车驾驶领域的璀璨明珠，已悄然步入公众视野，并取得了明显的进步。

自动驾驶汽车，这一集无人驾驶、计算机操控与轮式移动机器人特性于一身的智能出行工具，凭借先进的技术体系，正逐步从概念走向现实。其发展历程可追溯至20世纪，历经数十年的探索与积淀，至21世纪初，已展现出强烈的实用化倾向，预示着一个全新出行时代的到来。

（一）自动驾驶的3个阶段

自动驾驶技术通过车身周密布设的摄像头、激光雷达及全球定位系统等多元传感器，

实时采集并分析数据，以实现对周遭环境的精准感知与智能决策。这一过程涵盖了横向与纵向的双重控制，前者主导方向调整，后者则聚焦于车速管理。自动驾驶的运作可精练为环境感知、决策与规划、控制与执行三个核心阶段。

首先，在环境感知阶段，自动驾驶车辆借助高清摄像头与高精度雷达等先进传感装置，全方位捕捉并分析周围环境信息，包括行人动态、车辆位置、车道标识、行驶速度及交通信号状态等，确保对道路情况的全面把握。

其次，在决策与规划阶段，车辆运用大数据分析与人工智能技术，对搜集的数据进行深度处理，快速生成科学合理的控制决策，以应对复杂多变的驾驶环境。

最后，在控制与执行阶段，这些决策指令被精准传达至发动机管理系统、电动助力转向系统（EPS）等关键部件，实现车辆的加速、减速及转向等精细化操作，确保自动驾驶过程的安全与顺畅。

（二）自动驾驶的等级划分

美国汽车工程师学会界定了6级无人驾驶技术成熟度，自0～5级，成熟度逐级递增。

0级（无自动驾驶）：当前道路上的主流车辆均归于此级，完全依赖驾驶员手动操作，尽管可能配备如紧急制动辅助系统等，但这些并不具备主动驱动能力，因此不构成自动驾驶范畴。

1级（辅助驾驶）：自动驾驶的最低层级，如自适应巡航控制（ACC）系统，仅能在维持与前车安全距离方面提供自动化，其余驾驶操作仍需要驾驶员监控，如转向与制动。

2级（部分自动驾驶/ADAS）：车辆能自主控制转向、加速与减速，但驾驶员仍需要保持警惕，随时准备接管所有驾驶任务，因此仍属于有人监督的自动化范畴。

3级（有条件自动驾驶）：车辆已具备环境感知能力，并能根据环境信息自主决策，完成大部分驾驶任务，但仍需要人类驾驶员监控系统运作，并在必要时接管控制。

4级（高度自动驾驶）：在特定条件下，车辆可实现完全自动驾驶，无须人类常态介入，但驾驶员仍保留操作权。受限于法规及基础设施现状，此类车辆多限于特定区域行驶，故此类驾驶又称地理围栏自动驾驶。

5级（完全自动驾驶）：达到此级别的汽车，无须任何人为干预，彻底摆脱方向盘、加减速踏板等手动操作设备，实现无地域限制的全面自动驾驶。

（三）无人驾驶汽车面临的挑战

近年来，无人驾驶汽车领域取得了显著且稳健的进展，并初步探索了商业化路径。然而，其发展过程中仍不可避免地遭遇了多方面的挑战。

技术层面，无人驾驶技术的核心在于精准感知周围环境以支撑决策制定。当前，传感器技术虽日益成熟，但每种传感器均存在固有局限，难以全面适应复杂多变的驾驶环境。例如，摄像头依赖光线，夜间、恶劣天气或遮挡物严重影响其成像质量；毫米波雷达在雨天效能下降；激光雷达则对黑色车辆识别有限。因此，如何克服这些技术难题，确保在各种环境下都能实现高效、准确地感知，是无人驾驶汽车发展亟须解决的关键问题。

在法律与法规方面，由于无人驾驶汽车尚未实现大规模商业化，相应的法律框架与监管体系尚不完善。现有的道路交通法规未能充分覆盖无人驾驶汽车的特殊需求，亟待出台更具针对性的法律与法规以保障其安全、合法地行驶于公共道路之上。

在成本考量方面，无人驾驶汽车的成本构成复杂，不仅涵盖车辆本体、雷达、摄像头等硬件设施的高昂费用，还涉及软件开发、云计算服务等额外支出。尤其是在软件开发领域，其研发成本巨大且需要持续投入，成为制约无人驾驶汽车普及的重要因素。

三、智慧交通

智慧交通作为传统交通体系的革新成果，正引领着未来交通发展的潮流。它深度融合了先进的计算机处理技术、信息技术、数据通信传输、电子传感与电子控制等前沿科技，构建起一套覆盖广泛、高效协同的综合交通管理体系。这一体系不仅实现了交通信息的实时、精准传递，还提升了交通管理的效率与智能化水平。

作为高速公路与智慧城市建设的核心应用场景，智慧交通的部署规模宏大，技术挑战与机遇并存。在政府、企业等的协同努力下，产品研发与标准制定取得了显著成效，一系列示范项目的成功实施更是加速了智慧交通的普及进程。智慧交通管理系统通过强化道路、车辆与驾驶员之间的信息互通，实现了对公路交通的精准监测、高效控制与科学管理，为解决交通拥堵、减少事故发生、改善环境质量等提供了有力支持。

目前，智慧交通系统在全球范围内取得了长足进步，特别是在北京、上海、深圳、广州等国内大城市，智慧交通的建设已初具规模并展现出良好的应用潜力。随着“互联网+”、物联网、传感器、人工智能、大数据、云计算等现代信息技术的不断融入，智慧交通系统正逐步破解交通实时路况查询、违章监控、车辆保险、停车管理、信息检索、行车资讯推送及智能预测预警等多元化难题，为用户带来更加便捷、安全、智能的出行体验。展望未来，随着智慧交通系统技术的持续创新与应用深化，其在交通运输领域将发挥更加广泛而深远的作用，推动整个行业向更加高效、绿色、智能的方向发展。

智慧交通作为技术高度集成化系统，其构建过程对整体协调性的要求尤为严苛。其对整体协调性要求的体现包括以下几个方面：第一，智慧交通系统的建设横跨多个行业领域，是一个复杂且需要广泛社会参与的系统工程，从而带来了行业间协调的复杂性；第二，技术领域特点鲜明，该系统深度融合了以人工智能为核心的多学科技术，需要多领域技术人员紧密协作方能实现；第三，政府、企业及高等院校等的协同参与至关重要，明确各自角色定位与任务分工是确保系统建设有效推进的关键前提；第四，智慧交通系统以新一代信息技术，特别是人工智能为基石，通过持续的技术创新与应用融合，不断提升用户体验的可信度与普及度，使之更加贴近并服务于人们的日常出行。

随着互联网科技与经济生活的快速发展，在城市拥堵、交通事故、排放污染等重压之下，智慧交通成为解决上述问题的出路之一，然而，智慧交通体系并不能依靠某个单一企业甚至行业一己之力，它需要各方面的支持与配合。因此，现如今的智慧交通系统主要是由城市规划建设、道路规划建设、交通信息系统、自动驾驶汽车厂商、5G车联网通信、高清地图、交通法律法规等多领域专家参与构成的综合性系统模式，实现系统化智慧交通的规划方案，实现人车分离，人-车-路-云相融合联动，解决当前交通拥堵、安全隐患多等交通痛点。

近年来，我国智慧交通发展取得了明显的成效，基础设施和装备智能化水平大幅提升。政府从路网规划、交通运输系统建设、交通管理等角度推进智慧交通建设。与此同时，众多企业也在交通运输领域积极布局，新业态、新产品不断涌现。例如，腾讯在智慧交通领域的探索已覆盖停车场无感支付、共享单车、扫码乘公交地铁等；阿里巴巴也推出了支付宝扫码乘车，并宣布升级汽车战略，利用车路协同技术打造全新的“智能高速公路”；华为、百度等也从无人驾驶、车路协同、智慧城市、智慧高速等多个角度抢滩布局智慧交通市场。

四、智慧停车

随着我国社会经济与汽车工业的蓬勃发展，城市机动车保有量急剧上升，导致停车供需矛盾日益尖锐。停车领域面临供需失衡、资源分配不均、信息化智能化水平滞后、信息共享障碍、管理效率低下、多样化需求难以满足及行业服务能力有限等挑战。在拥堵的城市环境中，不能快速寻觅车位并便捷停放车辆已成为一大难题，智慧停车正是在此背景下应运而生。

智慧停车系统依托科学的数据采集机制、综合的数据统计策略与高效的信息处理平台，结合创新的商业模式，有效促进了智慧停车产业的发展。该系统聚焦于构建“人-车-路-云”协同的智慧交通生态系统，通过集成人工智能、无线通信、物联网、视频处理、精准定位、GIS地理信息系统及云计算等前沿技术，构建了城市静态交通数据分析与管理平台。该平台全面覆盖停车位的实时监测、高效管理、便捷查询、在线预订及精准导航等功能，实现了车位资源的即时更新、快速查询、预约导航及多元化增值服务的一体化整合，旨在最大化车位资源利用率、提升停车运营效率并优化车主服务体验。

第四节　人工智能在工业领域的应用

人工智能作为前瞻性与战略性的未来技术引擎，正引领着新一轮科技革命与产业变革的浪潮。在工业界，特别是在预测性维护、质量控制及智能化生产调度等领域取得了显著成就。目前，我国工业正处于智能化转型的关键期，以复杂机械装备的仿真设计、制造工艺的优化、产品质量的精准检测、智能仓储物流体系的构建、能耗的有效管控及安全管理的强化为突破口，深度融合人工智能技术，已成为推动现代工业发展的必由之路。

传统工业流程面临人力成本高、作业风险大及低效劳动冗余等难题，严重制约了生产效能的提升。因此，如何有效运用人工智能技术，促进制造业生产效率的提升，并激发创新潜能以创造更大价值，已成为业界的研究方向。

在制造企业中，人工智能技术已被广泛应用。例如，智能机器人通过实时学习与测试，提升了订单拣选与包装的效率；能源预测模型助力企业优化资源配置，提升了整体能效；图像检测算法辅助工人精准定位与分类产品缺陷，有效管控质量，降低了人力成本；对设备运行参数进行建模分析，不仅能实时判断机器状态，预测维护时机，还能精准定位异常，辅助故障排查；而生产过程的全数据建模，则能快速识别异常点，从源头上减少产品缺陷。本节将聚焦于工业机器人、智能制造及智慧物流等前沿领域，结合具体应用场景需求，深入剖析人工智能如何在工业实践中落地生根。

一、工业机器人

（一）工业机器人概述

在当代工业领域，工业机器人被定义为能够自动执行任务的人造机械装置，旨在取代或辅助人类完成相关工作。作为融合了机械、电子、控制理论、计算机科学、传感器技术及人工智能等多学科尖端技术的自动化装备，机器人不仅是科技进步的象征，更预示了未来智能装备产业的发展新趋势。

机器人产业以其独特的高投入、高风险与高回报特性著称，同时展现出高技术含量、高实施难度，以及巨大的发展潜力。该产业还具备知识、技术、工艺、方法及设备的全面创新性，其产品日新月异，是国家经济增长的重要引擎，也是充满活力的经济前沿阵地。

作为机器人产业的关键组成部分，工业机器人特指那些专为工业环境设计的多关节机械手或多自由度机械装置。它们依靠自身强大的动力系统和精准的控制能力，执行各种预设或实时调整的任务。工业机器人不仅能够响应人类的直接指令，也能遵循预先编写的程序自动运行。更值得一提的是，现代工业机器人已能依据人工智能技术的决策框架，实现一定程度的自主判断与行动，展现了极高的智能化水平。

（二）工业机器人构成

工业机器人主要由三大部分构成：主体结构、驱动机制、控制体系。主体结构涵盖了机座与执行机构，多数工业机器人具备3～6个运动自由度，其中腕部通常拥有1～3个自由度，以实现灵活操作。驱动机制则集成了动力装置与传动系统，负责为执行机构提供必要的动力，驱动其完成既定动作。而控制体系则扮演着核心角色，它根据预设的程序向驱动机制与执行机构发送精准的指令信号，实现对整个作业过程的精确控制。这一设计确保了工业机器人能够高效、准确地执行各种复杂任务。

（三）工业机器人分类

基于应用环境差异，国际机器人联盟将机器人划分为工业机器人与服务机器人两大类，而我国则进一步将其细分为工业机器人、个人/家用服务机器人、公共服务机器人及特种机器人4类。

从用途角度来看，工业机器人可分为焊接、搬运/上下料、喷涂、加工、装配及洁净等专项机器人，这些机器人各司其职，满足不同工业需求。就结构型式而言，工业机器人可划分为直角坐标型、圆柱坐标型及关节型三类，其中关节型工业机器人尤为常见，多为4～6轴设计，展现出高度的灵活性与适应性。根据负载能力，工业机器人可划分为小型（小于20 kg）、中型（20～100 kg）及大型（大于100 kg）3种，覆盖了广泛的工业应用场景。

（四）工业机器人发展历程

机器人产业的发展历程可分为三个阶段。初始阶段聚焦于自动化，机器人主要替代人类完成各类重复性劳动任务。随后进入机器智能阶段，此阶段的机器人不仅具备高精度机械运动与感官能力，还展现了柔性化工业应用的能力，显著提升了生产效能。目前，机器人产业正迈向人工智能阶段，即第三阶段，此阶段的机器人不仅延续了高精度机械运动与感官能力，更融入了自主学习与适应能力，推动人机深度融合，实现高度灵活的作业任务，标志着从机器智能向人工智能的深刻转型。目前，机器人产业正处于由第二阶段向第三阶段跨越的关键时期。

二、智能制造

工业演进的历史可以简单划分为以下几个阶段。

（1）工业1.0时代，以蒸汽机为核心，标志着机械化生产的兴起，机器逐步取代了传统手工劳动。

（2）工业2.0时代，电气化成为关键词，电力驱动取代了蒸汽动力，促进了零部件生产与装配的分离，开启了大规模生产的新纪元。

（3）进入工业3.0时代，信息化与自动化并肩前行，PLC（可编程逻辑控制器）与PC（个人计算机）的广泛应用使生产线通过程序控制实现高效运作，极大降低了人力依赖。

（4）而今，工业4.0时代以智能工厂为引领，融合物联网、大数据、人工智能等前沿技术，构建了具有感知与认知能力的新型生产体系，实现了定制化生产与全流程（涵盖设备、能源、供应链等）的精准预测与调度。

根据工业和信息化部、财政部联合发布的《智能制造发展规划（2016—2020年）》，智能制造被定义为一种新型生产方式，它深度融合了新一代信息通信技术与先进制造技术，贯穿于产品设计、生产、管理、服务等全制造链环节，展现出自感知、自学习、自决策、自执行、自适应等智能化特性。

近几年，国家发布了包括《促进新一代人工智能产业发展三年行动计划（2018—2020年）》在内的一系列产业支持政策，持续推动智能制造产业建设进程。深入实施智能制造，鼓励新一代人工智能技术在工业领域各环节的探索应用，支持重点领域算法突破与应用创新，系统提升制造装备、制造过程、行业应用的智能化水平，着重在智能制造关键技术装备、智能制造新模式方面率先取得突破。

智能制造领域的核心在于提升高精度数控机床与工业机器人的智能化层次。人工智能技术的深度融入，不仅提升了制造装备的精度与产品质量，还优化了智能传感器、DCS（分散式控制系统）、PLC、SCADA（数据采集系统）及嵌入式控制系统等在复杂作业环境中的感知、认知与控制效能，进而加速了制造业的数字化与智能化转型进程。

制造业企业正积极构建以生产设备网络化、智能化为核心的新型生产体系，借助人工智能与机器学习技术深度挖掘数据价值，实现设备故障的精准诊断与产品质量的实时监控。同时，强化人机协同与企业间合作研发设计的能力，促进知识共享与技术创新。此外，个性化定制服务平台依托深度学习技术，精准捕捉用户需求特征，推动产品模块化与个性化设计的深度融合。通过构建标准化信息采集与自动诊断系统，提升了产品及其核心部件的全生命周期管理能力，有效缩短了产品研发周期，降低了不良品率，提高了能源使用效率，进而降低了企业运营成本，并有效避免了“信息孤岛”现象。

智能制造产业体系由感知层、网络层、执行层与应用层四大层次紧密构成。感知层依托传感器、RFID（射频识别）及机器视觉等先进技术，实现了对生产环境的全面感知与数据采集；网络层则聚焦于信息处理与高效传输，涵盖了大数据、云计算、SCADA、物联网及工业互联网等关键技术；执行层作为智能制造的终端力量，集成了包括机器人、数控机床、3D打印设备在内的各类智能装备；应用层则专注于提供自动化生产线与智能工厂的定制化生产解决方案，推动制造业向更加灵活、高效、智能的方向发展。

三、智慧物流

（一）物流产业模式创新

在全球化加速的浪潮中，物流产业正直面前所未有的变革挑战，业界寄望于深化数字化管理，驱动供应链智能化升级，进而塑造智慧物流的新范式，彰显其独特价值。目前物流行业已经历深刻的变革，这是运输基础设施日益完善与信息化建设技术成熟的双重驱动，更是政策导向与经济社会发展需求交织作用的产物。物流行业的信息化与数据化转型，旨在优化社会资源配置，促进共享经济蓬勃发展，这已成为国家物流战略的核心愿景。

在此背景下，“互联网+”物流战略的推进、物流模式的持续创新，以及信息化、数据化建设的深化，不仅是物流行业转型升级与创新发展的政策指引，也是积极响应数字消费新趋势、引领物流领域变革的关键路径。

（二）物流技术服务的典型应用场景

物联网、大数据与人工智能等前沿技术，作为物流信息化的核心驱动力，正加速物流领域的自动化与智能化进程，提升作业效率并降低成本，契合了物流企业的迫切需求。特别是人工智能，全面渗透物流的各个环节与领域，实现了物流资源的智能配置、流程的智能优化以及效率的提升。物流技术服务的典型应用场景涵盖自动化设备、智能设备、智能终端及智慧物流体系等多个层面。

（1）自动化设备：依托自动化箱式立库、高效输送系统及智能分拣系统，实现了从存取、拣选到搬运、分拣等全链条的机械化与自动化作业，提升了物流操作的精准度与效率。

（2）智能设备：集成自主控制技术，智能抓取、精准码放、灵活搬运及自主导航等功能一应俱全，赋予物流系统柔性与可扩展性，如拣选机器人、码垛机器人、自动导引车（AGV）、无人机、无人配送车等，成为现代物流不可或缺的智能伙伴。

（3）智能终端：配备高速联网功能的移动智能终端，不仅提升了物流人员的作业效率与便捷性，还促进了人机交互，使物流作业更加人性化。这些终端包括电子标签系统、手持智能终端及语音拣选设备等，为物流作业带来了革命性的变化。

（4）智慧物流：通过智能规划与资源共享机制，有效减少无效物流活动，降低能耗与排放，为推动绿色物流、实现可持续发展奠定了基础。智慧物流不仅关注当前效率的提升，更着眼于长远的环境效益与社会价值。

（三）智慧物流发展方向

智慧物流依托智能硬件、物联网及大数据等前沿技术，旨在增强物流系统的分析决策力与智能执行能力，进而全面提升物流作业的智能化与自动化水平。其发展蓝图聚焦于三个核心方向：提升物流效率、优化物流链结构、推动物流服务创新。

物流链的基石由仓储、运输与配送三个环节构筑。作为物料与货物进入物流体系的首站，仓储环节以其相对安全可控的技术应用环境脱颖而出。随着自动化、无人机及智能识别技术的日益成熟，仓储领域已成为前沿物流设备与技术竞相绽放的主要舞台。仓储智慧化转型，作为物流业降本增效的关键举措，正引领行业迈向更加高效、智能的未来。

企业在探索物流仓储降本增效之道时，其策略因行业特性而异。电商物流以其小件、高频次、流量高度波动的特性，促使电商巨头倾向于自建仓储体系，独立于传统物流公司之外。这一举措，借助智慧仓储技术，精准控制成本并达成物流目标。反观制造业垂直领域，其物流特点鲜明：货物种类相对单一，仓库存储集中，大型制造企业对物流链各阶段的掌控力强。因此，制造业利用大数据优化货物流转规划，在物流链优化方面相较于其他行业展现出更高的可行性与更好的成效。

物流企业作为货代物流领域的核心力量，其核心价值在于为货主企业提供多样化的增值服务。在此背景下，服务创新成为物流企业实现差异化竞争、突破发展的有效途径。通过不断探索与实践，物流企业将能够为客户提供更加个性化、高效的物流解决方案，从而在激烈的市场竞争中脱颖而出。

本章小结

随着社会的进步，人工智能已悄然渗透人们的日常生活，覆盖各个行业领域。人工智能技术的普及，不仅为众多行业带来了经济增长潜力，还重塑了人们的生活方式，带来了巨大的便捷与改变。目前，在教育、安防、交通及工业等多个领域，人工智能正发挥着突出作用，其影响力日益突显，成为推动社会进步的重要力量。

本章习题

1. 人工智能的应用领域有哪些？
2. 简述人工智能在移动机器人领域的典型应用。
3. 请给出一些人工智能在日常生活中应用的例子。

参考文献

[1] 褚鹏，王军，刘树光，等. 基于人工智能技术的低空飞行器管控关键技术研究[J]. 航空兵器，2023，30(02)：120-124.
[2] 张珉. 基于专利计量的人工智能关键技术分析[J]. 电子技术，2022，51(12)： 130-132.
[3] 窦昊翔，孔陈祥. 基于人工智能技术的电网调控关键技术研究[J]. 电气自动化，2022，44(06)：91-94.
[4] 徐云娟，金璐钰，姚建民. 苏州人工智能关键技术联合攻关的研究与对策[J]. 科技 和产业，2022，22(05)：241-245.
[5] 陈万卷. 计算机人工智能识别关键技术及运用探寻[J]. 电脑知识与技术，2022，18(04)：84-85.
[6] 梅彬. 基于人工智能理论的网络安全管理关键技术研究[J]. 信息网络安全，2021，(S01)：66-69.
[7] 刘伟东，孙士捷，张雯玥. 人工智能技术在广播电视舆情分析与舆论引导应用关 键技术综述[J]. 广播电视信息，2021，28(11)：46-48.
[8] 刘松. 国外人工智能军事应用关键技术发展研究[J]. 飞航导弹，2021，(08)： 78-83.
[9] 汪书悦. 我国人工智能关键核心技术创新能力评价研究[D]. 重庆： 重庆邮电大学，2021.
[10] 苏子. 人工智能应用于个性化教育的关键技术分析——以开放大学的视角[J]. 当代继续教育，2021，39(02)：61-68.
[11] 黄罡. 机用碳纤维/ABS复合材料人工智能辅助成型工艺关键技术研究[J]. 化工新型材料，2021，49(04)：138-141.
[12] 郑阳. 医疗人工智能的关键技术及应用[J]. 医学信息，2021，34(02)：19-22.
[13] 王和勇，古龙. 基于专利计量的人工智能发展现状研究及关键技术分析[J]. 科技管理研究，2020，40(21)：202-210.
[14]李林峰. 面向临床决策支持的人工智能关键技术研究[D]. 北京：北京交通大学，2020.
[15]庞涛，丘海华，潘碧莹. 手机终端人工智能关键技术研究[J]. 电信科学，2020，36(05)：145-151.
[16]王燕鹏，韩涛，赵亚娟，等. 人工智能领域关键技术挖掘分析[J]. 世界科技研究与发展，2019，41(04)：368-379.
[17]郭晶，崔家勇. 专用人工智能在新闻业的应用领域、关键技术与研发模式[J]. 科技与出版，2019，(08)：77-82.
[18]王铮，任华，路绪海. 人工智能在客服系统的应用及关键技术[J]. 电信科学，2018，34(12)：84-91.
[19]赵楠，缐珊珊. 人工智能应用现状及关键技术研究[J]. 中国电子科学研究院学报，2017，12(06)；590-592.

[20]何赛. 游戏人工智能关键技术研究与应用[D]. 北京邮电大学，2015.
[21]李安然. 面向特定任务的大规模数据集质量高效评估[D]. 安徽：中国科学技术大学，2021.
[22] 赵忠斌. 基于机器学习的网络异常流量检测系统研究[D]. 北京：中国人民公安大学，2023.
[23] 王宇浩. 基于机器学习的网络设备识别方法研究[D]. 广州：广州大学，2023.
[24] 陈亚文. 基于机器学习的中职学生成绩预测与分层教学实践研究[D]. 济南：山东师范大学，2023.
[25] 詹华炜. 基于机器学习的崩塌滑坡易发性评价方法研究[D]. 广州：广州大学，2023.
[26] 王一丰. 基于机器学习的未知网络威胁检测方法研究[D]. 郑州：中国人民解放军战略支援部队信息工程大学，2023.
[27] 黄峥. 基于多源信息融合与机器学习的室内定位技术研究[D]. 南京：南京邮电大学，2022.
[28] 刘申宇. 基于机器学习的医药制造企业财务预警研究[D]. 石家庄：河北地质大学，2022.
[29] 李明昭. 基于机器学习的入侵检测技术研究[D]. 长春：吉林大学，2020.
[30] 陶斌斌. 高维分数阶神经网络动力学分析与分岔控制设计研究[D]. 南京：南京邮电大学，2021.
[31] 朱耀康. 基于局部子图及其相互作用建模的图神经网络算法和应用[D]. 上海：华东师范大学，2022.
[32] 曹连雨. 基于深度卷积神经网络的遥感影像目标检测技术研究及应用[D]. 北京：北京科技大学，2022.
[33] 田冠中. 面向深度卷积神经网络的模型压缩关键技术研究[D]. 杭州：浙江大学，2021.
[34] 袁群勇. 深度神经网络的训练优化方法研究[D]. 广州：华南理工大学，2020.
[35] 魏秀参. 解析深度学习：卷积神经网络原理与视觉实践[M]. 北京：电子工业出版社，2018.
[36] 邱锡鹏，飞桨教材编写组. 神经网络与深度学习：案例与实践[M]. 北京：机械工业出版社，2022.
[37] 周浦城，李从利，王勇，等. 深度卷积神经网络原理与实践[M]. 北京：电子工业出版社，2020.
[38] 高敬鹏. 深度学习：卷积神经网络技术与实践[M]. 北京：机械工业出版社，2020.
[39] 于子叶. 深度学习：数学基础、算法模型与实战[M]. 北京：机械工业出版社，2023.
[40] 郭业才. 深度学习与信号处理：原理与实践[M]. 北京：机械工业出版社，2022.
[41] 张玉宏. 深度学习与TensorFlow实践[M]. 北京：电子工业出版社，2021.
[42] 钟启泉. 深度学习[M]. 上海：华东师范大学出版社，2021.
[43] 赵小川. 深度学习经典案例解析（基于 MATLAB）[M]. 北京：机械工业出版社，2021.
[44] 杨永亮. 基于强化学习的数据驱动优化控制方法[M]. 北京：科学出版社，2022.

[45] 丁毓峰. 图解机器学习——算法原理与Python语言实现[M]. 北京：中国水利水电出版社，2020.
[46] 赵婷婷. 统计策略搜索强化学习方法及应用[M]. 北京：电子工业出版社，2021.
[47] 王雪松，朱美强，程玉虎. 强化学习原理及其应用[M]. 北京：科学出版社，2014.
[48] 杨永亮. 基于强化学习的数据驱动优化控制方法[M]. 北京：科学出版社，2022.
[49] 霍华德M. 施瓦兹. 多智能体机器学习：强化学习方法[M]. 连晓峰，谭励，等译. 北京：机械工业出版社，2017.
[50] 刘鸿博，王时绘，张小梅. Python自然语言处理[M]. 北京：电子工业出版社，2023.
[51] 孙玉林，余本国. PyTorch深度学习入门与实战（案例视频精讲）[M]. 北京：中国水利水电出版社，2020.
[52] 沈颖，丁宁. 自然语言处理导论[M]. 北京：机械工业出版社，2023.
[53] 双锴. 自然语言处理[M]. 北京：北京邮电大学出版社，2021.
[54] 韩少云，裴广战，吴飞，等. 自然语言处理应用与实战[M]. 北京：电子工业出版社，2023.
[55] 冯建周. 自然语言处理[M]. 北京：中国水利水电出版社，2022.
[56] 赵军. 知识图谱[M]. 北京：高等教育出版社，2018.
[57] 侯剑华，李旭彦. 基础科学研究前沿格局的知识图谱解析[M]. 北京：科学出版社，2019.
[58] 徐小龙，柳林青，范泽轩，等. 知识系统与知识图谱[M]. 北京：电子工业出版社，2022.
[59] 菊花，哈申花. 知识图谱技术与应用研究[M]. 长春：吉林科学技术出版社，2022.
[60] 王文广. 知识图谱：认知智能理论与实战[M]. 北京：电子工业出版社，2022.
[61] 吴睿. 知识图谱与认知智能：基本原理、关键技术、应用场景与解决方案[M]. 北京：电子工业出版社，2022.
[62] 陈凯泉，仲国强. 人工智能教育应用的理论与方法[M]. 北京：科学出版社，2022.
[63] 陈宇，雷春. 人工智能在教育治理中的应用与发展[M]. 武汉：华中科技大学出版社，2021.
[64] 王听忠. 人工智能的理论与应用研究[M]. 长春：吉林出版集团股份有限公司，2023.
[65] 罗娜，金晶. 人工智能基础——基于Python的人工智能实践[M]. 北京：化学工业出版社，2022.
[66] 宋楚平，陈正东. 人工智能基础与应用[M]. 北京：人民邮电出版社，2021.
[67] 马兴录，王剑峰，刘扬，等. 人工智能应用开发——基于机器人平台的项目实践[M]. 北京：化学工业出版社，2023.
[68] 周越. 人工智能基础与进阶[M]. 2版. 上海：上海交通大学出版社，2022.